THOMAS SCHULTZE-WESTRUM

Biologie des Friedens

Thomas Schultze-Westrum

Biologie des Friedens

verlegt bei Kindler

Redaktion: R. Radler
Korrekturen: A. Pernack
Umschlaggestaltung: H. Numberger
Gesamtherstellung: Welsermühl, Wels/Österreich
Printed in Austria
ISBN 3 463 00577 8

Für
Matthias
und
Stephanie

INHALTSÜBERSICHT

Vorwort

Mehr Mut zur Emotion – mehr Mut zu Moral und Solidarität! In der Verbindung dieser Aufrufe könnte die Hoffnung für eine langfristige menschliche Zukunft liegen, indem man sich wieder vom Gefühl her getraut, nach moralischen Grundsätzen zu handeln, den Bezug auf die Gemeinschaft voll zu verwirklichen, und darin Identität mit den persönlichen Interessen erkennt – damit jene Propheten einer »nahenden Apokalypse« nicht Recht bekommen, die in der durch Umweltzerstörung, Rohstoffverschwendung, wachsenden Unfrieden und Bildungskrise gekennzeichneten Gegenwart die Endphase menschlicher Evolution sehen. Ich bin kein Pessimist, und wenngleich die Zeichen der Zeit höchste Alarmstufe signalisieren, so spreche ich doch von einer Übergangsphase, von überwindbaren Zeiterscheinungen. Ich meine, wir sind zu solchem Optimismus verpflichtet, damit auch die Welt von morgen lebenswert erscheinen kann. Ich hielte es für ein Vergehen an unseren Kindern und Enkeln, wollten wir ihnen und uns einreden, sie werde es nicht mehr sein! Ein noch viel größeres Vergehen läge allerdings darin, die Zeichen der Zeit nicht ernst zu nehmen, die Ursachen der Krisen nicht bis auf den Grund zu verfolgen und andrerseits die »Stunde der Strukturpolitik« zu versäumen, nicht jetzt die Weichen für eine Zukunft mit weniger Unfrieden und mehr Solidarität zu stellen.

In diesem Sinne habe ich das Buch geschrieben. Es kann kein Patentrezept enthalten, wie Kriege und Unfrieden – Brutalität, Terror, Intoleranz und Zwang – aus dieser Welt zu bannen sind. Sein Beitrag liegt vor allem in der *Analyse der Grundlagen und des Wandels kommunaler Strukturen*, es dringt durch die sozialen Verhaltensmuster bis zu den Ursachen der gesellschaftsbildenden Prozesse Attraktion und Abstoßung, Stimulation und Hemmung vor. Die Ausgangsbasis bilden gesicherte Ergebnisse biologischer und völkerkundlicher Forschung. Darauf bauen Diskussionsgrundlagen und Modelle auf, die erst dann funktionslos werden, wenn das Gebäude der Friedenstheorie vollständig errichtet sein wird. Noch steht die Forschung ganz am Anfang, und die Unkenntnis über uns selbst, über die Ursachen unseres Verhaltens, ist einer der verblüffendsten Tatbestände überhaupt, nur damit zu erklären, daß dieser rationalen Untersuchung unserer Artgenossen ein tief verankertes Tabu entgegensteht.

Ist es nicht auch erstaunlich, wie sehr selbst ernsthafte Wissenschaftler zu pauschalen Folgerungen und Formulierungen neigen? Zum Beispiel, wenn sie ihre so gegensätzlich anmutenden Ansichten über Faktoren der Gesellschaftsbildung entwickeln und dabei von *der* Aggression und *dem* Frieden *des*

Menschen reden? Natürlich gibt es *die* Aggression, in dem wörtlichen Sinne von tätlichem oder sinnbildlichem Angriff. Aber niemals wird eine Klärung der heute so widersprüchlichen Standpunkte in der Frage der Motivation aggressiven Verhaltens erreicht werden, solange nicht präzisiert wird, von welcher Art Aggression jeweils die Rede ist, solange man nicht in die Tiefe geht und differenziert. Es gibt nicht nur *die* Aggression, sondern mehrere der Ursache und Funktion nach klar zu unterscheidende Qualitäten aggressiver Auseinandersetzung. Dasselbe gilt für den Frieden. Nur ist hier die Gefahr der Mißverständnisse noch größer, weil man *den* Frieden noch gar nicht befriedigend definiert hat, geschweige denn mehrere Qualitäten des Friedens unterscheidet.

Und der Mensch selbst? Der Wandel der menschlichen Gesellschaftsstruktur von der in sich geschlossenen und primär durch Individualbande zusammengehaltenen Kleingemeinschaft bis zum anonym organisierten Großverband hat immer neue kommunale Konstellationen geschaffen, in denen gleiche Ausdrucksformen in jeweils anderer Abhängigkeit und Aufgabe standen beziehungsweise noch stehen. Ich denke hier zum Beispiel an die Kontaktmuster des Grußaustausches, die nach meinen Beobachtungen in der Kleingemeinschaft primär zur Aufrechterhaltung bestehender fester Bande dienen, in unserer modernen Großgesellschaft aber als Instrumente zum Aufbau und zur Fortsetzung mehr oder weniger enger Beziehungen eingesetzt werden. Zumindest diese zwei Spezies muß man von der Gesellschaftsstruktur her unterscheiden: den in der individualisierten Kleingemeinschaft lebenden und den im anonymen Großverband organisierten Menschen. Sie sind durch einen kommunalen Bruch, einen qualitativen Wandel der gesellschaftlichen Grundordnung voneinander geschieden. Es ist deshalb irreführend, allein vom Sozialverhalten des Menschen zu sprechen. Vielmehr muß auch hier differenziert werden, welche Spezies jeweils gemeint ist. Dies um so mehr, als in der modernen Großgesellschaft eine Art der Aggression stark zugenommen hat, die neurotischer Natur ist und in ursprünglichen Gesellschaftssystemen selten ist oder völlig fehlt. In dem gegenwärtig so aktuellen Streit um die Frage, ob die Aggression des Menschen angeboren oder milieubedingt sei, mögen beide Seiten recht haben: es kommt darauf an, welche Qualität der Aggression gemeint ist und auf welche Spezies Mensch Bezug genommen wird. Differenzierung der Aussage ist aber auch im Bereich der Entwicklung des Individuums dringend notwendig. Kampf im Spiel und Auseinandersetzungen *um* etwas oder *wegen* etwas im Kindesalter und in frühen Jugendstadien sind keineswegs zwingend gleichartig mit Aggressionen Erwachsener. Auch wenn sich die äußeren Formen der Verhaltensweisen, die motorischen Muster gleichen, ist damit nicht gesagt, daß dieselben physiologischen Ursachen, dieselben Funktionen gegeben sind. Wie weitreichend die Folgen pauschaler Betrachtungen hier sein können, geht aus den Vorschlägen in der Erziehungspraxis hervor, Aggressionen bei Kindern zu unterdrücken, um zu errei-

chen, daß diese als Erwachsene weniger aggressiv sind. Wie ich zeigen will, ist diese Folgerung nur teilweise berechtigt.
Noch problematischer und mißverständlicher kann die *Gegenüberstellung tierischen und menschlichen Verhaltens* sein. Nicht, daß keine analogen Vergleiche zwischen Tier und Mensch im sozialen Bereich zulässig wären. Ich werde selbst eine Tierart dem in der Kleingemeinschaft lebenden Menschen gegenüberstellen. Es kommt aber sehr darauf an, ob ich lediglich aus dem Zusammenhang gelöste motorische Muster vergleiche oder auch deren Motivation und Funktion sowie andere Verknüpfungen zur artspezifischen Gesellschaftsstruktur mit einbeziehe. Dann nämlich muß klar zum Ausdruck kommen, welche Gesellschaftsstrukturen die verglichenen Arten besitzen. Das Männchen einer Kormoranart kann sich dem brütenden Partner nur nähern, wenn es ein beschwichtigendes Geschenk, etwa ein Tangbüschel, zum Nest mitbringt. Diese Vögel leben außerhalb der Brutzeit einzeln und sind zu einer engen gegenseitigen Individualbindung unter Artgenossen nicht fähig. Der Partner muß immer wieder von neuem beschwichtigt werden. Geschenkübergabe als Muster des Kontaktverhaltens findet sich aber auch bei geselligen Tierarten und beim Menschen, die zu einer freundlichen *Dauerbindung* an Artgenossen fähig sind. Das Kontaktmuster wird hier in einem gänzlich andersartigen sozialen Zusammenhang eingesetzt, und es wäre falsch, pauschal von einem Beschwichtigungsverhalten zu sprechen, nur weil in einzelnen Fällen, etwa beim Kormoran, diese Funktion nachgewiesen wurde. Als weiteres Beispiel nenne ich die Rangordnung: ausgehend von den hierarchischen Verhältnissen am Hühnerhof (»Hackordnung«) wird hier häufig die Vergleichskette bis zum Menschen gezogen. Dabei fällt einmal auf, daß Arten unterschiedlicher Gesellschaftsstruktur nebeneinandergestellt werden, ohne daß diese Unterschiede mit ihren Konsequenzen für den Rangaufbau herausgestellt sind – und zum anderen, daß offenbar die aggressive Auseinandersetzung als das einzig denkbare Mittel zur Schaffung einer Rangordnung zwischen Individuen angesehen wird.
Die Vergleichende Verhaltensforschung richtet ihr Augenmerk naturgemäß auf die Vielfalt motorischer Ausdrucksformen, ihre Klassifizierung, phylogenetische Ableitung und ihren Auslösewert. Weniger Beachtung haben bisher die gesellschaftlichen Grundmuster, vor allem die Individual- und Gruppenbindung, gefunden. Dies gilt auch für den Frieden. Er ist nicht spektakulär und erfaßbar wie der Krieg und andere Aggressionen. Auch ich hatte mir ursprünglich vorgenommen, ein Buch über den Krieg aus der Sicht des Biologen und Völkerkundlers zu schreiben. Es ging mir dabei um die Differenzierung und Vertiefung der Aussagen über Grundstrukturen und Entwicklungsprozesse menschlicher Gesellschaftsordnung, ausgehend von zehnjähriger eigener Forschung. Ich wollte auch Alternativen zu einigen wesentlichen Lehrmeinungen der Vergleichenden Verhaltensforschung formulieren – nicht in aggressiver Konfrontation zu KONRAD LORENZ und seiner Schule,

sondern zur Abwandlung und Erweiterung gemeinsamer Diskussionsgrundlagen. Doch es wurde ein Buch über den Frieden daraus, in dem zwar meine abweichenden Ergebnisse über »Aggressionen« eingearbeitet sind, in dem jedoch die Motivation und das Bild friedlichen Zusammenlebens in der menschlichen und tierischen Gesellschaft zum zentralen Forschungsobjekt aufgerückt sind – ein Thema, das mich zum erstenmal faszinierte, als ich eine uns modernen Menschen längst verlorengegangene Qualität des Friedens erlebte, tief in den tropischen Regenwäldern Neuguineas, in steinzeitlichen Pfahldörfern, bei »primitiven« Menschen, mit denen ich monatelang zusammen lebte und die mich in ihre Sippe aufnahmen. Hier, im Innern der Gemeinschaft, war der Friede unmittelbar, greifbar in vielfältigen Ausdrucksformen, nicht Ergebnis ständig wiederholter Beschwichtigung von Aggressionen, sondern dauerhafter Normalzustand, inneres Selbstverständnis kommunaler Ganzheit und Bindung zwischen allen Mitgliedern.
Ich ging über mehrere Jahre hin den Ursachen dieses Friedens nach und entdeckte dabei erstaunliche Parallelen zu den Ergebnissen meiner zoologischen Untersuchungen an einem in festgefügten Nestgemeinschaften lebenden Beuteltier: dem Flugbeutelhörnchen *(Petaurus breviceps papuanus)*, das in den Urwäldern Neuguineas beheimatet ist. Es sei von vornherein klargestellt, daß nicht etwa nahe Verwandtschaft für diese Übereinstimmungen verantwortlich sein kann, denn die Ordnung der Beuteltiere *(Marsupialia)* hat sich noch vor Entstehung der Säugetiere *(Mammalia)* vom gemeinsamen Stamm abgezweigt. Es sind auch nicht Übereinstimmungen in den Verhaltensäußerungen, die mich beschäftigten, sondern die physiologischen Vorgänge bei der Gesellschaftsbildung, zum Beispiel die Beeinflussung der Aggressivität durch soziale Faktoren. Trotz anfänglichen Zögerns ließ mich die Erkenntnis nicht mehr los, hier durch Zufall zwei kommunale Strukturen – eine tierische und eine menschliche Sozietätsform – gefunden zu haben, die, *jede für sich analysiert*, wesentliche Grundprinzipien des gesellschaftlichen Zusammenschlusses und der territorialen Abstoßung in entsprechenden Ausprägungen aufweisen. Eine solche Gegenüberstellung ist legitim, denn ich gehe nicht von Gemeinsamkeiten im Verhaltensinventar aus, um aus der experimentellen Analyse am Tier analog auf die Verursachung eines Musters im menschlichen Organismus und seine soziale Funktion zu schließen, sondern ich komme von der Analyse des friedlichen und feindlichen Kontaktverhaltens im tierischen *und* im menschlichen Bereich auf Gemeinsamkeiten in der Grundstruktur, vor allem der friedlichen Bindung in der Gemeinschaft und deren physiologischen Auswirkungen auf das Verhältnis zwischen ihren Mitgliedern. Daß ich im anthropologischen Bereich oft nicht mehr anbieten kann als Hypothesen, liegt in der bekannten Schwierigkeit, mit Menschen zu experimentieren.
Und noch eines kommt erschwerend hinzu: die kulturelle Variationsbreite des traditionell in der Kleinsozietät lebenden Menschen. IRENÄUS EIBL-

Eibesfeldt benutzt den Vergleich der Verhaltensmuster zur Darstellung überregionaler Gemeinsamkeiten und schließt daraus auf genetische Vorprogrammierung. Da mein methodischer Ansatz ein anderer ist, strebe ich eine vergleichende Darstellung einer Vielfalt von Mustern nicht an; sie wäre im Rahmen dieses Buches auch gar nicht möglich. Das gilt ebenso für eine Beschreibung des Reichtums an motorischen Mustern, etwa des Grußaustausches, der rund um die Welt entwickelt worden ist, wie für die Beschreibung der wichtigsten Grundstrukturen, Verhaltensnormen und Entwicklungsprozesse – vom Extrem des völligen Friedens mit den Nachbargruppen, wie ihn zum Beispiel die Semai-Malaien in Südostasien durch Erziehung verwirklicht haben, bis zu den gefürchteten Kopfjägern auf Borneo und in anderen Tropenländern. Eine solche auch nur annähernd enzyklopädische Darstellung würde eher verwirrend als klärend wirken. Ich konzentriere mich auf eine Region, die ich sehr genau kenne und die von allen Gebieten der Erde als letzte erschlossen worden ist: die Insel Neuguinea. Und auch dort versuche ich nicht eine vergleichend-umfassende Darstellung, sondern beschränke mich im wesentlichen auf drei Volksgruppen zur Demonstration prinzipieller Eigenschaften, wichtiger Entwicklungsstufen auf dem Wege zur überindividuell organisierten Großgesellschaft. Ich analysiere diese am Beispiel unseres eigenen Gesellschaftssystems.

Es geht primär um die Qualitäten des Friedens: der »biologische Frieden« in der Kleingemeinschaft wird vom neuartigen inneren Frieden der Großgesellschaft abgelöst. Einen Frieden nach außen gibt es nach meiner Auffassung ursprünglich nicht. Es gibt nur einen kriegslosen Zustand, einen Nicht-Krieg, unterbrochen von Abschnitten kriegerischer Auseinandersetzung. Erst auf der Stufe der erweiterten Stammesgemeinschaft wird ein äußerer Frieden auf Zeit als zweckmäßige Neuerung geschlossen. In unserer Gesellschaft ist der äußere Frieden zum Normalzustand geworden und das Feindverhältnis zur Ausnahme. Wenn ich von »Stufen« spreche, so meine ich damit nicht Absätze einer Treppe, die geradlinig und kontinuierlich bis in die moderne Gesellschaft führt. (Auch sollte man ganz allgemein nicht von einer Aufwärtsentwicklung sprechen, da hierin eine Wertung liegt, sondern neutral von »Differenzierung« der Gesellschaft.) Selbst zwischen den drei behandelten Papuagesellschaften besteht keine Beziehung dergestalt, daß sich die eine aus der anderen entwickelt hat. Auch darf der Ausdruck »Stufe« nicht dazu verleiten, eine allein in Sprüngen ablaufende Entwicklung zu vermuten. Es hat sowohl solche revolutionären Sprünge als auch allmählich fortschreitende Wandlungsprozesse gegeben, und beide setzen sich auch in der Gegenwart fort. Entscheidend für mich ist die Tatsache, daß es eine Evolution gesellschaftlicher Strukturen gab und noch gibt. Es kommt mir darauf an, die Prinzipien dabei – und im besonderen bei der Evolution des Friedens in und zwischen Sozietäten – offenzulegen. Dazu brauche ich eine Ausgangsbasis. Ich lege sie als Modell der *»ursprünglichen, in sich geschlossenen Kleinsozietät«*

vor. Diese identifiziere ich weitgehend mit der ihr am nächsten kommenden verwirklichten Kommunalstruktur, nämlich der Hordengemeinschaft, wie sie zum Beispiel die von mir untersuchten Kaluli-Papuas am Fuße des Vulkans Mt. Bosavi entwickelt haben. Inwieweit sich damit die ursprünglichste Form menschlicher Gesellschaft deckt, läßt sich heute und wohl auch in der Zukunft nicht sagen. Darin liegt aber kein schwerwiegendes Problem, da ich nicht unbedingt an der Wurzel beginnen muß und ebensogut die gegenwärtig ursprünglichste Form als Basis verwenden kann. Allerdings darf der Hinweis auf diese Einschränkung nicht fehlen.
Im ersten Teil des Buches baue ich die Theorie des biologischen Friedens im Innern der in sich geschlossenen Sozietät einerseits und der feindlichen Beziehungen zu benachbarten Gruppen andererseits auf; am Beispiel der Beutelflughörnchen und am Beispiel der ursprünglichen menschlichen Kleinsozietät. Neben den Kaluli-Papuas kommen einige weitere Volksgruppen innerhalb und außerhalb Neuguineas zur Sprache. Die Literatur über menschliches Verhalten ist nur unvollständig erfaßt; ich habe mich bewußt vom Einfluß früher und gegenwärtig vorherrschender Theorien und Schulen freigehalten – soweit dies möglich ist.

Nach der Analyse der individuellen, gruppen- und arteigenen Verständigungssignale wird deren Funktion als Auslöser für aggressives und ausweichendes Verhalten untersucht (Kapitel *Signale der Verständigung*). Die Entwicklung dieser Signale und der Reaktion auf sie im individuellen Leben von der Geburt an verbindet sich mit einer Diskussion des Spielverhaltens und von Erziehungseinflüssen (Kapitel *Entwicklungsstadien nach der Geburt*). Zentralnervöse Verarbeitung von Erkennungssignalen über den Grad des Sich-Kennens hinaus – der Prozeß der »Kommunalisierung« – führt zum Aufbau gruppenspezifischer Individualbindungen. Vollständige Kommunalisierung bewirkt ihrerseits, daß Feindverhalten gegenüber Mitgliedern der eigenen Gemeinschaft nicht ausgelöst wird. Diese Feststellung steht im Gegensatz zur Ansicht der Humanethologie, daß das friedliche Verhältnis im Innern der Gemeinschaft durch ständig wiederholte Beschwichtigung mittels der Muster des Kontaktverhaltens verursacht wird. Beim Aufbau der kommunalen Bindung in der Kleingemeinschaft konnte ich jedoch nur eine Verstärkerfunktion motorischer Kontaktmuster feststellen (Kapitel *Kausalität des Friedens*). Vor allem aber spielt das Kontaktverhalten bei der Aufrechterhaltung bereits erreichter hochgradiger Kommunalisierung eine Rolle. In diesem Zusammenhang diskutiere ich besonders das Grußverhalten in der Kleinsozietät und im Stammesverband (Kapitel *Kontinuität des Friedens*). Anschließend untersuche ich, wie sich die vollständige friedliche Bindung im Innern der Kleinsozietät im einzelnen äußert. Biologischer Frieden bedeutet Verlagerung der selektiven Auseinandersetzungen zwischen Artgenossen auf die Ebene der Gemeinschaft. Das äußert sich nicht nur in harmonischem

Zusammenleben, sondern auch in Spannungen, Konkurrenz um etwas, Streit wegen etwas, nicht aber im Feindverhältnis wie Außenstehenden gegenüber. Hier ist die Trennung unterschiedlich motivierter Aggressionen besonders wichtig. Hemmung sozialer Eigenschaften und Rangstufung sind ebenfalls für den Innergruppenbereich charakteristisch. Aber auch Arbeitsteilung, Kooperation und die Begründung von Traditionen. »Echte Traditionen« können nur im Rahmen der Kleinsozietät mit vollständiger gegenseitiger Kommunalisierung ihrer Mitglieder aufgebaut, weitergeführt und sinnvoll abgewandelt werden. Mit der Auflösung dieser Struktur ist auch die gesellschaftliche Voraussetzung für echte Kulturtraditionen nicht mehr gegeben (Kapitel *Das Gesicht des Friedens*). Voll verständlich wird die Bedeutung der friedlichen Gemeinschaft erst in ihren Beziehungen zu benachbarten Sozietäten auf der Ebene der Population, also dem Verband miteinander korrespondierender kommunaler Einheiten. Die Diskussion der territorialen Behauptung, der Attraktion zur eigenen Gemeinschaft und der andersartigen Attraktion zum Fremden, des Gleichgewichts und der Verdrängung aufgrund des Feindverhältnisses schließen diesen ersten Teil ab (Kapitel *Spannungsfeld Population*).

Von der biologischen Friedenstheorie ist es ein weiter Weg bis zum Konzept des inneren Friedens in der modernen, anonym organisierten Großgesellschaft. Seine Eigenart ist ebenso wie die des neu geschaffenen äußeren Friedens nur verständlich im Vergleich mit der biologischen Friedenstheorie und in der Analyse früher Stufen gesellschaftlicher Differenzierung, zum Beispiel der Stammesgemeinschaft. Diese Differenzierung, weg von der biologisch vorprogrammierten kommunalen Struktur, geht letztlich auf das früh einsetzende Bevölkerungswachstum zurück und äußert sich darin, daß die einzelnen kommunalen Einheiten sich vergrößern, vermehren, näher aneinanderrücken und sich miteinander verflechten, beziehungsweise sich nach Aufsplitterung nicht vollständig voneinander trennen.

Die faszinierendste Tatsache ist dabei die bisher so wenig beachtete Fähigkeit der Menschheit, neue Verhaltensnormen zu entwickeln, die erst im Zuge dieser Differenzierung sinnvoll, ja notwendig geworden sind. Erst dadurch ist eine Anpassung an die sich verändernde Populationsstruktur möglich geworden und letztlich das Fortbestehen eines strukturierten, also geordneten Zusammenlebens nach Sprengung der biologisch bestimmten, in sich geschlossenen Kleinsozietät. Die Evolution des Menschen ist nicht irgendwann einmal in der jüngsten erdgeschichtlichen Vergangenheit zum Stillstand gekommen, sondern setzt sich ständig fort. Allerdings hat sie sich von der Ebene der Gene fast gänzlich auf die Ebene des Zentralnervensystems verlagert. Neue Normen wie das dem äußeren Frieden zugrunde liegende Bewertungsmuster sind nicht im Individuum genetisch vorprogrammiert, sondern werden kollektiv von der Gemeinschaft getragen. Mit der Differenzierung der Kommunal- und Populationsstruktur ergab sich eine immer weiter werdende *Kluft*

zwischen gesellschaftlicher Wirklichkeit und individueller Veranlagung, soweit sie im Erbgut fixiert ist. Wie die Herausbildung solcher neuer Grundmuster im einzelnen vor sich geht, bleibt ungeklärt. Ich werde mehrere Beispiele für ihre Existenz bringen, vor allem aus der modernen Großgesellschaft. Und ich werde auch auf die Bedeutung negativer Erfahrungswerte als Mechanismen zur Korrektur des gesellschaftlichen Entwicklungskurses eingehen. Es kommt mir darauf an, zu zeigen, daß die Differenzierung des Großhirns nicht, wie vielfach angenommen wird, in eine »Sackgasse« führt, sondern als neue Evolutionsebene Instanz für die sich fortsetzende Normenbildung in der Gesellschaft geworden ist, in zweckmäßiger Anpassung an deren Differenzierung weg von der biologisch vorprogrammierten Kommunal- und Populationsstruktur.
Dennoch stellt sich zunehmend die *Gefahr eines »Kollisionskurses«* in der Gesellschaft ein: Erstens, weil die Normenbildung gegenüber der Notwendigkeit, Anpassungen an den immer schneller erfolgenden Gesellschaftswandel zu finden, mehr und mehr in Verzug gerät. Einer der Gründe hierfür liegt in dem zunehmend vom technisch-industriellen Fortschritt bedingten Tempo des Wandels, ein anderer in der Auflösung echter und institutionalisierter Traditionen als Instanzen langfristig gesammelter Erfahrungswerte zur gesellschaftlichen Kurskorrektur. So erscheint zum Beispiel die Entwicklung einer Norm, die hohe Kinderzahl negativ werten läßt, längst überfällig, da nun die Grenzen des Wachstums nahezu erreicht sind. Zweitens besteht die Gefahr eines Kollisionskurses, weil es in der anonym organisierten Gesellschaft der Umsetzung neu entstandener Normen, also der Wertungsgrundlagen, ins Bewußtsein der Gesellschaft bedarf, etwa als Formulierung gesetzlicher Regelungen, die diesen Normen entsprechen. Ich komme darauf bei der Schaffung des international gültigen Völkerrechts zu sprechen. Und drittens, weil die Einhaltung dieser formulierten neuen Verhaltensregeln immer mehr zum Problem wird. Hier spielt eine Rolle, daß diese neuen, nicht genetisch vorprogrammierten Wertungsgrundlagen weniger tief im Individuum verankert sind als die instinktiven Veranlagungen, zu diesen vielfach eine Kluft besteht und sich der einzelne im Verband nicht voll mit den gesellschaftlichen Vorgängen solidarisch fühlt.
Wie schwierig das Verstehen solcher Evolutionsvorgänge wie die Schaffung der Norm des äußeren Friedens selbst für Fachleute ist, wurde mir erst kürzlich wieder bewußt, als ich mit einem Soziologen darüber diskutierte. Er hielt mir entgegen, daß der äußere multilaterale Friede, der gegenwärtig auf unserem Kontinent herrscht, ja doch sicherlich eine Folge der leidvollen Erfahrungen aus den Kriegen der jüngsten Vergangenheit darstelle und daß die Sicherung des Friedens am wirkungsvollsten über Sanktionen zu erreichen sei. Dieser Einwand geht aber völlig an meiner Aussage vorbei, denn er bezieht sich nicht auf die Schaffung der Norm, also der Wertungsgrundlage für den äußeren Frieden, sondern auf die Umsetzung der Norm in Konventionen und

die Einhaltung derselben. Dazu muß aber erst die Norm selbst entwickelt worden sein, und darum geht es mir. Meinem Gesprächspartner war bisher noch gar nicht in den Sinn gekommen, daß es kein ursprüngliches Merkmal des Menschen sein könnte, Frieden zwischen Volkseinheiten zu schließen, sondern eine sinnvoll, ja notwendig gewordene Neuerung im Zuge der gesellschaftlichen Differenzierung.

Im zweiten Teil geht es um diese Differenzierung, die, wie betont, letztlich auf die früh beginnende Bevölkerungszunahme zurückzuführen ist. Im ersten Kapitel verfolge ich die Entwicklung einer sehr aggressiven Kulturgruppe von den historischen Anfängen an. Hier, bei den Kannibalen und Kopfjägern am Golf von Papua ging mit der Zersplitterung in Untergruppen deren territoriale Isolierung einher, es entstand gegenseitige Feindschaft, aber auch der Impuls zur Begründung neuer Kulturmuster – Kultbräuche, Masken und Gesänge (Kapitel *Die Kopfjäger*). Dem Forscher GEORG F. VICEDOM verdanke ich sehr gründliche Schilderungen der kommunalen Struktur der Mbowamb-Papuas, ihrer Kriegszüge, aber auch der von vielen Riten begleiteten Friedensfeiern. Bei ihnen hat die Bevölkerungszunahme und Aufsplitterung in Untergruppen – Sippen und Stämme – eine reiche Gliederung hervorgebracht, mit vielfältigen wirtschaftlichen, verwandtschaftlichen und freundschaftlichen Beziehungen über die Grenzen der engeren Kommunaleinheit, der Sippe, hinaus. Zeiten äußeren Friedens sind als zweckmäßige Anpassung an diesen Wandel gegenüber der in sich geschlossenen Kleinsozietät zu betrachten. Der »Friede auf Zeit« tritt hier nicht zum ersten Mal in der menschlichen Geschichte auf, aber die Mbowamb sind ein gutes Beispiel zur Demonstration gesellschaftlicher Grundprozesse (Kapitel *Die Hochländer*).

Daß die Evolution neuer Verhaltensnormen im Zusammenleben in der Gemeinschaft und zwischen Verbänden nicht voll mit der instinktiven Veranlagung des einzelnen in Einklang steht, daß es zu neurotischen Erscheinungen schon auf sehr frühen Stufen der gesellschaftlichen Differenzierung gekommen ist, belege ich mit Beispielen aus Kultbräuchen an der Südküste Neuguineas. Diese Entwicklung hat sich bis zur Gegenwart verstärkt fortgesetzt. Der Mensch ist zu einem Gefangenen seiner selbst geworden, indem die Gesellschaft dem einzelnen seinen Lebensstil zuweist, ihn in einen Kurs zwängt, der seinen genetischen Voraussetzungen nur teilweise entspricht. Das Individuum ist nicht nur vorprogrammiert, durch Erbkoordinationen in Ausdrucksformen seines Verhaltens festgelegt, sondern auch wesentlich – und in immer stärkerem Maße – programmiert durch seine Umwelt, von der Struktur und den Prozessen in der Gesellschaft als übergeordneter Einheit (Kapitel *Das brutale Match*). Änderung des ursprünglichen Feind- oder Fremdverhältnisses zum Frieden muß nicht den Aufbau einer freundschaftlichen Verbundenheit zwischen Volkseinheiten bedeuten. Anstelle von Vernichtung oder Verdrängung traten und treten häufig Ausbeutung, Demütigung, Intoleranz und humanitäre Bemitleidung. Sie sind charakteristisch für den Kolonialismus, der als Verhaltenskonzept in Form »kolonialer Methoden« auch heute weit verbreitet ist, sowohl im Verhältnis zwischen Völkern wie innerhalb einer Nation gegenüber Minoritäten, schließlich auch im Verhältnis der Stadt- zur Landbevölkerung. In diesem Konzept hat sich der Tourismus zu einer Sonderform des äußeren Friedens entwickelt (Kapitel *Kolonialpolitik*).

Im letzten Kapitel werden schließlich die im ersten Teil des Buches gelegten Fäden insgesamt wieder aufgenommen. Viele Züge der modernen Großgesellschaft erinnern an Verhältnisse bei solitär lebenden Tierarten. Mit der Auflösung des biologischen Friedens geht die Neuschaffung von Grundstrukturen im Innern der Großgesellschaft einher: Rückbildung der Individualsignale und Übergang zu anonymer Bezugnahme im artspezifischen Verständigungssystem, die Aufspaltung des ursprünglichen Gruppenterritoriums in das »Privatterritorium« und das neuartige »Verbandsterritorium«, Einsatz vorprogrammierter Muster des Kontaktverhaltens in neu entstandene Funktionsbereiche, vor allem zur Beschwichtigung zwischen nicht mehr vollständig kommunalisierten Verbandsmitgliedern. Besondere Beachtung verdient der ungerichtete soziale Hemmeffekt im übervölkerten Verband und die Beeinflussung der vorprogrammierten Art der Aggressivität im neuartigen inneren Frieden, im modernen Krieg und im äußeren Frieden, der sich aus einem »Frieden auf Zeit« zum »Frieden als Normalzustand« gewandelt hat. Die »Verfallserscheinungen« in unserem Gesellschaftsbereich sind kein Indiz für nahenden Untergang, wie er in früheren geschichtlichen Epochen eingetreten ist, da die Menschheit im Begriff ist, eine die gesamte Erde umspannende Populationsebene zu schaffen, auf der andere nationale Abhängigkeiten als früher herrschen.

Die Diskussion des inneren Friedens in unserer Gesellschaft führt zu den vielfältigen kommunalen Prozessen der Gegenwart, zur Ablösung echter und institutionalisierter Traditionen in den Bereichen der Kunst und Metaphysik, zu Städtebau und Verkehrsplanung, zum Phänomen der Landflucht, zur Sicherung kultureller und natürlicher Werte als kommunale Orientierungsmuster. Dabei stelle ich den Bezug einerseits zur biologischen Friedenstheorie und andrerseits zum modernen Friedenskonzept her. Es ist mir ein Anliegen, ideologienfrei und doch gesellschaftsbezogen zu argumentieren. So darf auch Solidarität zum eigenen, nationalen Verband auf der einen Populationsebene der Zukunft nicht die Aufgabe des »privatterritorialen« Bereichs bedeuten: das Privatterritorium ist hier nicht als räumliche Struktur, sondern als »kommunale Distanz« beziehungsweise »Distanz der nicht Praktizierenden« zum Verband mit seinen dichteabhängigen Hemmwirkungen zu verstehen. Denn diese Distanz bildet eine Voraussetzung für die »freie Meinungsbildung«, die nach Verlassen der biologisch vorprogrammierten Kommunalstruktur zur Instanz der Kurskorrektur in der Gesellschaft geworden ist. Alternativen grundsätzlicher Art zur gegenwärtig praktizierten Entwicklungspolitik in In-

und Ausland zum Beispiel können nur auf dieser Ebene geschaffen werden (Kapitel *Die solitäre Gesellschaft*).
Das Privatterritorium ist in der ursprünglichen Kleinsozietät nicht verwirklicht, da dort die vollständige gegenseitige Kommunalisierung keine territoriale Abgrenzung einzelner oder von Untergruppen in der Gemeinschaft motiviert. Solange diese Einheit gegeben ist, führt die vorprogrammierte »Individualdistanz« lediglich zur Einrichtung einer »privaten Sphäre« innerhalb des allen gemeinsamen Gruppenterritoriums als ebenfalls vorprogrammierter Struktur bei kommunalen Spezies. Es ist deshalb gefährlich, aus der Sicht unserer eigenen, abgeleiteten Gesellschaftsstruktur mit ihrer Aufspaltung in Privat- und Verbandsterritorium neuer Art auf eine generelle Einstellung des Menschen zum Beispiel zu privatem Eigentum, persönlicher Freiheit und anderen sozialen Ansprüchen zu schließen. Die Zurückstellung persönlichen, nicht gemeinschaftsbezogenen Vorteils war früher – auf vorprogrammierter Basis – verwirklicht. Sie kann wieder erreicht werden, wenn auf dem Evolutionsweg neue Wertungsgrundlagen dafür geschaffen sind, diese ins gesellschaftliche Bewußtsein gehoben, in Konventionen formuliert und als solche eingehalten werden. Es ist auch gefährlich, eine aus dem Gruppenterritorium – beziehungsweise aus der vollständigen, individuell ausgerichteten Bindung in der ursprünglichen Kleinsozietät – entspringende »Solidarität« wieder erreichen zu wollen, indem man alte Muster, Traditionen in der alten Motivation wiederaufleben läßt. Diesen Mustern und dieser Art der Solidarität ist der Boden ein für allemal entzogen. Wir leben in einem anonym organisierten Großverband, und kommende Generationen werden auch nicht zur biologisch vorprogrammierten Struktur zurückfinden können oder wollen. Die neuartige, verbands- und populationsbezogene Solidarität muß sich auf Normen und Prozesse gründen, die auf der Evolutionsebene des Zentralnervensystems nach dem Übergang zur neuen Spezies Mensch entstanden sind und auf der einen Populationsebene der Zukunft entstehen werden. Es ist dann auch sinnvoll, zur Bewahrung nationaler und regionaler Identität Traditionsmuster als Orientierungswerte zu erhalten beziehungsweise zu erneuern – und zwar nicht in ihrer ursprünglichen Motivation und Funktion, da diese eher zu Aufsplitterung und Isolierung, denn zu der angestrebten Solidarität führen.

Einleitung

Die Vorgeschichte: Papuas und Flughörnchen

Die Vorgeschichte zu diesem Buch beginnt mit dem Schreibfehler eines australischen Postbeamten im Jahre 1959. Ich begleitete damals als junger Zoologiestudent meinen väterlichen Freund Eugen Schuhmacher auf seiner Expedition in Neuguinea, um bei den Filmaufnahmen zu seinem großen Werk »Die letzten Paradiese der Tierwelt« ein wenig mitzuhelfen. Leider wurde nicht viel aus dieser Hilfe, denn schon nach einigen Wochen befiel mich eine Malaria mit schweren Begleiterscheinungen. Damit schien für mich bereits das Ende der weiten Reise gekommen zu sein. Doch als ich nach Monaten endlich wieder auf den Beinen stand, wollte ich nicht sofort heimreisen, sondern wenigstens noch einen kleinen Ausschnitt der ursprünglichen Wildnis der Insel sehen. Ich ging zum Postamt von Port Moresby, der Hauptstadt Australisch-Neuguineas, und gab ein Eiltelegramm an meine Mutter auf, in dem ich sie um einen Zuschuß von 100 Dollar bat. Anstelle der erhofften 100 Dollar trafen aber volle 700 Dollar ein! – Wie sich später herausstellte, hatte der australische Postbeamte meine handgeschriebene 1 für eine englische 7 gehalten, und dieser Irrtum brachte mir den unerwarteten Geldsegen. Nun war ich in der Lage, noch eine richtige kleine Expedition zu starten, und buchte einen Flug nach Kikori, dem Sitz der Distriktsverwaltung am Golf von Papua. Bereits zu Hause hatte ich gelesen, daß nur in dieser Gegend – in den weiten Delta- und Sumpfgebieten an der Südküste Neuguineas – eine der größten zoologischen Kostbarkeiten vorkommt, nämlich die altertümliche Schildkröte *Carettochelys insculpta*, deren Vorfahren vor erdgeschichtlich langer Zeit auch Europa und Nordamerika besiedelt hatten. Bis dahin war es noch niemandem gelungen, dieses Fossil lebend nach Europa zu bringen, um hier seine nahezu unbekannte Lebensweise zu studieren. Damit wollte ich mir die ersten zoologischen Sporen verdienen.

Das Golfgebiet galt damals noch als echtes Pionierland, und die Fluggäste auf der nur alle zwei Wochen beflogenen Strecke nach Kikori waren Regierungsbeamte, Missionare oder Mineraliensucher. Das einmotorige Flugboot war so schmal, daß ich von meinem Sitz aus nach beiden Seiten einen überwältigenden Blick über das Deltaland hatte: ein verwirrendes System mächtiger, vom Zentralgebirge kommender Ströme, verbindender Kanäle und kleinerer Wasserwege, die von den Fächerwedeln der Nipapalmen fast gänzlich überdacht waren. Meer und Flüsse schienen so ineinander überzugehen, daß man nicht zu sagen vermochte, wo die Trennlinie zwischen beiden verlief. Dichter,

graugrüner Sumpfwald bedeckte die zahllosen großen und kleinen flachen Inseln, und an den wenigen offenen Stellen zwischen den Stämmen blinkte Wasser, das mit den aufsteigenden Gezeiten das Land weithin überflutet. Auf der vor mir liegenden Karte konnte ich sehen, daß diese amphibische Landschaft der Küstenlinie 325 Kilometer folgt. Die größten Ströme Fly und Turama weiten sich an der Mündung zu mehr als 50 und 30 Kilometer breiten Trichtern. Als ich auf die Wassermassen unter mir blickte, mußte ich an *Carettochelys*, die Schildkröte, denken, die hier zu Hause sein sollte. Würde ich sie in diesen trübbraunen Fluten überhaupt aufspüren können? Und was würde mir diese urweltliche Gegend sonst noch an Erlebnissen bringen?
Kleine Gartenrodungen im Busch verrieten die Existenz von Menschen in dieser Welt zwischen Land und Wasser, einem Lebensraum, der höchste Anpassung erfordert. Auf einem der Wasserwege entdeckte ich einzelne Kanus, langgestreckte, elegante Boote, die von den Papuas selbst durch enge Fahrrinnen im Gewirr der Mangrovenwurzeln und zwischen den Palmenbeständen gesteuert werden können. Aufrecht in den Kanus stehend, paddelten sie auf ein Dorf zu, das jetzt unter uns lag: eine harmonisch mit der natürlichen Umgebung verbundene Anlage aus Pfahlbauten über dem silbrig-grauen Schlick, um ein mächtiges, wohl über 100 Meter langes Gemeinschaftshaus gruppiert. Seine weit geöffnete Vorderfront unter dem hochgeschwungenen Giebel wirkte wie der aufgesperrte Rachen eines Ungeheuers (Bild 9, S. 53). Ich hatte früher gelesen, daß diese Langhäuser – *dubu daimu* – tatsächlich ein mythisches Vorzeitwesen namens »*kaiaimuru*« verkörpern sollten. Bei den nächtlichen Kulttänzen entlang des Mittelganges, im Fackelschein und begleitet vom dumpfen Zusammenklang der Handtrommeln, begann das ganze Haus zu schwingen, und das Ungeheuer schien zum Leben zu erwachen. Den Kultfeiern gingen in früherer Zeit gewöhnlich Kopfjagdzüge voraus. Die dabei getöteten Feinde wurden heimgeschafft, ihre Körper beim Fest verzehrt und die Schädel als kostbarste Trophäen präpariert und in Schreinen des Langhauses zur Schau gestellt (Bild 12, S. 71). Dieser Brauch war noch bis zum Beginn unseres Jahrhunderts lebendig. Mit der Gründung der Regierungsstation Kikori in den zwanziger Jahren und mit der fortschreitenden christlichen Missionierung war es mit der Kopfjagd im Golfgebiet endgültig vorbei. Ich konnte bei diesem ersten Ausflug noch nicht ahnen, wieviel Kulturgut aus dieser Zeit der Väter noch überlebt hatte und wie tief ich in den folgenden Jahren in die Geheimnisse der Überlieferung und in den Lebensrhythmus der Golfpapuas eindringen würde.
Inzwischen waren die roten Wellblechdächer der Regierungsstation Kikori aufgetaucht, und im aufschäumenden Gischt des Flusses wasserte die Maschine. Beim Öffnen der Kabinentür schlug mir schwüle Hitze entgegen, geladen mit dem Geruch von Schlick und tropischer Sumpfvegetation. Noch am selben Tag machte ich bei allen elf in Kikori ansässigen Europäern die Runde, und am Abend wußte ich, daß mir volle Unterstützung zuteil werden wür-

de, daß aber niemand so recht verstehen konnte, warum es mich ausgerechnet hierher gezogen hatte. Denn mit Ausnahme der Missionare und des mit einer Papuafrau verheirateten Händlers freute sich jeder Weiße am Golf auf die Zeit, wenn sein Dienst hier beendet war und er dem Schlamm und Regen wieder den Rücken kehren konnte.
Jährlich fallen sechs bis sieben Meter Niederschläge im Delta, und besonders während der eigentlichen Regenzeit von Mai bis November ist der Himmel fast täglich von schweren grauen Wolken verhangen. Von der Wucht der tropischen Regengüsse kann man sich als Europäer kaum eine rechte Vorstellung machen. Als ich ankam, war es Anfang Oktober, doch schien die Regenzeit diesmal bereits vorzeitig aufgehört zu haben. Der Golf zeigte sich von seiner besten Seite. Strahlender Sonnenschein begleitete mich, als ich am nächsten Morgen zusammen mit zwei eingeborenen Polizisten und sechs stämmigen Paddlern in Kanus zu der Region aufbrach, die mir als die ursprünglichste geschildert worden war. In zwei Tagen paddelten wir, immer dicht am Ufer entlang und möglichst die Gezeitenströmungen ausnützend, bis zu den Kalksteinhügeln am oberen Omati-Fluß, wo das Schwemmland des Deltas an das eigentliche Festland stößt. Grellrot, gelb und blau gefärbte Winker-Krabben beobachtete ich vom dahingleitenden Kanu aus auf den Schlammflächen. Weiße Kakadus mit gelber Federhaube lärmten in den Uferbäumen, und große Schwärme kreischender Loris und vereinzelte Krontauben zogen über den Fluß. In der Abenddämmerung waren einzelne Uferbüsche in das grünweiße Licht zahlloser Leuchtinsekten getaucht, die rhythmisch mit ihren Laternchen blinkten. Auch Leistenkrokodile sahen wir unterwegs, die jedoch beim Herannahen sofort untertauchten.
Auf unserer Fahrt berührten wir drei Papuadörfer. Die australische Verwaltung hat in allen Siedlungen einfache Rasthäuser errichten lassen, die auch uns zur Verfügung standen. Mosquitonetz, Feldbett, Teekessel und einige Kochtöpfe, Fleisch- und Gemüsekonserven bildeten die wichtigste Ausrüstung. Bei den Dorfleuten kauften wir zusätzlich Bananen, Süßkartoffeln, Taroknollen und Sago. Echter Sago sieht völlig anders aus als das, was man hier bei uns darunter versteht. Er gleicht vielmehr unserem Kartoffelmehl. Für die Papuas ist der kurz über dem Feuer angeröstete Sagokuchen das wichtigste Nahrungsmittel. Die Frauen gewinnen die Rohsubstanz aus der im Sumpfwald wildwachsenden Sagopalme. Knollenfrüchte und Bananen aus den kleinen Pflanzgärten im Busch sowie gelegentlich Fische, Krabben, kleine Beuteltiere, Eidechsen, Schlangen und Vögel vervollständigen die im ganzen wenig abwechslungsreiche Kost.
Ursprünglich war die Dorfgemeinschaft wirtschaftlich auf sich selbst gestellt. Jede Familie verstand es dank überlieferter Techniken, das Lebensnotwendige, Kanu, Haus, Waffen und Geräte – auch Schmuck – aus dem Material, das ihnen ihre natürliche Umwelt bot, selbst anzufertigen. Nur wenige Gebrauchsgüter, z.B. Tontöpfe und Steinbeilklingen, tauschten sie gegen Sago

und Krabben von anderen Volksgruppen ein. Die großen Krabben machten sie für den Tauschhandel zu richtigen Lebendkonserven: sie spießten die spitzen Chitinenden eines Beinpaares in die weichen Gelenkhäute des jeweils davorliegenden Beinpaares, deren erstes die Scheren trägt. Dabei stachen sie die Nerven an und lähmten so Beine und Scheren mit Ausnahme des letzten Beinpaares. Zusätzlich umschnürten sie die Krabbe noch fest mit Pflanzenfasern. So wurde das Tier völlig bewegungsunfähig, blieb jedoch viele Tage in diesem Zustand am Leben.

Mit dem Einbruch der europäisch geprägten Zivilisation auch in diese ferne Welt setzte der Wandel in der traditionellen Nutzung der Umwelt ein. Damals, 1959, war er noch verhältnismäßig gering. Zwar hatten Eisenwerkzeuge, die ursprünglich gänzlich unbekannt waren, die alten Steinäxte, Knochenmeißel und Bambusmesser schon vor Jahrzehnten verdrängt, doch kam der Umschwung des Systems erst später, als sich Produktion und Arbeitsleistung nicht mehr am Eigenbedarf, sondern mehr und mehr am Gelderwerb orientierten. Geld brauchten die Leute, um all die begehrenswerten Dinge kaufen zu können, die sie in den Handelsstationen sahen und mit deren Anhäufung nun das soziale Prestige aufgewertet wurde. Da in der Region des Papuagolfes, die ein australischer Experte noch jüngst als das vielleicht unterentwickeltste Gebiet unserer Erde bezeichnet hatte, kaum Erwerbsquellen existierten, mußten die Männer zur Arbeit in die Fremde, auf Plantagen oder nach Port Moresby gehen. Wenn sie zurückkamen, waren sie so verändert, daß sie sich in die Dorfgemeinschaft nur schwer wieder einfügen konnten.

Tiefere Einblicke blieben mir damals auf dieser ersten Reise noch verschlossen, denn ich war ja gerade erst dabei, die ersten persönlichen Kontakte mit Golfpapuas zu knüpfen. Sprachschwierigkeiten behinderten mich stark. Zwar hatte ich während meiner Malariaerkrankung Pidgin-English gelernt, eine vom Englischen, Malaiischen und aus Eingeborenensprachen abgeleitete Verkehrssprache, in der übrigens auch deutsche Ausdrücke aus der Kolonialzeit überlebt haben, z.B. das Wort »raus«; hier an der Südküste galt als Verkehrssprache aber hauptsächlich Police Motu, das sich aus der Sprache der Motu-Melanesier des Gebietes um Port Moresby entwickelt hat. Ich konnte mich deshalb anfangs nur über Dolmetscher verständigen und war froh, daß einer meiner beiden Polizisten sowohl Pidgin als auch Police Motu sprach. – Auch andere Verständigungsschwierigkeiten galt es zu überwinden. Die Umgangsformen, die Mentalität der Menschen, ihre Art, Fragen zu beantworten, waren mir fremd. Ich mußte erst lernen, daß z.B. Fragen nach dem »Warum« eines Vorganges nicht die gewünschte Information erbringen konnten, da den Papuas in der Regel eine kausale Denkweise fremd war. Auch brachte erst der Umgang mit ihnen die Erkenntnis, daß nicht alle Antworten wirklichkeitsgemäß gegeben wurden, sondern so, wie sie der Fremde nach ihrer Ansicht am liebsten hört. Diesen eigentlich sehr liebenswürdigen Zug trifft man ja auch bei anderen alten Kulturgruppen der Erde an.

Bild 1: Stammeskrieg der Dani-Papuas im Baliem-Tal, westliches Zentral-Neuguinea: eines der wenigen Bilddokumente traditioneller Kämpfe (Foto Peter Matthiessen, 1961).

Bild 3 (links): Die Weitergabe der Überlieferungen übernimmt vor allem der Bruder der Mutter. Dorf Damaibari, Papuagolf (Foto Verfasser, 1966). – Bild 4 (rechts): Auf der Veranda des Hordenhauses Didessa: der alte Mann lächelte mich jedesmal an, wenn ich ihm ins Gesicht blickte. Er war gerade von einem längeren Aufenthalt in einer Gartenhütte heimgekehrt und hatte nun zum ersten Mal einen Weißen vor sich. Allerdings wußte er, daß ich mit den anderen Anwesenden gegenseitige freundliche Kontakte pflegte (Foto Verfasser, 1966).

Bild 2: Hordenhaus Didessa der Kaluli-Papuas am Fuß des Mt. Bosavi: kommunales Zentrum der friedlichen Gemeinschaft (Foto Verfasser, 1966).

Bild 5 (links): Der Vordereingang des Hordenhauses Didessa (Foto Susanne Schultze-Westrum). – Bild 6 (rechts): Der junge Kaluli-Mann lachte den ihm vertrauten Weißen voll an, als sich die Kamera auf ihn richtete. Die Tatauierung über den Augenbögen tragen viele Männer der Kaluli und Waragu (Foto Verfasser, 1966).

Bild 7: Häuptling Nilik der Dani-Papuas im Baliem-Tal. Als Penisbedeckung tragen die Männer Flaschenkürbisse (Foto Peter Matthiessen, 1961).

Das erste Dorf auf unserer Reiseroute – unsere Paddler nannten es Moinamu und es bestand aus sechs Hütten – erreichten wir gegen Abend bei Ebbe. Eine breite Schlickfläche trennte die Kanus vom Landungssteg. Auf ihren breiten, niemals durch Schuhwerk beengten Fußsohlen, von Kindestagen im Gehen über den nachgiebigen Untergrund gewöhnt, liefen meine Begleiter mit der Ausrüstung bepackt zum Ufer. Ich aber steckte bereits beim ersten Schritt mit meinen europäischen Geländeschuhen so tief im zähen Morast, daß ich ohne fremde Hilfe nicht mehr freikam. Schuhe habe ich im Golfgebiet seitdem nur mehr im Umkreis der Regierungsstation getragen.
Eine mit Lianenstricken fest vertäute Leiter führte hinauf zu einem hoch über dem Fluß gelegenen Landungssteg, auf dem sich der Dorfvorsteher, andere Männer und eine Schar neugieriger Kinder zur Begrüßung versammelt hatten. Frauen waren zunächst nicht zu sehen. Ich gab jedem der Männer die Hand und ließ mir den Weg zum Regierungsrasthaus zeigen. Die Dorfleute brachten Feuerholz und Wasser, und dann unternahm ich mit großem Gefolge einen ersten Rundgang durchs Dorf. Dabei lernte ich gleich eine zweite Tücke der ungewohnten Umgebung kennen. Die Verbindungsstege zwischen den einzelnen Pfahlbauten waren mit unbefestigten, runden Querhölzern belegt, die wegrollten, wenn man sie nicht mit Fußsohle und Zehen festhielt. Da sie außerdem beiderseits ein gutes Stück über die tragenden Längshölzer hinausstanden, mußte man genau darauf achten, nicht zu weit außen aufzutreten, denn sonst kippten sie. Unter uns, zwischen den Pfählen, auf denen Wege und Häuser verankert waren, wühlten einige der für Neuguinea typischen dunklen und langköpfigen Hausschweine nach Krabben und Abfällen im schlammigen Boden, der bei Hochflut vom Wasser bedeckt wird.
Plötzlich setzte die Dämmerung ein, und im nahen Sumpfwald begann das hohe und tiefe Rufen der Baumfrösche und das schrille Auf und Ab des Zikadenchors. Blauer Rauch stand über den Blätterdächern der Hütten. Fast alle Dorfbewohner waren um diese Zeit bereits aus dem Busch zurückgekehrt, und ihre Kanus lagen dicht nebeneinander am Flußufer. Da die Sonne in den Tropen in einem sehr steilen Winkel hinter dem Horizont niedergeht, kam die Nacht unvermittelt schnell. Feuerschein erhellte das Innere der Hütten, und durch die Türöffnungen sah ich, wie die Frauen dabei waren, Sago in grüne Bambusrohre zu füllen und darin auf der Glut zu rösten. Auf meine Bitte durfte ich in ein Haus eintreten. Nur die Kleinkinder und Hunde wichen scheu bei meinem Erscheinen zurück; die Frauen schienen kaum Notiz zu nehmen und fuhren in ihrer Arbeit fort. Man bot mir einen uralten Lehnstuhl an, der irgendwie den Weg aus der Zivilisation hierhergefunden hatte. Er war – wie alles im Haus – schrecklich schmutzig, und das galt auch für den Topf, in dem mir der Hausherr schwarzen Tee reichte. Ich bekam auch heißen Sago, der vor dem Backen mit Kokosstückchen vermischt worden war. Als Gegengabe teilte ich schwarzen Handelstabak und Zeitungspapier aus – anderes Zigarettenpapier nahmen die Papuas damals grundsätzlich nicht an. Rauchend

hockten die Männer des Dorfes nun mit gekreuzten Beinen auf dem Fußboden und betrachteten mich. Jedesmal, wenn ich einen von ihnen ansah, ging ein Lächeln über sein Gesicht, und er nickte freundlich. Der beißende Rauch des offenen Feuers, das auf einer Lehmunterlage mitten in der Hütte brannte, zwang mich bald von meinem Stuhl, und ich nahm auf einer eiligst herbeigeschafften Matte in gleicher Sitzhöhe wie die Männer Platz. Fortan behielt ich diese Sitzweise bei, hatte als Zivilisationsmensch allerdings große Schwierigkeiten, meine Beine wieder so gelenkig zu machen, daß ich im Schneidersitz stundenlang Gespräche führen konnte.

An diesem Abend empfand ich, wieviel uns voneinander trennte, und ich nahm mir fest vor, die Barrieren Stück für Stück abzubauen. Heute, nach 15 Jahren, kann ich sagen, daß ich diesem Ziel näher gekommen bin, als ich zunächst erhofft hatte. In den Jahren 1966, 1968 und 1970 verbrachte ich nochmals insgesamt 13 Monate in Neuguinea. Ich könnte mich inzwischen sogar selbst als Papua betrachten, denn zusammen mit meiner Frau, die mich auf der zweiten Reise begleitete, bin ich volles Mitglied einer Sippe der Kerewoleute geworden. Beide tragen wir Namen aus der Gründerzeit des Stammes, Namaiani und Otoia, und die alten Männer haben uns die Geheimnisse der Stammesgeschichte und der Kultbräuche anvertraut, soweit sie in ihrer Erinnerung noch lebendig waren.

Ein Langhaus besaß das Dorf Moinamu nicht mehr, und die Leute verneinten auch meine Frage, ob sie noch Schädeltrophäen oder andere Kultgegenstände aus der alten Zeit aufbewahrten. Sechs Jahre später gestanden sie mir, damals nicht die Wahrheit gesagt zu haben, da sie Europäern gegenüber diese Dinge meist verborgen hielten. Sie besaßen sowohl noch Schädel erschlagener Feinde – einem hatte man anstelle des traditionellen Muschelauges einen Hemdenknopf eingesetzt – wie auch alte, mit Erdfarben bemalte, inzwischen aber rauchgeschwärzte schildförmige Schnitzereien und Hakenfiguren zum Aufhängen der Schädel. Ihre Zurückhaltung war auch sehr verständlich, denn seit von dem Schweizer Völkerkundler PAUL WIRZ 1930 die Kultur der Kerewo-, Urama-, Gope- und Eragruppen des Golfes kurz studiert worden war, hatte sich niemand mehr darum gekümmert. Im Gegenteil: Regierungsbeamte und Missionare, ganz besonders die einheimischen Pastoren, hatten nicht nur der Kopfjagd ein Ende gesetzt, sondern standen ganz generell der Kultur abwertend, wenn nicht sogar feindlich gegenüber. Im Gogodaragebiet westlich des Turamaflusses hatte die dort arbeitende Mission – die »Unevangelized Fields Mission« – sogar die Parole ausgegeben, wenn ein Dorf eine Schule haben wolle, so müßten zuvor alle Kultschnitzereien auf einem Haufen zusammengetragen und verbrannt werden.

Ich habe kürzlich einen Dokumentationsband (*Neuguinea – Urwelt im Aufbruch*, Bern/München 1972) veröffentlicht, in dem die Vernichtung des kulturellen Erbes in Südost-Neuguinea und der natürlichen Umwelt dargestellt wird: Viele der uralten, mit dem Schädelkult verbundenen Schnitzereien waren in die Flüsse geworfen, verbrannt, vergraben oder in Buschhütten versteckt worden, wo sie mit den Hütten vermoderten oder den Termiten zum Opfer fielen (Bild 13, S. 72). Nur einen Bruchteil konnten wir auf späteren Reisen retten. So war die Scheu der Menschen mir, dem Unbekannten, gegenüber durchaus verständlich, die Schädel und Schnitzerein herzuzeigen, die ja nach der Vorstellung der Väter mit magischen Kräften geladen waren. Ich erfuhr jedoch in Moinamu, daß im Dorf Paia am Omatifluß noch ein traditionelles Langhaus stehe und dort auch ein alter Schädelschrein zu finden sei. Noch mehr interessierte mich aber die Nachricht, daß im Dorf Gihiteri in den nächsten Tagen ein Initiationsfest gefeiert werden sollte.

Gihiteri liegt auf einem lehmigen Hügel am Rande des Deltas. Üppiger tropischer Regenwald schließt sich landeinwärts an, und während die Vorbereitungen zum Fest – Holzholen, Sagozubereiten, Fisch- und Krabbenfang, Jagd auf verwilderte Hausschweine im Busch – noch andauerten, sammelte ich Schlangen, Eidechsen und andere Tiere, die ich lebend mit nach Deutschland bringen wollte. Die Schildkröte *Carettochelys* hatte ich bisher vergeblich gesucht, und auch hier oben, wo die Gewässer klar und frei von Meersalz sind, konnte ich sie nicht finden.
Am Nachmittag des dritten Tages war es dann soweit. Von der Plattform des kleinen Langhauses im Dorf verkündeten Trommelschläge den bevorstehenden Beginn des Festes, bei dem vier Buben und Mädchen im Alter von etwa 7–10 Jahren durch Übergabe von Geschenken und beim Tanz in die Dorfgemeinschaft eingegliedert werden sollten. Gäste aus benachbarten Dörfern hatten sich eingefunden, und als ich das Langhaus betrat, waren die Tänzer gerade dabei, ihren Schmuck – Paradiesvogel- und Kakadufedern, Flechtwerk, Schneckenschalen- und Muschelgehänge – anzulegen. Andere stimmten ihre Trommeln, indem sie die Bespannung aus Eidechsenhaut anfeuchteten und über dem Feuer strafften. Nach Einbruch der Nacht formierten sich die Tänzer zu einer Doppelreihe im Mittelgang, und unvermittelt setzte der Tanz ein. Das Erlebnis durchdrang mich zutiefst: das dumpfe Dröhnen der Handtrommeln, der stampfende Rhythmus des Tanzes, der das Haus zum Schwingen brachte, und der Gesang, der stellenweise lyrisch klang, dann wieder die geballte Wildheit der Kopfjagdzüge wiederzugeben schien. Auf den von Schweinefett und Schweiß glänzenden Gesichtern spiegelte sich der Feuerschein der lodernden Fackeln.
Ich saß viele Stunden am Rande, fast unbeachtet, und kehrte erst, als meine Begleiter immer stärker drängten, ins Rasthaus zurück. Je weiter wir uns vom Festplatz entfernten, um so mehr nahmen uns die nächtlichen Stimmen des Urwalds gefangen.

Nach Paia war es von Gihiteri im Kanu fast eine Tagesreise. Wieder drangen wir ein in das Labyrinth verzweigter Wasserwege. Den gleichmäßigen Schlag

der Paddel übertönte bald schweres, immer lauter werdendes Prasseln auf das Blätterdach des Waldes. Einer der für die Golfregion typischen Regengüsse zog über uns hinweg und füllte unser Kanu so weit mit Wasser, daß wir uns sofort ans Ausschöpfen machen mußten. Die Paddler waren kurz danach wieder trocken, denn sie trugen lediglich Shorts oder ein Lendentuch – auch die traditionelle Bekleidung der Papuas bestand nur aus einer Schambedekkung. Am Omatifluß empfing uns hoher Wellengang. Doch meine Begleiter hatten vorsorglich Lehmklumpen mitgenommen, aus denen sie nun einen Wall am offenen Ende des Einbaums bauten, um das Wasser abzuhalten. Obwohl die Männer im Stehen paddelten, vermochten sie das schmale Boot sicher im Gleichgewicht zu halten. Am Nachmittag zogen noch mehrmals Regenfahnen über uns hinweg, die Atmosphäre war dampferfüllt und drückend. Erst gegen Abend klarte es wieder auf, und während sich auf das braunviolette Wasser die Dämmerung legte, zogen mit langsamem Flügelschlag Scharen von Flughunden über den Fluß.
Es war schon tiefe Nacht, als hinter einer Flußbiegung Feuerschein und Stimmen das Dorf ankündigten. Zurufe wurden ausgetauscht, und unter dem vielstimmigen Geheul der Eingeborenenhunde näherten wir uns allmählich, so daß ich umrißhaft die mächtige Silhouette des Langhauses erkennen konnte, dessen Front, auf zahllose Pfähle gestützt, weit über die Uferböschung in den Fluß hinausragte. Auf der Plattform unter dem Giebel bewegten sich immer mehr Gestalten, einige trugen glimmende Palmwedel in der Hand, die sie nun schwangen und zu lodernden Fackeln entfachten. Einige junge Männer kletterten den Steigbaum zum Wasser hinab und sprangen in ihr Kanu, um uns zum nahen Landesteg des Rasthauses zu begleiten.

Am folgenden Morgen kehrten wir zum Langhaus zurück. Das Innere erweckte zunächst den Eindruck eines langen, dunklen Tunnels, der nur von den weit auseinanderliegenden Türöffnungen an Vorder- und Hinterende und durch zwei seitliche Eingänge Licht erhielt. Nachdem sich die Augen etwas an die dämmrige Beleuchtung gewöhnt hatten, konnte ich unter der rauchgeschwärzten Decke auf querverlaufenden Stangen gelagert die Geräte der Bewohner erkennen: aufgerollte Fischzäune zum Absperren kleiner Seitenflüsse beim Einsetzen der Ebbe, Stülpkörbe zum Krabben- und Fischfang, Bündel von Pfeilen und einzelne Palmholzbogen, Sagogerät, Paddel, geflochtene Matten und Brennholz. Rechts und links der Zentralhalle lagen, abgetrennt durch eine übermannshohe Wand, die Abteile der einzelnen im Langhaus wohnenden Familien. Diese Anordnung ist für das westliche Golfgebiet typisch. Bei den Gope, Urama, Era und noch weiter östlich siedelnden Gruppen ist das Langhaus reines Zeremonial- und Versammlungshaus und gewöhnlich nur den Männern zugänglich (Bild 9, 10, S. 53, 54).
In jedem der Abteile fand ich eine Feuerstelle am Boden, Schlafmatten, Sagovorräte in geflochtenen Säcken, einzelne langgestreckte Holzschüsseln,

Axt, Buschmesser und gelegentlich einen in die Wand gestoßenen Dolch aus dem Schenkelhalsknochen des Kasuarvogels. Die Unterhaltungen der Bewohner wuchsen zu einer kontinuierlichen Geräuschkulisse zusammen, die nur gelegentlich vom Aufheulen eines Hundes oder dem Schreien eines Kindes durchbrochen wurde. Die ausgeprägten Körperausdünstungen der Papuas waren trotz des Rauchs und der Gerüche von Sago und Kokosfleisch deutlich wahrzunehmen.

Auf einem Gestell im Mittelgang lagen achtlos übereinander getürmt mehr als 50 braunpatinierte Schädeltrophäen. Ich aber wollte den Schädelschrein sehen, von dem ich in Moinamu erfahren hatte. Die alten Männer zögerten, und erst nach langen Diskussionen, von denen ich nichts verstand, gingen sie auf ein Abteil am Ende des Ganges zu, und ich folgte ihnen. Der Raum, den wir nun betraten, war noch dunkler als die Mittelhalle des Hauses. An der rechten Seitenwand war ein tischförmiges Gestell angebracht, auf dem ein gut eineinhalb Meter breiter und ein Meter tiefer Haufen von Schädeln mit zum Teil tonmodellierten Gesichtern und Augen aus eingesetzten Schnekkenschalen oder Kaurimuscheln lag. Ober- und Unterkiefer war mit Rotanglianen fest zusammengeschnürt. Diese Geflechte setzten sich jeweils in schlaufenförmige Verlängerungen fort, die alle auf eine überdimensionale Flachfigur an der Hinterwand des Schreins zuliefen und über zwei hakenförmige Fortsätze an deren Leib gestülpt waren. Daneben hing, vom Schädelhaufen fast verdeckt, noch eine kleinere solche Figur. Die Alten erklärten mir, daß diese Hakenfiguren *agibi* genannt werden und Geister verkörpern, die die Krieger bei der Kopfjagd stärken und die Feinde töten oder schwächen. Zwischen den Trophäen, die sämtlich von erschlagenen Feinden stammten, steckten noch zwei vollplastische Figuren, die jedoch schon sehr stark von Termiten zerfressen waren.

Dieser Schädelschrein ist längst zerstört, das Haus längst verfallen. Die Leute zogen in Einzelhütten um. Die große *agibi*-Figur kaufte vier Jahre später ein amerikanischer Reisender; sie hängt heute im Museum für Primitive Kunst in New York. Die Schädel, vom Regen gebleicht und ohne die kunstvolle Modellierung, fanden wir 1966 zu einem Haufen geschichtet am Rand des Dorfes. Die materiellen Zeugnisse waren größtenteils dahingegangen, doch in den greisen Männern der Kerewo war die Erinnerung an die Zeit noch lebendig, als die *agibi* den Nachbarstämmen Tod brachten, als der Krieg Alltag war, aber auch der Zusammenhalt in der Gemeinschaft stärker hervortrat als heute.

Paia gab mir mehr noch als Gihiteri Anstoß dazu, daß ich die tieferen Ursachen der Stammeskämpfe und vor allem des friedlichen Zusammenhalts innerhalb der primitiven Gesellschaften in den folgenden Jahren zu ergründen suchte.

Wir kehrten nach Kikori zurück, und ich richtete mich wieder in einem der Häuser der Distriktsverwaltung ein. Meine Tierkäfige, in denen Reptilien,

zwei junge Kasuare, und ein »Kuskus« genanntes Beuteltier untergebracht waren, stellte ich unter dem Haus ab. Als ich dann beim Füttern Wasser aus einem dort installierten Waschbecken schöpfen wollte, traute ich zunächst meinen Augen nicht: im Becken schwammen munter und unversehrt drei halbwüchsige *Carettochelys*! Auf mein lautes Rufen kam der Waschboy der Station herbeigelaufen und erzählte mir stolz, er allein habe die drei Schildkröten beim Angeln im Kikorifluß gefangen. Nachdem ich nun so mühelos in den Besitz der begehrten Tiere gekommen war, fiel plötzlich die Spannung der vergangenen Tage von mir ab, und ich fühlte mich leer und ohne Auftrieb. Es lag kein unmittelbares Ziel mehr vor mir. Die Erlebnisse in den Dörfern waren noch zu frisch, als daß ich ihre Bedeutung für meine spätere Forschungsarbeit hätte sehen können.
Vor meiner Rückreise in die Zivilisation sollte aber noch ein weiteres wichtiges Ereignis liegen. Vier Tage nach meiner Rückkehr aus Paia brachte mir ein Bote einen Brief, in dem ich auf die etwa eine Stunde Fahrt entfernte Missionsstation Aird Hills eingeladen wurde. Der dort tätige junge Missionar interessierte sich sehr für Tiere. Er würde sich sehr freuen, so schrieb er, gemeinsam mit mir einige Ausflüge in den Busch zu machen. Falls ich kommen könnte, würde er mich mit seinem Boot abholen.

Die Flughörnchen in den Aird Hills

Reverend John B. Cribb von der London Missionary Society hatte in den vier Junggesellenjahren im Busch seine kultivierte, britische Lebensart nicht abgelegt. Ich sehe John noch vor mir, am Steuerrad seiner »Támate«, die in ihren alten Jahren den Kurs über die weiten aufgewühlten Wasserflächen des Deltas zur Zeit des Südostpassats wohl mehr mit dem Beistand von oben fand. John kannte die Wasserstraßen zwischen Turama und Purari genau, und wenn er trotzdem einmal bei Niedrigwasser auf eine Sandbank im Fluß auflief, so war das kein Unglück, denn die »Támate« führte eine gute Bibliothek an Bord, so daß die Zeit bis zur nächsten Flut nie zu lang wurde.
Von Anfang an kreisten unsere Gespräche um seltene Tiere und die Kultur der Papuas. Schon auf der Fahrt von Kikori zu seiner Station erzählte mir John von riesenhaften Waranechsen, die im Hügelgebiet nördlich des Deltas lebten und von denen man behauptete, sie töteten ausgewachsene Buschschweine und sogar Eingeborene und schleppten sie in die Kronen von Urwaldbäumen. Zunächst hielt ich diese Erzählung für übertrieben, doch heute bin auch ich überzeugt, daß diese Echsen, die wir wissenschaftlich als *Varanus salvadorii* bestimmen konnten und die über drei Meter lang werden, sehr wohl Menschen zu töten vermögen. 1960 brachten papuanische Jäger ein gefesseltes, halbwüchsiges Stück auf die Station. John schickte es sofort weiter an mich, und ich übergab es dem Zoo in Stuttgart. Es war der erste *Varanus salvadorii*, der lebend außer Landes kam.

Inzwischen hatte sich das Boot der mit dichtem Urwald überzogenen Hügelgruppe der Aird Hills genähert. Sie ist vulkanischen Ursprungs und erhebt sich etwa 300 Meter über das umliegende flache Sumpfland. John deutete auf die dunkelgrüne Wildnis an einem der steilen Hänge vor uns, und ich konnte jetzt deutlich das weiße Gebäude der Station erkennen. Ein Hain von Kokospalmen säumte den lehmigen Pfad, der hinaufführt. Er war von den vielen nackten Fußsohlen der Papuakinder, die auf der Station Lesen, Schreiben und Rechnen lernen mußten, ganz glatt poliert. Das geräumige Missionshaus hatte einer von Johns Vorgängern noch zu der Zeit erbaut, als in den Dörfern des Deltagebietes Kopfjagd und Kannibalismus herrschten.
John zeigte mir sein Reich, die Schul- und Internatsgebäude, die Ambulanzstation, auf die er besonders stolz war, und den kleinen Kaufladen, in dem er täglich eine Stunde lang Zucker, Salz und Reis abwiegen mußte. Er half mir beim Füttern der Tiere, und als wir ins Haus zurückkamen, hatte der Kochboy unser Abendessen schon serviert. Das helle Licht der Petroleum-Hochdrucklampe zog durch die offenen Fenster die Insekten der Nacht an. Es waren auffällig viele fliegende Ameisen dabei, und es wurden mehr und mehr. Sie flogen nicht nur in Schwärmen gegen die Lampe, sondern auch uns ins Gesicht und landeten in immer größerer Zahl im Essen. Es würde wohl ein Gewitter kommen, meinte John dazu. Da auch die Mosquitos besonders lästig waren, kroch bald jeder unter sein Netz. Es war stickig und heiß in meinem Zimmer, und obwohl alle Fenster weit geöffnet waren, schien die Luft zu stehen. Ich war noch nicht lange eingeschlafen, als ich wieder aufwachte, weil mir das vorher sorgfältig rund ums Bett festgesteckte Mosquitonetz übers Gesicht wehte. Die Fenster schlugen, und vor dem Haus wurden die Kronen der Kokospalmen vom Wind geschüttelt. Dann erst traf uns die Gewitterfront. Das Wellblechdach über mir dröhnte vom wuchtigen Aufprall des tropischen Gußregens, vor den Fenstern schien eine geschlossene Wasserfront zur Erde niederzustürzen. In dichter Folge tauchten ringsum aufflammende Blitze die tosende Szene in bläulich grelles Licht. Harte, sich überlagernde Donnerschläge erschütterten die Holzkonstruktion des Hauses. Wie viele solche Unwetter mochten über das alte Gebäude schon hinweggegangen sein. Der Regen ließ nach, und ebenso schnell wie das Gewitter gekommen war, zog es über die Hügel landeinwärts weiter.
Ich war ans Fenster getreten, um die vom Regen abgekühlte Brise zu genießen. Da hörte ich aus einer der nahen Palmen einen eigenartigen Tierruf. Er erinnerte mich an das Bellen eines Hundes, war aber leiser und hatte auch Ähnlichkeit mit dem Schrei einer Eule. Regelmäßig, in kurzen Abständen, drang er zu mir herüber. Ich wollte gern herausfinden, welches Tier so ruft, und fragte am nächsten Morgen Owino, den Hausboy, danach. Es sei bestimmt ein »Sene« gewesen, meint er auf Grund meiner Beschreibung. Die Sene, so sagte er, seien kleine Nachttiere mit grauem Fell, die fliegen könnten und in den Wipfeln der Kokospalmen wohnten. Ich dachte zunächst an Flug-

hunde oder an andere Fledermäuse, doch rufen diese nicht so, und Owino beschrieb die Sene auch als vierfüßig, während Fledermäuse ja nur zwei Füße haben. Die Schulkinder, so erzählte er, würden gelegentlich beim Ernten der Kokosnüsse ein oder auch gleich eine ganze Gruppe Sene aufscheuchen, die im Innern der Nußtrauben geschlafen hatten.

Bei dieser Schilderung fiel mir eine Fotografie ein, die ich vor der Abreise in dem Buch *Wilde und Paradiesvögel* des schwedischen Forschungsreisenden STEN BERGMAN gesehen hatte. Auf dem Bild ist eine hohle Kokosnuß zu sehen, aus deren Öffnung ein Tierchen mit großen dunklen Augen und hübscher schwarzer Fellzeichnung herausschaut. Bergman nennt es »Beutelflugeichhorn« und gibt an, daß das mit Schwanz 30 cm lange Tier zur Familie der Kletterbeutler gehört. Sein wissenschaftlicher Name lautet *Petaurus breviceps papuanus*, übersetzt der »Papuanische Kurzkopfflieger«. Richtig fliegen, so wie die Vögel oder Fledermäuse, können diese Tiere allerdings nicht, sondern beim Sprung aus der Höhe eines Baumes spannt sich zwischen den ausgestreckten Vorder- und Hinterbeinen eine Fallschirmhaut, auf der sie im Gleitflug zu benachbarten Stämmen segeln (Bild 14, S. 113).

Das mußten die Sene sein! Auf allen bisherigen Reisestationen hatte ich vergeblich nach diesen Beuteltieren gesucht. John gab daraufhin in allen Schulklassen bekannt, daß ich für jedes unversehrt gefangene Sene ein Taschenmesser als Prämie ausgesetzt hätte. Tage vergingen, ohne daß unsere Aktion Erfolg brachte. Die Abreise stand bevor, und noch immer hatte ich kein Flughörnchen erhalten. Was wir schon längst hätten tun sollen, unternahmen wir erst jetzt: wir gingen selbst nach Einbruch der Dämmerung auf Sene-Fang, mit starken Taschenlampen bewaffnet und von einer Schar von Schulboys und älteren Papuas begleitet. Es war John, der plötzlich rief, er habe hoch oben zwischen den Palmstämmen die Silhouette eines Sene im Lichtkegel gesehen. Mit allen unseren Lampen leuchteten wir nun schnell in den Palmwipfel, in dem das Tier verschwunden sein mußte. Zuerst entdeckten wir ein Paar rot reflektierender Augen. Sie bewegten sich, und dann konnten wir alle ganz deutlich die helle Bauchseite des Flughörnchens ausmachen, als es an einem Palmwedel entlanglief. Es sprang wieder ab und landete lautlos am Stamm einer benachbarten Palme. Beim Gleitflug hatte es einige Meter Höhe verloren. Ich schickte nun schnell Schulboys auf alle Bäume im Umkreis, auf denen es beim nächsten Sprung landen konnte. Flink kletterten sie an den Palmen hinauf, wobei sie sich mit den Fußsohlen gegen den Stamm stemmten und ihn mit den Händen umfaßten. Das Flughörnchen war inzwischen an seinem Baum bis zum Ansatz der Blattwedel hochgelaufen. Ein Bub kletterte ihm nach, um es jetzt zum Absprung zu bringen. Erregt schrien die Papuas auf, als es tatsächlich zu einem Nachbarbaum segelte und unmittelbar unterhalb eines dort postierten Boys landete. Ich rief hinauf, er solle sich nicht bewegen, und ließ rasch einen weiteren Kletterer am selben Stamm hinaufsteigen. Damit hatten zwei Fänger das Tier zwischen sich. Anstatt weiterzuspringen, strebte es nach oben in die Baumkrone, stutzte, kehrte um und lief nach unten, auf den zweiten Buben zu. Als es diesen bemerkte, schnellte es sich in die Luft, doch offensichtlich nicht aus der richtigen Ausgangsstellung, denn es verfehlte den nächsten Stamm und landete in einer Bananenstaude. An deren glatten Blättern konnte es sich nicht richtig festklammern, es sprang deshalb zu Boden und versuchte hüpfend zu entkommen. Einer der Papuas war aber schneller und griff es mit der Hand.

Wir konnten am selben Abend noch ein zweites Flughörnchen fangen. Beide waren Männchen. Auf die Station zurückgekehrt, setzte ich sie in einen vorbereiteten Käfig, der mit Schlafhäuschen, Kletterästen, Trink- und Wassergefäß ausgestattet war. Da Beuteltiere im allgemeinen nicht sehr schreckhaft sind, verkündete schon nach 20 Minuten geräuschvolles Schmatzen aus dem abgedunkelten Käfig, daß die beiden die fetten Larven von Sagokäfern verspeisten, die ich ihnen zur Eingewöhnung vorgesetzt hatte. Ich wollte gern noch einige Flughörnchen mehr haben, vor allem Weibchen, um zu Hause in Deutschland die Zucht zu versuchen. Doch am kommenden Abend regnete es, und für den Tag darauf war die Rückreise nach Port Moresby angesetzt. John ließ seine Schulboys aber auch an den folgenden Abenden nach dem nun erprobten System weitere Sene fangen und schickte mir etwas später ein Kistchen mit zwei Männchen und vier Weibchen nach. Schon wenige Tage darauf traten die acht mit Futter und Wasser gut versorgt zusammen mit den Schildkröten und anderen Tieren die weite Reise rund um die halbe Erde über Hollandia in West-Neuguinea (heute indonesisch), Djakarta, Singapore, Neu-Delhi, Karachi und Rom nach München an. Dort trafen alle nach drei Tagen wohlbehalten ein.

Ich hatte die Flughörnchen nach Hause geschickt, weil es mir Freude machte, sie zu beobachten und zu züchten. Ich wußte noch nicht, daß ich damit ideale Versuchstiere in die Hand bekommen hatte, die es mir ermöglichen würden, eine Gesellschaftsstruktur gründlicher zu erforschen, als dies bei vergleichbaren Tierarten bisher gelungen war. Diese Experimente waren mir auch der Schlüssel zum Verständnis der biologischen Ursachen des friedlichen Zusammenlebens in der Gemeinschaft.

In München nahm meine Mutter die Weitgereisten in Empfang, und da sie ähnliche Sorgen mit Tieren von früher her kannte, räumte sie kurz entschlossen ein Zimmer der Wohnung, baute Kletteräste auf dem Parkettfußboden auf und opferte eine Steppdecke, in deren Falten sich die Tiere bald verkrochen, um im dichten, wärmenden Knäuel erst einmal gründlich auszuschlafen. Von Anfang an waren sie wenig scheu, nahmen Futter aus der Hand und landeten nach gezieltem Gleitsprung frontal an neugierigen Besuchern.

In Freiheit jagen Flughörnchen Nachtfalter, andere Insekten und kleine Wirbeltiere, beißen mit den scharfen Nagezähnen morsches Holz auf, um darin nach Käferlarven zu suchen, und lecken Nektar und den Saft überreifer, süßer Früchte. Unsere acht erhielten weniger Insekten, da deren Fang zu zeitraubend gewesen wäre. Haferflocken und eine mit Wasser angerührte Mischung aus Kindermilchpulver, Traubenzucker und Vitaminen bildeten fortan die Hauptnahrung (Bild 22, S. 116). Daneben bekamen sie Obst und Hackfleisch. Als ich zwei Monate später nach fünfwöchiger Schiffsreise auf dem Umweg über Australien von Neuguinea zurückkehrte, hatten zwei Weibchen bereits Nachwuchs: ein und zwei embryonenhaft winzige, gänzlich nackte und blinde Junge, die nach der Geburt wie bei Känguruhs wohlgeschützt im mütterlichen Beutel heranreiften.

ERSTER TEIL

Die biologische Friedenstheorie

ERSTES KAPITEL

Signale der Verständigung

Auslöser für Feindschaft oder Frieden

Den Flughörnchen haftet ein sehr markanter Körpergeruch an, der sich bald überall im Zimmer und an meiner Kleidung festgesetzt hatte. Welche biologische Funktion mochte dieser Duft haben, und wo am Körper wurde er erzeugt? Noch eine andere auffällige Beobachtung machte ich: Zwei Männchen waren in einem Käfig getrennt von den übrigen, aber in demselben Zimmer untergebracht. Als eines davon zufällig entwischte, fielen die frei im Zimmer lebenden Männchen wild darüber her und verletzten es so stark durch Bisse, daß es fast umgekommen wäre. Warum waren diese Artgenossen zu Feinden geworden, obwohl sie früher zusammen gelebt hatten und obwohl sie sich täglich durchs Gitter riechen, hören und sehen konnten? Als alle gemeinsam untergebracht waren, schliefen sie meist dicht zusammengedrängt in einem einzigen Nistkasten, obwohl ihnen mehrere zur Wahl standen. Auch die Mütter mit ihren Jungen isolierten sich nicht von dieser Gemeinschaft. Waren es sexuelle Faktoren oder andere Eigenschaften, die die Mitglieder der Gruppe gegenseitig anzogen? Die wichtigste Frage aber lautete: Warum lebten diese Flughörnchen in völligem Frieden miteinander?
Im Jahr 1961 übersiedelte ich die bereits stark vergrößerte Kolonie in das Zoologische Institut der Universität München. Tief im Keller, in Räumen, die seit den Kriegstagen nicht mehr benutzt worden waren, fanden die Flughörnchen eine vorläufige Bleibe. Auch ich wurde damit zum Kellermenschen, denn ich hatte zum Abschluß meines Studiums die Aufgabe erhalten, eine mikroskopische Untersuchung der Flughaut zu machen. Mein Doktorvater besuchte mich und meine Tiere nur selten, und so konnte ich im Verborgenen den Fragen nachgehen, deren Lösung mich viel mehr reizte als das gestellte Thema.

Die Duftorgane der Flughörnchen

Erwachsene Männchen der Flughörnchen haben alle auf der Stirn eine kahle, maximal etwa pfenniggroße Hautstelle, die bei manchen Tieren Spuren einer bräunlichen Substanz zeigt (Bild 15, S. 113). Ein ähnliches, nacktes Hautfeld liegt mitten auf der Brust. Von dort ziehen bräunlich-gelbe Farbspuren am Fell zum Bauch hin. Die Vermutung lag nahe, daß es sich bei beiden Feldern um die Oberfläche von Hautdrüsenorganen handelt, wie sie bei anderen Säugetieren an den verschiedensten Körperpartien vorkommen. Die Funktion solcher Duftdrüsen war bis dahin weitgehend ungeklärt geblieben. Es stand allerdings fest, daß die in ihnen produzierten Sekrete durch Markierverhaltensweisen im Lebensraum abgesetzt werden und daß diese Duftmarken das eigene Revier für Artgenossen kennzeichnen. Um in dieser Weise wirken zu können, muß jedes Individuum seine eigene Duftkomponente erzeugen, an der seine Reviermarkierung von den anderen unterschieden werden kann. Experimentelle Nachweise von Individualdüften waren bis dahin am Menschen sowie an Hunden und Mäusen gelungen. Bei Wanderratten konnte ein rudeleigener Nestgeruch festgestellt werden. Doch bei keiner dieser Arten war man tiefer in das Verständigungssystem und seine biologische Funktion vorgedrungen. Hier lag ein weites und wenig bekanntes, sehr aktuelles Arbeitsfeld offen.

So untersuchte ich unter dem Mikroskop nicht die Flughaut, sondern das Gewebe des kahlen Stirn- und Brustfeldes bei meinen Tieren. Auf den buntgefärbten Schnittpräparaten entdeckte ich zwei Typen von Drüsenelementen – Talgdrüsen und Schlauchdrüsen, die sich zu einem Stirn- und einem Brustdrüsenorgan gruppierten. Auf Grund dieses Bildes ergibt sich eine theoretische Erklärungsmöglichkeit für individuelle Duftqualität: wenn jeder Drüsentyp mehrere chemische Grundsubstanzen in unterschiedlichem Mischungsverhältnis erzeugt und wenn noch dazu diese Drüsentypen in einem von Tier zu Tier variierenden Zahlenverhältnis stehen, kommt eine individuelle Duftmischung zustande. Eine chemische Analyse der Duftsekrete wäre sehr aufwendig und schwierig gewesen. So wählte ich zum Nachweis von Individualdüften den Weg des Verhaltensexperiments. Ich ließ die Tiere in einer kontrollierbaren Versuchsanordnung selbst prüfen, ob Duftunterschiede bestehen. Diese Methode hatte zudem den großen Vorteil, daß mit einem Nachweis von Duftunterschieden zwischen den einzelnen Individuen auch gleichzeitig der Beweis erbracht wird, daß die Flughörnchen diese Unterschiede auch wahrzunehmen vermögen. Für unsere recht unempfindliche Nase riechen nämlich alle Flughörnchen gleich.

In den provisorischen Kellerräumen war ein experimentelles Versuchsprogramm jedoch nicht möglich. Erst als der Ausbau des Instituts weiter fortgeschritten war, durften meine Tiere umziehen. Das neue Arbeitsreich teilte ich durch eine Einbauwand in einen kleinen Schreibraum und einen weiten Tierraum. Darin trennte ich an einer Wand zwei Nebengehege durch Gitter ab und richtete dann in den drei Abteilungen einen kleinen Wald aus Apfelbäumen und Ästen ein. Der Professor, der damals die Bauaufsicht im Institut führte, war entsetzt über mein Treiben und prophezeite mir, der Chef des Hauses, Professor HANSJOCHEM AUTRUM, würde mich samt meinen Tieren an die Luft setzen, wenn er sähe, wie ich den eben erst neu hergerichteten Raum mißbrauchte. Das Gegenteil war der Fall: Professor Autrum gefielen die kleinen Beuteltiere, die er bisher noch gar nicht richtig zu Gesicht bekommen hatte. Er interessierte sich auch sehr für meine Fragestellungen und ließ mir seitdem jede mögliche Unterstützung zuteil werden. Die rasch wachsende Kolonie der kleinen Gleitflieger aus dem papuanischen Urwald wurde sogar zu einer Attraktion des Hauses und vielen Gästen aus anderen Instituten vorgeführt. Da die Tiere helles Licht scheuen und in ihrer Heimat nur nach Sonnenuntergang aktiv sind, hätte ich meinen Arbeitsrhythmus auf die Nacht umstellen müssen. Doch wir fanden einen Ausweg, indem wir durch eine automatische Schaltanlage im fensterlosen Tierraum tagsüber dämmrige Nachtbeleuchtung und nachts helles Tageslicht imitierten. So waren die Flughörnchen zur selben Zeit aktiv wie ich.

Meine Arbeitshypothese ging davon aus, daß die Duftstoffe der Flughörnchen als soziale Signale wirken. Sie würden demnach in Artgenossen, die sie durch ihr Geruchsorgan wahrnehmen, als »Auslöser« bestimmte Verhaltensabläufe verursachen. Zu diesen Reaktionen gehören einerseits Revierpatrouillen, Reviermarkierung und Kampfverhalten, andererseits enge friedliche Kontakte zwischen den Mitgliedern einer Sozialgemeinschaft.
In der experimentellen Analyse des *Verständigungssystems* sah ich den Ansatz für das Verständnis der biologischen Vorgänge, die entweder das Feindverhältnis oder den Frieden verursachen. Meine Flughörnchen schienen ein geeignetes Modell zur Klärung solch ursächlicher Abhängigkeiten zu sein. Bei höher entwickelten Säugetieren und beim Menschen sind sie weniger leicht durchschaubar. Ich war mir bewußt, daß man die an den Flughörnchen gewonnenen Ergebnisse nicht auf den Menschen übertragen kann. Die Versuchstiere leben aber in ähnlich strukturierten Gemeinschaften wie primitive menschliche Hordenverbände, und dies war der Ansatz für Vergleichbarkeit. Der Mensch verständigt sich – abgesehen von der Sprache – durch optische und akustische Signale, weniger durch Körperdüfte. Doch darin liegt kein prinzipieller Unterschied zum Verständigungssystem meiner Versuchstiere begründet; es wird nur jeweils ein anderer Verständigungsweg beschritten, in Abhängigkeit von der Leistungsfähigkeit der Sinnesorgane. Während der Mensch besser sieht, ist bei den Flughörnchen das Geruchsorgan feiner ausgebildet. Schweiß- und andere Körpergerüche haben aber auch beim Menschen, besonders bei tropenbewohnenden Primitivvölkern, noch soziale Funktionen, wie ich im Kapitel *Kausalität des Friedens* zeigen werde.

Die sozialen Verhaltensweisen »kommunaler Arten«

Verhaltensexperimente, wie ich sie zum Nachweis der Individualdüfte einsetzte, konnten nur aus genauer Kenntnis der sozialen Verhaltensweisen entwickelt werden. Im neuen Tierraum lebten drei große Gruppen, in jedem Gehege eine. Daneben hielt ich innerhalb und zeitweise auch außerhalb dieses Raumes kleinere Versuchstiergruppen in gesonderten Käfigen. Jede der großen Sozialeinheiten bestand aus mehreren erwachsenen Männchen und Weibchen und deren Jungen. Ich habe 1966 bei ausführlichen Studien an freilebenden Populationen in Neuguinea feststellen können, daß die Flughörnchen in ihrer natürlichen Umwelt dieselbe Sozialstruktur besitzen. Wir fanden dort Gruppen mit maximal sieben erwachsenen Mitgliedern. Jede dieser *Sozietäten* bewohnt ein Gemeinschaftsnest in einem hohlen Stamm oder in deckungsreichen Pflanzenpolstern hoch oben in den Bäumen, benutzt aber außer diesem Hauptnest zeitweise auch einzelne Nebennester im engeren Wohnareal. Dieser Nestbereich wird als *Territorium* oder *Revier* gegenüber Artgenossen behauptet. Angehörige fremder Sozietäten werden im eigenen Territorium angegriffen. Allerdings kämpfen nur Erwachsene gleichen Geschlechts miteinander, also nicht Männchen mit Weibchen. Ein Austausch von Individuen einer Sozietät ist wegen dieser Aggressionsverhältnisse nur dann möglich, wenn ein starkes fremdes Männchen in eine Sozietät einzudringen vermag, indem es alle ihre männlichen Mitglieder im Kampf vertreibt und den Platz des bisher stärksten und ältesten Männchens der Sozietät einnimmt. Seine Söhne bleiben nach dem Selbständigwerden im Gemeinschaftsnest, bis sie samt ihrem Vater von einem Eindringling von außen vertrieben werden. Ich nehme an, daß solche Eindringlinge hauptsächlich Männchen sind, die selbst auf diese Weise aus ihrer Geburtssozietät vertrieben wurden, als sie noch jung waren. Sie lebten so lange als Einzelgänger, bis sie stark genug waren, sich im Kampf gegen das älteste Männchen einer fremden Sozietät zu behaupten.

Wir haben somit einen Kreislauf mit unterschiedlichen sozialen Stadien vor uns: das Männchen lebt zunächst in einer Sozietät, dann in einer solitären Phase; nach gewaltsamem Eindringen in eine fremde Sozietät lebt es so lange gesellig, bis durch einen stärkeren Eindringling wieder die Verdrängung erfolgt. Die daran anschließende zweite solitäre Phase wird entweder damit abgeschlossen, daß das Männchen seinerseits wieder in eine bestehende Sozietät einzudringen vermag, oder aber – was wahrscheinlicher ist – daß das Männchen nun Einzelgänger bleibt, indem es standortstreu bis zu seinem Tod einen »Alterssitz« bewohnt.

Man bezeichnet Sozialeinheiten mit gegenseitiger Aggression als »geschlossene« Sozietäten, was aber nach den eben geschilderten Freilandverhältnissen nicht besagt, daß keine Blutauffrischung, also kein Gen-Zufluß von außen her, erfolgen kann. Ich nenne Wirbeltiere, die in geschlossenen Sozietäten leben, *kommunale Arten*. Sie sind in der Minderzahl gegenüber solchen, bei denen die Jungen nach dem Selbständigwerden von der Mutter vertrieben werden oder sich selbst absetzen. Die Flughörnchen, Wanderratten, einige hundeartige Raubtiere, z.B. Wölfe und Hyänenhunde und einige primitive Affenarten bilden geschlossene Sozietäten. Bei höheren Primaten sind die Verhältnisse vielschichtiger. Es gibt Untergruppen innerhalb von Großverbänden, »Harems« und mehrere andere Sonderanpassungen.

Damit wird es sehr schwierig, bei diesen dem Menschen am nächsten stehenden Tierformen Klarheit über Ursachen und Funktion der Gruppenbildung und des damit verbundenen Friedens in der Gemeinschaft zu gewinnen. In menschlichen Hordenverbänden, wie sie noch in einigen Populationen in Rückzugsgebieten Neuguineas und anderswo zu finden sind, tritt die kommunale Struktur in verblüffender Übereinstimmung mit der Struktur tierischer geschlossener Sozietäten zutage. Diese Feststellung gilt für die *grundlegenden Strukturen und Mechanismen* des Zusammenschlusses und der engen Bindung innerhalb von Sozietäten einerseits und der aggressiven Auseinandersetzung zwischen Sozietäten andererseits. Im Erscheinungsbild der Sozialstruktur selbst gibt es natürlich von Art zu Art spezifische Ausprägungen; diese treten aber beim Menschen auch bereits zwischen einzelnen Populationen und Sozietäten auf.

Am Anfang steht das Feindverhältnis

Zwischen erwachsenen, gleichgeschlechtigen Flughörnchen, die keine Kommunalbeziehung zueinander aufgebaut haben, herrscht ein *ständiges Feindverhältnis.* Aus dieser Formulierung wird bereits deutlich, daß ich dieses Verhältnis zwischen Artgenossen als Primärzustand, den friedlichen Kontakt innerhalb der Nestgemeinschaft als Sekundärzustand, der vom einzelnen Individuum aktiv aufgebaut wird, betrachte. Ich werde diese Auffassung ausführlich begründen und beginne in diesem Kapitel die Analyse des Auslösers innerartlichen Kampfes.

Kämpfe zwischen Mitgliedern getrennter Sozietäten können bei den Flughörnchen tödlich enden. Der australische Zoologe DAVID FLEAY wollte einmal einigen Männchen seiner Zuchtgruppe die Freiheit schenken und setzte sie nachts in einem von wilden Artgenossen bewohnten Waldgebiet aus. Doch schon kurz nachdem sie freigelassen und in die Dunkelheit entschwunden waren, hörte er scharfe, keifende Kampflaute, und am nächsten Morgen fand er eines seiner Tiere tot am Boden. Es war von anderen Flughörnchen getötet worden. Auch wir erlebten solche Kämpfe, die tödlich endeten.

Ich unterscheide zwei Intensitätsstufen im Angriffsverhalten, die kontinuierlich ineinander übergehen. Männchen und Weibchen wenden die gleichen Kampftechniken an, doch sind Kämpfe bei Männchen häufiger. Bei niedriger Angriffsintensität geht das Männchen oder Weibchen den Gegner an, beißt ein- oder mehrmals zu und äußert scharf abgehackte Laute. Dabei konzentrieren sich die Bisse der Männchen hauptsächlich auf die Stirndrüse. Ein fliehendes Tier wird nicht weiter als etwa zwei Meter verfolgt. – Bei hoher Angriffsintensität wird der Gegner angesprungen oder ausdauernd verfolgt. Hat der Angreifer den Gegner erreicht, so beißt er sich an ihm fest, meist in der Kopfregion und klammert sich mit den Füßen an seinem Körper an. Die Gegenwehr des anderen äußert sich ebenfalls in Bissen und Anklammern, so daß beide ein kämpfendes Knäuel bilden (Bild 17, S. 114). Scharfe, fauchende Lautäußerungen, die mit Worten schwer umschrieben werden können, begleiten häufig den Kampf. Die heftigen Bisse führen sehr oft zu tiefen blutenden Wunden.

In einer wildlebenden Population, die wir 1966 in Neuguinea studierten, wiesen 45 % der a-Männchen vernarbte Wunden in der Region der Stirndrüse auf. Zur a-Klasse gehört das jeweils älteste und stärkste Männchen der Sozietät. Die bei weitem heftigsten Kämpfe werden im Freiland zwischen dem a-Männchen der Sozietät und einem Eindringling ausgetragen, der im beschriebenen Kreislauf der Männchen seinen Platz zu erobern versucht. In solchen Fällen sind beide sehr angriffsintensiv, und eine Entscheidung fällt erst nach längeren Kampfphasen.

Im Kapitel *Spannungsfeld Population* werde ich über unsere Feldstudien berichten und die Faktoren analysieren, die ein Männchen, das sich im Territorium der eigenen Sozietät bewegt, kampfbereiter machen als ein in dieser Umgebung fremdes Männchen mit gleich stark ausgebildeter aggressiver Veranlagung. Wenn der Eindringling sich also im fremden Territorium behaupten will, so muß er eine höhere Angriffsveranlagung, eine höhere potentielle Aggressivität als das a-Männchen der Sozietät besitzen, um dieses und die anderen Männchen der Nestgemeinschaft vertreiben zu können. Es wäre demnach falsch, die Sozietät als Feld ständigen Männchenwechsels zu sehen. Auf Grund der territorialen Behauptung vermögen nur sehr starke solitär lebende Männchen ein a-Tier aus seiner Position zu vertreiben.

In einer Kokosplantage wurden wir zufällig Zeugen einer solchen Auseinandersetzung: Unsere Papua-Helfer hatten in der Mittagszeit eine Palme zur Nestkontrolle erklettert. Als sie die Blattwedel schüttelten, segelten ein Weibchen und zwei Männchen ab. Wir fingen sie ein und sahen, daß beide Männchen die Kennzeichen sehr hoher potentieller Angriffsstärke und allgemein sehr hoher sozialer Aktivität aufwiesen, wie sie sonst nur dem a-Tier der Sozietät zukommen. Beide bluteten stark aus Bißwunden am Kopf, beide wogen 107 Gramm, doch war das eine – der Fellfärbung und den Kopfproportionen nach zu urteilen – jünger als das andere. Wir vermuteten, daß dieses jüngere Tier in die Nestgemeinschaft einzudringen versuchte. Da Flughörnchen tagsüber nicht aktiv sind, wir aber beide Gegner im gleichen Baum aufgescheucht hatten, war der Kampf offensichtlich noch nicht entschieden. Durch unseren Eingriff wurden alle Tiere vertrieben, so daß wir nicht verfolgen konnten, wie in der folgenden Nacht der Kampf weiter verlaufen wäre. Das Entscheidende an dieser Beobachtung war aber die Möglichkeit, in einer Phase der Auseinandersetzung die beiden Kontrahenten genau zu vergleichen und ihre körperlichen sozialen Merkmale wie Gewicht, Körperproportionen, Duftdrüsengröße und Duftproduktion zu dokumentieren.

In zwei Nestern konnten wir auf einen Wechsel in der a-Position schließen: Von den bei einer ersten Kontrolle gekennzeichneten Männchen war bei spä-

teren Nachprüfungen keines mehr anzutreffen, dafür aber lebte ein neues Männchen mit den Weibchen der Nestgemeinschaft.
Auch im *Ausweichverhalten* unterscheide ich zwei Intensitätsstufen. Ein Ausweichen erfolgt nicht nur als Reaktion auf Angriff der anderen Seite, sondern ist ganz allgemein Ausdruck sehr niedriger Kampfbereitschaft. Gewöhnlich gehen Tiere getrennter Sozietäten, die nicht aggressiv gestimmt sind, bei Begegnung einander aus dem Weg. Im Experiment kann man aber zwei solche einander feindliche Männchen oder Weibchen auf engem Raum zusammensetzen, so daß sie nicht ausweichen können. Dann zeigen *beide* Kontrahenten Verhaltensmuster, wie sie auch als Reaktion auf Angriff, also zur *Abwehr*, auftreten. Abwehr der niederen Intensitätsstufe ist an langgezogenen, sägend-zeternden Lauten erkennbar, die kontinuierlich ausgestoßen werden. Häufig sind dabei die Schneidezähne entblößt, und der Vorderkörper – manchmal sind es auch nur die Vorderpfoten – ist gegen den Gegner erhoben. Dazwischen stößt das Tier gegen ihn vor – ein Verhalten, das auch bei anderen Arten beobachtet wird und in dem NIKO TINBERGEN den »Mut der Verzweiflung« gesehen hat. Abwehr der höheren Intensitätsstufe, also die stärkste Abwehr, äußert sich darin, daß das Flughörnchen auf dem Rücken liegt und seine Pfoten gegen das andere ausstreckt, während es heftig zetert. Ich konnte nicht entscheiden, ob diese Rückenlage eine beschwichtigende Wirkung nach Art einer Demutshaltung auf einen Angreifer ausübt und möchte eine solche Funktion nicht ausschließen.

Auslöser für Feindverhalten

Die Verhaltensmuster des innerartlichen Angriffs und der Abwehr sind damit kurz umrissen. Bei der nun anschließenden Untersuchung der *Auslösefaktoren* steht die Frage im Vordergrund, wie bei einer Begegnung Gegnerschaft signalisiert wird, welcher Auslöser den ersten Schlag in einer Kampfsequenz oder das Ausweichen verursacht, *ohne daß ein Angriff vorausging*. Ausgeschlossen aus dieser Betrachtung ist der weitere Kampfverlauf; die primäre Aktion löst im Gegner eine entsprechende Reaktion – Flucht, Abwehr oder Gegenangriff – aus.
Wenn zwei Flughörnchen in Kontaktnähe kommen, gehen sie in der Regel langsam aufeinander zu, und aus ihrem intensiven Schnüffeln und Ohrenspiel ist erkennbar, daß beide größte Aufmerksamkeit darauf verwenden, den anderen zu identifizieren. Wird er als Gegner, d. h. als nicht zur eigenen Sozietät gehöriger Artgenosse gleichen Geschlechts, erkannt, so greift normalerweise derjenige an, in dessen Territorium die Begegnung stattfindet (Bild 16, S. 114). In einer Umgebung, die beiden fremd ist, gehen sich die Tiere gewöhnlich gegenseitig aus dem Wege. Diese territorialen Abhängigkeiten sollen hier vorerst noch nicht näher untersucht werden. Die Flughörnchen vermögen sich offensichtlich individuell oder zumindest als Angehörige

einer bestimmten Sozietät zu unterscheiden, denn die Mitglieder der eigenen Gruppe werden ja nicht angegriffen. Ich mußte also nach Signalen suchen, die den Tieren solche Differenzierungen ermöglichen. Es lag nahe, die in den auffälligen Hautdrüsen produzierten Düfte als erstes zu prüfen.

Zum *Nachweis von Individualdüften* – die vermischt auch gruppenspezifische Düfte ergeben können – führte ich mehr als 500 Versuche durch. Ich greife eine Serie aus diesem Programm heraus: Dabei registrierte ich die Dauer der Geruchskontrolle zweier Versuchstiere an saugfähigem Papier, das ich am Duftdrüsenfeld eines Männchens abgerieben hatte (Bild 21, S. 116). Die Dauer des Schnupperns – in Sekunden pro jeweils fünf Minuten Versuchszeit ausgedrückt – war ein einfacher Indikator für feinste Differenzen zwischen den Düften verschiedener Spenderindividuen. Ich hatte nämlich beobachtet, daß die Versuchsmännchen an einem ihnen völlig unbekannten Duft aufgeregt sehr lange schnupperten, z. B. am Duft vom Stirndrüsenfeld eines Männchens, mit dem die beiden keinen Geruchskontakt hatten. In der Versuchszeit von fünf Minuten hielt die Geruchskontrolle beim allerersten Bieten des bedufteten Papiers bis zu 60 Sekunden an. Das Versuchsprinzip bestand nun darin, den einen Duft von ein und demselben Spender so oft auf dem Saugpapier vorzusetzen, bis sich die beiden schnuppernden Versuchstiere daran gewöhnt hatten. Die Gewöhnung war daran kenntlich, daß sie immer kürzer und am Schluß nur mehr ein Viertel der anfänglichen Zeit, etwa 17 Sekunden pro 5-Minuten-Versuch daran schnupperten. In diesem Versuchsstadium setzte ich ihnen dann den Stirndrüsenduft eines anderen Männchens derselben fremden Sozietät vor. Wenn ein Duftunterschied zwischen den Individuen besteht, mußte die Schnupperdauer unmittelbar nach diesem Wechsel sprunghaft wieder auf den hohen Anfangswert ansteigen, der für völlig unbekannten Stirndrüsenduft charakteristisch war. Tatsächlich ergaben sich signifikante Unterschiede solcher Art in der Dauer der Geruchskontrolle am bedufteten Papier, womit der Nachweis für Individualduft erbracht war.

Was ich hier als einfache Tests kurz schildere, bedeutete in Wirklichkeit monatelange angestrengte Versuchsarbeit im Dämmerlicht des Tierraums. Ich mußte die gleichen Versuche an verschiedenen Tieren so lange wiederholen, bis die Ergebnisse statistisch gesichert waren. Mit der gleichen Methodik wies ich auch Unterschiede zwischen dem Duft der Stirndrüse, der Brustdrüse und dem Harn *eines* Männchens nach, die von Artgenossen wahrgenommen werden. Ich bot zunächst Stirndrüsenduft, wartete ab, bis die Schnupperdauer nach mehreren Versuchen auf den charakteristischen Wert für bekannten Duft gefallen war, und setzte dann Brustdrüsenduft desselben Männchens vor. Der unmittelbare Anstieg der Schnupperaktivität beim Duftwechsel konnte auch hier beobachtet werden. Ebenso verfuhr ich mit Harn, nachdem ich die Versuchstiere vorher an Stirn- plus Brustdrüsenduft des Spendermännchens gewöhnt hatte.

Die Versuche bewiesen, daß jedes erwachsene Männchen mindestens drei

Individualdüfte besitzt, die ständig an seiner Körperoberfläche vorhanden sind. Auch die Weibchen unterscheiden sich individuell am Körpergeruch und produzieren außerdem ein rotbraunes Drüsensekret im Beutel, an dem die Jungen ihre eigene Mutter erkennen können. Diese Sekretion beginnt kurz vor dem Gebären und endet nach dem Selbständigwerden der Jungen. Die auf der Oberfläche der Drüsenorgane austretenden Duftstoffe verteilen sich auf dem Fell der Erzeuger und werden beim gemeinsamen Aufenthalt im engen Nest auch auf die übrigen Mitglieder der Sozietät übertragen (Bild 20, S. 115). Neben dieser passiven Markierung gibt es sechs verschiedene Arten aktiver Markierung – im wesentlichen reibende und schmiegende Bewegungen der dufterzeugenden Körperteile am Fell der Gruppenpartner (Bild 19, 20, S. 115), an den Nestwänden und anderswo im Wohnareal. Dadurch werden Duftmarken gerichtet abgesetzt. Den Hauptanteil produziert und verbreitet das a-Männchen der Sozietät, also das älteste und stärkste Männchen.
Eine wichtige Funktion der *Duftübertragung* auf die Mitglieder der Sozietät entdeckte ich bei Versuchen mit nestjungen Flughörnchen. Diese kennen anfänglich nur ihre eigene Mutter persönlich. Die übrigen Mitglieder der eigenen Nestgemeinschaft unterscheiden sie nicht individuell voneinander, sondern identifizieren sie nur als zur Gruppe zugehörig. Im Versuch setzte ich zu einem Jungen ins Nest ein Weibchen der eigenen Sozietät, das zuvor vier Tage lang zusammen mit zwei gruppenfremden Männchen gehalten worden war. Sofort zeigte das Junge sehr heftige Ausweichreaktionen, zeterte, warf sich auf den Rücken und streckte seine Beine gegen das Weibchen aus, obwohl sich dieses völlig friedlich verhielt. Das Junge war noch nicht mit fremden Artgenossen in Kontakt gekommen. Ich nahm das Weibchen wieder heraus und ließ es zwei Stunden lang mit Mitgliedern der eigenen Nestgemeinschaft in einem Kasten allein. Wieder zum Jungen zurückversetzt, verhielt es sich ebenso normal wie zuvor; aber das Junge reagierte diesmal anders: es begegnete dem Weibchen so friedlich wie den anderen Nestbewohnern. Zur Kontrolle setzte ich das Weibchen nochmals für eineinhalb Stunden mit den fremden Männchen zusammen, und das Junge zeigte daraufhin wieder sein anfängliches Ausweichverhalten der höchsten Intensitätsstufe.
Diesen Versuch wiederholte ich mit anderen Tieren. Offensichtlich wirkte *der fremde Gruppenduft am Fell des Weibchens als Auslöser des Ausweichverhaltens*, und es ergibt sich somit ein deutlicher Zusammenhang zwischen Duftsignalen und dem innerartlichen Kampfverhalten.
Erwachsene kennen sich innerhalb der Sozietät nicht allein am Gruppenduft, sondern zusätzlich individuell. Ein im Experiment mit fremdem Gruppenduft behaftetes Tier wird zwar gelegentlich nach dem Zurücksetzen in die eigene Nestgemeinschaft für wenige Sekunden attackiert, doch in der Regel sogleich am Individualduft wiedererkannt und folglich friedlich behandelt.
Die *Lautäußerungen und optische Signale* – Fellfärbung, Zeichnungsmuster und Körperproportionen – der Flughörnchen dienen innerhalb der Art nicht

zur Unterscheidung von Individuen und Sozietäten. Ihre Funktion ist ausschließlich anonym. Die Stimmlaute z. B. übermitteln physiologische Zustände wie plötzliches Erschrecken (Alarmruf), aggressive oder defensive Stimmung, Verlassensein von der Mutter und andere.
Die Rolle dieser Signale beim Auslösen des primären Kampfverhaltens untersuchte ich in einer weiteren Versuchsserie. Ich setzte zunächst zwei Männchen, die gewöhnlich beim Zusammentreffen miteinander kämpften, in völliger Dunkelheit zusammen. Optische Verständigung war damit ausgeschlossen. Trotzdem erfolgten die Angriffe mit der gleichen Heftigkeit wie sonst, was ich an den damit verbundenen Geräuschen verfolgen konnte. Daraufhin versetzte ich die Männchen in einen Kasten, in dem sie durch eine Glasscheibe voneinander geruchlich getrennt waren. Obwohl jedes den Gegner durch die Scheibe sehen konnte, beobachtete ich keinerlei Äußerungen von Angriff oder Ausweichverhalten. Nahm ich aber die Trennscheibe heraus, kam es sofort zum Kampf. Ich besprühte nun die Versuchstiere mit einem stark riechenden Parfum. Beide saßen ruhig da, bis der deckende Geruch allmählich verflogen war. Erst jetzt erfolgten wieder Angriffe. Wenn ich aber nur eines der Männchen besprühte, so attackierte dieses unmittelbar darauf den Gegner, dessen Eigenduft nicht überdeckt war. Die territorialen Verhältnisse wurden dabei so gewählt, daß beide Seiten aggressiv waren.
Während das Ausschalten optischer Signale das Kampfverhalten nicht erkennbar beeinflußte, führte das Ausschalten der artspezifischen Duftsignale zum Ausbleiben von Kampfäußerungen. Der nächste Schritt war folgerichtig die Prüfung der Funktion von Lautäußerungen. Ich nahm ein totes, bei einem Unglücksfall ums Leben gekommenes Männchen in die Hand und bewegte es unmittelbar vor zwei Männchen aus einer anderen Sozietät. Das ältere der beiden griff sofort an, das jüngere dagegen ging in Abwehrstellung und floh anschließend. In diesem Versuch war natürlich jede stimmliche Verständigung, auch im Ultraschallbereich, ausgeschaltet. Bei nur stimmlicher und optischer Verständigung dagegen erfolgt kein Angriffs- oder Ausweichverhalten.
Die geruchliche Verständigung, und zwar durch Individual- oder Gruppendüfte artspezifischer Herkunft, ist also unbedingt zur Auslösung von Angriffs- und Ausweichverhalten erforderlich. Zahlreiche Kontrollversuche bestätigten diese Feststellung. Sie besagt aber nicht, daß der Auslöser für Kampfverhalten ausschließlich aus Duftsignalen besteht. Ein Stück Papier, an dem der Duft vom Stirn- oder Brustdrüsenfeld oder von Harn haftet, verursacht zwar bei fremden Männchen regelmäßig Schnupperkontrollen und Markierverhalten, jedoch nur in wenigen Ausnahmefällen unter mehreren hundert Versuchen griff ein Männchen das Papier an, wenn es am Käfigboden lag oder mit der Hand bewegt wurde. Ein jüngeres Versuchsmännchen attackierte gelegentlich für wenige Sekunden seinen Käfigpartner, nachdem es an einem vor das Gitter gehaltenen Männchen oder am fremdbedufteten

Papier geschnuppert hatte. Offensichtlich hielt das Tier den Partner für die Duftquelle. Es müssen also zusätzlich zum Duft Signale zum Auslöser gehören, die die Beziehungen zu einem Sozialpartner herstellen, der sich zur Zeit des Duftempfangs in nächster Nähe befindet. Mit Sicherheit konnte ich eine Funktion von optischen Signalen, nämlich von Bewegungen des Partners, beim Auslösen von Aggression nachweisen. Da jedoch Kampf auch bei völliger Dunkelheit stattfindet, wie wir gesehen haben, scheinen diese optischen Signale durch andere, z. B. durch Lautäußerungen ersetzbar zu sein.
Damit sind wir kurz vor dem Ziel, den Auslöser für innerartliches Kampfverhalten definieren zu können. Eine Komponente blieb allerdings noch unerwähnt. Wenn ich »innerartliches Kampfverhalten« sage, so bedeutet dies, daß sich die Gegner als Artgenossen, also als Flughörnchen, erkennen.
In der Umwelt der Flughörnchen gibt es zahllose differenzierte Düfte, doch lösten in den Versuchen ausschließlich solche, die von anderen Flughörnchen erzeugt worden waren, Territorialmarkieren und bestimmte andere soziale Reaktionen aus. Ich brachte 1966 drei nahe Verwandte der Flughörnchen, nämlich Streifenbeutler *(Dactylopsila trivirgata)*, Federschwanzbeutler *(Distoechurus pennatus)* und Mausbeutler *(Eudromicia caudata)* lebend mit nach München. Diese Formen kommen in demselben Lebensraum wie die Flughörnchen vor. Auch ihre Düfte haben klar umrissene innerartliche Funktionen. Über die Artgrenze hinweg, also in diesem Falle zwischen den einzelnen gehaltenen Beuteltierformen einschließlich der Flughörnchen, ändern sich die sozialen Funktionen der Düfte. So wirken z. B. die am Körper erzeugten Düfte generell *anziehend* auf Angehörige der eigenen Art, unabhängig von Geschlechtsfaktoren, dagegen *abschreckend* auf Artfremde.
Die experimentell untersuchten »Düfte« der Flughörnchen müssen *ihrer Funktion nach* in mehrere sozial getrennt wirksame Signale zerlegt werden. Eines davon ist der Artduft, der sozusagen das Einklinken in den innerartlichen Verhaltenskreis bewirkt, wenn er von anderen Flughörnchen oder vom Erzeuger selbst wahrgenommen wird. Die chemische Basis des Artduftes ist noch unbekannt. Eine Erklärungsmöglichkeit gebe ich am Beispiel der Stirndrüse: Angenommen, ihr Sekret setzt sich aus zehn verschiedenen Duftstoffen zusammen, die in den eingangs erwähnten Drüsenelementen erzeugt werden, so sind diese bei allen Männchen vorhanden und signalisieren Artzugehörigkeit und andere anonyme Informationen (z. B. Geschlechtszugehörigkeit). Das von Individuum zu Individuum variierende Mischungsverhältnis dieser Substanzen wäre dann die Grundlage für die nachgewiesenen Individualdüfte, aus denen durch Übertragung auf die Mitglieder der Sozietät der Gruppenduft entsteht.
Zusammenfassend kann man sagen, daß der *Auslöser für das innerartliche Angriffs- und Ausweichverhalten der Flughörnchen* aus drei funktionell zu trennenden Komponenten besteht: 1. dem Erkennen als zur eigenen Art zugehörig – am Artduft, 2. der individuellen oder gruppenspezifischen Diffe-

renzierung (beide haben hierbei die gleiche Wirkung) – am Individual- oder Gruppenduft und 3. der Gegenwart eines Sozialpartners, auf den die Komponenten 1 und 2 bezogen werden können – angezeigt durch optische oder andere (akustische oder taktile) Signale.

Wenn ein Eindringling das a-Männchen einer Sozietät vertreibt, so könnte man zunächst meinen, er kämpfe um das Nest und die Weibchen der Sozietät. Unsere Theorie über die Ursachenkette ist jedoch eine andere: Im Kapitel *Spannungsfeld Population* werde ich ausführen, daß der Gruppenduft von Sozietäten anziehend auf allein lebende Männchen wirkt. Dieser Effekt führt zum Zusammentreffen des Eindringlings mit dem a-Männchen der Sozietät, das das Nestterritorium sehr aktiv patrouilliert. Bei der Begegnung wird in beiden durch die Erkennungssignale des anderen eine Verhaltensreaktion ausgelöst. Die innere Kampfbereitschaft des Reiz-Empfängers, nicht der vom Gegenüber ausgehende Auslöser entscheidet dabei, ob diese Reaktion in Angriff oder Ausweichen besteht. Das a-Männchen antwortet mit Angriff, ein Eindringling mit sehr hoher Kampfbereitschaft ebenso. Damit kommt es zur blutigen Auseinandersetzung. Das Territorium ist dabei nicht die Ursache der Feindschaft zwischen den Männchen, sondern beeinflußt deren innere Kampfbereitschaft; sie wird normalerweise durch Aufenthalt im eigenen Territorium erhöht; ihre physiologische Grundlage werde ich im nächsten Kapitel diskutieren. Zwischen a-Männchen benachbarter Territorien bildet sich ein hierarchisches Gleichgewicht aus, welches verhindert, daß die Gegner ständig im Kampf miteinander liegen. Sie bleiben aber Feinde.

Das innerartliche Angriffs- und Ausweichverhalten wird in der Fachliteratur häufig *agonistisches Verhalten* genannt. Auch ich möchte diesen Terminus hier einführen, fasse ihn aber für kommunal lebende Arten neu: Das agonistische Verhalten wird bei den Flughörnchen durch den beschriebenen, aus drei Komponenten bestehenden Komplex von Reizen ausgelöst. Dieser geht vom Artgenossen nicht in aggressiv motivierter Weise aus, sondern setzt sich aus Erkennungssignalen zusammen, die ständig an den einzelnen Individuen vorhanden sind. Man kann sie deshalb nicht als »Drohsignale« bezeichnen. Da alle diese Komponenten des Auslösers unmittelbar vom Gegenüber ausgehen, *ist das agonistische Verhalten bipolar zwischen Sender und Empfänger der Signale* ausgerichtet. Agonistischer Kampf wird somit nicht um Bezugsobjekte, wie z. B. um das Territorium, um Weibchen oder Nahrung ausgetragen. Flughörnchen sind nach dieser Kausalbeziehung nicht Gegner, weil sie eine Auseinandersetzung *um etwas* führen, sondern weil in ihnen der nicht aggressiv motivierte Auslöser des Gegenübers wirksam ist.

►

Bild 8 (oben): Kopfjäger der Kerewo im Gebiet des Papuagolfes. Das Kriegskanu verkörpert als Sippenboot eine kommunale Einheit (Foto Frank Hurley, 1922).
Bild 9 (unten): Langhäuser mit weit geöffneten »Rachen« am Papuagolf. Hier im Purari-Mündungsgebiet dürfen sie von Frauen nur anläßlich bestimmter Kultfeiern betreten werden (Foto Frank Hurley, 1922).

In den beiden folgenden Kapiteln werde ich die These ausführen, daß diese Gegnerschaft zwischen Artgenossen normalerweise nur dann fehlt, wenn durch zusätzlich einwirkende Faktoren der Auslöser unwirksam gemacht wird. Solche Faktoren sind nachweislich Geschlechtssignale – es gibt keinen Kampf zwischen Männchen und Weibchen – und die »Gewöhnung« an die Individualdüfte von Nestgenossen – die sogenannte Kommunalisierung, die zum Frieden in der Gemeinschaft führt. Zunächst sind dieser Theorie nach alle erwachsenen Artgenossen Gegner, es besteht also ein *agonistisches Verhältnis* zwischen ihnen, und nur durch sekundäre Vorgänge wird die Gegnerschaft zwischen bestimmten Kategorien von Individuen aufgehoben.

Die ursprüngliche Motivation des Krieges

Agonistisches Verhalten, also bipolar ausgerichtete Aggressions-, Ausweich- und Abwehrmuster, ist auch für menschliche Sozialbeziehungen charakteristisch. Diese These begründe ich mit Untersuchungen an ursprünglichen, in Kleingemeinschaften lebenden Volksgruppen. So führe ich auch dauerndes Feindverhältnis zwischen benachbarten Kleinsozietäten, z. B. zwischen Horden primitiver Papuapopulationen, auf die Wirksamkeit bipolar ausgerichteter Signale zurück. Diese sind natürlich anderer Natur als bei meinen Versuchstieren und nicht allein biologischer Art wie körperliche Erkennungsmerkmale für artspezifische und individuelle Identität: kulturelle Muster sind hinzugekommen, vor allem in Form von Gruppenkennzeichen. Agonistisches Verhalten ist aber nicht gleichbedeutend mit *Krieg*, denn während bei einer agonistischen Auseinandersetzung Individuum gegen Individuum steht, hat der Krieg den Charakter des Gruppenkampfes. Es geht ihm eine Absprache innerhalb der Gruppen voraus. Allerdings ist die individuelle Begegnung bei Stammeskriegen noch stark ausgeprägt.
Ich nehme an, daß der Krieg aus dem bipolaren, agonistischen Verhalten abgeleitet ist und seine Ursache demnach in der Konfrontation von Artgenossen hat, die keine kommunale Bindung zueinander aufgebaut haben. *Kriegszustand wäre demnach der Normalzustand in den Beziehungen zwischen getrennten Sozietäten;* er äußert sich in zeitlich meist eng begrenzten kämpferischen Auseinandersetzungen, deren Anlässe Störungen des Kräftegleichgewichtes oder andere Faktoren sind. In der übrigen Zeit herrscht Waffenruhe, aber kein Frieden. Krieg auf dieser ursprünglichen Stufe ist also im agonistischen Verhältnis begründet und nicht in dritten Bezugsobjekten wie etwa

◄

Bild 10 (oben): Versammlungen werden im breiten Mittelgang des Langhauses abgehalten. Hier finden auch die Tänze mit den Kopfjagdtrophäen statt. Beiderseits liegen die Schädelschreine der einzelnen Klangruppen. Dorf Kinomere der Urama-Sprachgruppe, Papuagolf (Foto Frank Hurley, 1922).
Bild 11 (unten): Urama-Männer im traditionellen Kriegsschmuck (Foto Frank Hurley, 1922).

Landbesitz. Land kann aber *Anlaß* eines zeitlich befristeten Schlagabtausches sein, also eines Kriegsausbruchs zwischen feindlichen Sozietäten. Dies gilt für den in geschlossenen Kleinsozietäten lebenden Menschen. Dagegen ist der moderne Krieg, also Gruppenkampf der in anonymen Großverbänden organisierten Spezies Mensch, so weit von der biologisch bestimmten kommunalen Konstellation entfernt, daß es schwerfällt, bipolare und tripolare Bezugnahme bei den Auseinandersetzungen zu unterscheiden.
Jede Art friedlichen Zusammenschlusses in Kommunaleinheiten betrachte ich auch beim Menschen als sekundären Prozeß; ohne ihn würden sich erwachsene Individuen als Fremde bzw. als Gegner ansehen und behandeln. Diese Formulierung darf nicht so verstanden werden, daß Angehörige kommunal getrennter Papuagruppen bei jeder Begegnung aufeinander losgehen und jeder danach trachtet, den anderen zu erschlagen. Vor allem die territorialen Besitzverhältnisse sorgen dafür, daß einer dem anderen ausweicht – eine Reaktion, die mit zum agonistischen Verhalten zählt. Und je weiträumiger wegen ungünstiger ökologischer Gegebenheiten ein Wohngebiet beschaffen ist, um so schwächer ist die territoriale Behauptung darin im allgemeinen ausgeprägt.
Ich möchte hier auf die *angeblich kampflose »Urgesellschaft«* eingehen. Ich sehe keinen Grund, der heute vielfach vertretenen Ansicht zuzustimmen, der »Urmensch« hätte zwar in Kleingruppen gelebt – ähnlich denen, die man heute noch bei einigen Rassen in entlegenen Erdgebieten antrifft –, diese Gruppen hätten aber wegen der noch sehr geringen Bevölkerungsdichte kaum oder keine Kontakte zueinander gehabt, somit auch nicht gegeneinander gekämpft. Meine Experimente am geselligen Tier und die Beobachtungen bei verschiedenen ursprünglichen Volksgruppen der Gegenwart sprechen für eine andere Konstellation. Denn zwischen kommunal getrennten Einheiten fand ich eine sehr deutliche gegenseitige Attraktion. Und darauf beruht auch die genetische Auslese, da zwischen benachbarten Kommunaleinheiten einerseits eine starke Konkurrenz herrschen, andererseits ein Genaustausch stattfinden kann – zusätzlich zur Auslese innerhalb der Gruppe, die nach anderen Prinzipien – vor allem der Rangstufung und ihren sozialen Folgen – abläuft. Es ist biologisch weder sinnvoll, keinerlei Kontakte zwischen Kommunaleinheiten aufrechtzuerhalten, noch die Artgenossen fremder Einheiten unterschiedslos aus dem Feld zu schlagen – vielmehr muß man sich mit ihnen auf der Ebene der Population auseinandersetzen. Ich erinnere hier an den geschilderten Männchenkreislauf in der Flughörnchenpopulation. Die Kontakte zwischen Sozietäten auf frühen Stufen menschlicher Entwicklung darf man allerdings nicht so sehen, daß ein Raum wie etwa Ostafrika von einer nur durch unterschiedliche ökologische Bedingungen gegliederten, im übrigen aber zusammenhängenden Bevölkerung besiedelt war. Wahrscheinlich sind es in der Frühzeit nur Inseln menschlicher Besiedlung gewesen, aber diese bestanden nicht aus je nur einer einzigen kommunalen

Einheit, etwa einer Hordengruppe, sondern – wie ich annehme – aus einer Population, zusammengesetzt aus miteinander konkurrierenden Gruppen. Anders können wir uns eine wirkungsvoll ablaufende Evolution kaum vorstellen. Mit der Bevölkerungszunahme wuchsen die Populationen und näherten sich einander, es gab Wanderungen und andere dynamische Verschiebungen, aber es kam noch nicht – und dies ist für die späteren Ausführungen wichtig – zu einer auffälligen Vergrößerung der Kommunaleinheiten selbst.
Noch ein weiteres Argument ist wiederholt für die friedliche Urgesellschaft angeführt worden: *das Gemeinschaftsbedürfnis des Menschen.* Die eben erwähnte Attraktion zwischen Artgenossen getrennter Kommunaleinheiten ist nicht mit der Bindung und Attraktion im Innern einer Gemeinschaft zu verwechseln; beides sind verschiedene soziale Qualitäten. Zu einem friedlichen Verhältnis kann es nur dort kommen, wo die soziale und räumliche Konstellation zu gegenseitiger Bindung gegeben ist, d. h. im Rahmen der Wohngemeinschaft, die nur in dem Maß erweitert werden kann, als die bindenden Mechanismen voll wirksam bleiben. Das Gemeinschaftsbedürfnis des ursprünglichen Menschen erfüllt sich hier und nicht in der Kontaktnahme mit Artgenossen über diesen Rahmen hinaus.

Ich möchte an dieser Stelle auch einige Bemerkungen über die sogenannte *Tötungshemmung gegenüber Artgenossen* einschieben. Die Schonung des Lebens von Mitgliedern der eigenen Art ist allgemein in der Natur als biologisch sinnvolle Einrichtung verwirklicht – vorausgesetzt, die Populationsdichte ist normal und die Individuen entfernen sich nicht über ein kritisches Maß hinaus vom Mittelwert der Arteigenschaften. Von Tötungshemmung kann man aber meines Erachtens nur bei den Tierarten sprechen, die spezifische Verhaltensmuster entwickelt haben, um einen blutigen Ausgang von begonnenen Kämpfen zu verhindern. Als Beispiele nenne ich die Beißhemmung bei wehrhaften Raubtieren, den Kommentkampf von Hirscharten mit gefährlichem Geweih, Demutsgebärden zur Demonstration des Unterliegens. Es genügt dann häufig bereits, eine Droh- bzw. Demutshaltung einzunehmen, um von vornherein eine Auseinandersetzung zu vermeiden; Beispiele hat die Vergleichende Verhaltensforschung in großer Zahl entdeckt und bekanntgemacht.
Für die meisten kommunalen Arten ist der Beschädigungskampf charakteristisch. Bei den Flughörnchen und anderen wenig wehrhaften Tieren, die gesellig leben, ist eine Schonung des Lebens von Artgenossen auf indirekte Weise verwirklicht. Hier ist es die kommunale Konstellation, die auf normaler Populationsebene ein häufiges und unausweichliches Zusammentreffen von Artgenossen verhindert, von denen einer Angriffsstimmung besitzt. Ich werde die Verminderung der Aggressivität durch fremde Territorialmarkierung, das gegenseitige Ausweichen in neutraler Umwelt und andere soziale Faktoren beschreiben. Nur wenn zwei Männchen zusammentreffen, die bei-

de – z.B. beim a-Männchen-Wechsel – aggressiv sind, kommt es zu größerem Blutvergießen. Allerdings scheint auch hier ein tödlicher Ausgang die Ausnahme zu sein. Wahrscheinlich wird, noch bevor der Kampf einen letalen Ausgang nehmen kann, die Aggressivität des unterliegenden Männchens so herabgesetzt, daß es Reißaus nimmt. Daß diese Tiere in der Lage sind, einen Artgenossen umzubringen, ergibt sich aus dem auf S. 45 genannten Fall, wo ein freigelassenes Männchen von wildlebenden getötet wurde. In diesem Fall ist also keine Tötungshemmung gegeben, sondern das Zusammenwirken sozialer Faktoren verhindert normalerweise das Töten. Man kann sich aber vorstellen, daß es bei solchen kommunalen Arten leicht zu häufigeren Tötungen kommen kann, wenn die normale kommunale Struktur mit ihren sozialen Kontrollmechanismen verlassen wird. Und hier sehe ich den Ansatz zur Erklärung dafür, warum der Mensch scheinbar eine Ausnahme macht, indem er zum Massenmörder wurde. Nicht der Verlust einer Tötungshemmung, sondern das Verlassen der ursprünglichen kommunalen Ordnung sehe ich dafür in erster Linie verantwortlich. So hat auch der primitive Krieg bei den Kulturgruppen, die nicht besondere aggressive Muster wie z.B. die Kopfjagd als Traditionen entwickelt haben, nur wenige Todesfälle zur Folge.

Auseinandersetzungen in der Sozietät

Die zahlenmäßig kleinen Hordenverbände von Papuas und andere primär durch Individualkontakte zusammengehaltene Sozietäten des Menschen zeigen ein friedliches Bild. Ebenso die Nestgemeinschaften der Flughörnchen. Hier wie dort steht normalerweise einem agonistischen Verhältnis zwischen den Sozietäten der enge kommunale Zusammenschluß innerhalb der Sozietät gegenüber. Das darf nicht mißverstanden werden: auch innerhalb der friedlichen Gemeinschaft gibt es soziale Spannungen und Auseinandersetzungen. Diese haben jedoch andere Ursachen und Funktionen. Man kann wohl allgemein sagen, daß die kommunalen Arten unabhängig von Geschlecht und Alter *zwei Kategorien* von Mitgliedern unterscheiden, *die Angehörigen der eigenen Sozietät und die übrigen.* Bei den Papuas wird diese tiefgreifende Klassifizierung sehr deutlich, wenn man einzelne ihrer Stammesnamen übersetzt. Sie nennen sich »die Menschen« oder »die wahren Menschen« oder einfach »wir«, zeigen also, daß sie nur sich selbst als vollwertig, ihre Nachbarn jedoch als qualitativ andere Wesen betrachten.
Der Frieden in der kleinen Kommunaleinheit wird in daraus abgeleiteten größeren Verbänden mit mehr und mehr überindividuellen Zusammenhalt auf einen weiteren Kreis von Artgenossen bezogen. Die ursprüngliche Zweiteilung verschwindet damit zunehmend, und in der komplexen modernen Gesellschaft ist ein abgeleiteter Friedensbegriff entstanden, der wesentlich vom biologischen abweicht – was im weiteren Verlauf dieses Buches gezeigt werden soll.

Dem bipolaren, agonistischen Verhalten stehen die Streitigkeiten *um* begehrte Objekte innerhalb einer friedlichen Sozietät gegenüber. Sie sind also *tripolar* ausgerichtet. Beim agonistischen Kampf spielen Bezugsgrößen, z. B. das Territorium, insofern eine Rolle, als sie mitbestimmen, *wie* die Auseinandersetzung verläuft. Bei den tripolaren Streitigkeiten zwischen Gruppenmitgliedern ist das Bezugsobjekt die Ursache, *daß* es überhaupt zu der – zeitlich begrenzten – Auseinandersetzung kommt. Flughörnchen einer Nestgemeinschaft streiten gelegentlich um besonders gute Futterbrocken, und Männchen streiten darum, wer ein brünstiges Weibchen begatten kann. Scharfe Pfiffe, Schläge mit einer Vorderpfote und gelegentlich leichte Bisse treten dabei auf. Niemals konnte ich beobachten, daß als Folge erkennbare Verletzungen zurückblieben. Innerhalb primitiver menschlicher Gruppen werden Streitigkeiten mit Wortgefechten, mit der bloßen Hand oder mit Waffen, die nicht ernstlich verletzen, z. B. Schlagstöcken, ausgetragen. Endet eine solche Auseinandersetzung um ein Bezugsobjekt oder eine Person mit dem Tod eines Beteiligten, so steht dies außerhalb der sozialen Norm und wird als verwerfliche Tat, als *Mord* gewertet. Auch das Züchtigen oder Töten eines Gruppenangehörigen als Bestrafung ist tripolar ausgerichtet, da der Betroffene ja wegen seines Vergehens so behandelt wird. Der Ethnologe ROBERT W. WILLIAMSON schrieb 1912 über die Mafulu-Bergpapuas in Südost-Neuguinea: »Das Töten Einzelner im persönlichen Streit, *zu unterscheiden vom Erschlagen im Krieg*, ist außerordentlich selten, außer als Vergeltung gegenüber Ehebrechern. In diesen Fällen wird es jedoch für die angemessene Strafe angesehen, und selbst die Familie des Ehebrechers würde kaum ihrerseits wieder Vergeltung üben, wenn sie von seiner Schuld überzeugt ist.«

Zweites Kapitel

Entwicklungsstadien nach der Geburt

Die Erkennungssignale und ihre Beantwortung

»Abtreibung und Kindstötung sind ... außerordentlich häufig«, schreibt der soeben erwähnte ROBERT W. WILLIAMSON, »wobei die Abtreibung üblicher ist. Obwohl geschlechtliche Unmoral so häufig vorkommt und junge unverheiratete Frauen und Mädchen dafür bekannt sind, sich ihr so freizügig hinzugeben, wird es doch als Schande angesehen, wenn eine von ihnen ein Kind zur Welt bringt, und sollte sie in Schwierigkeiten kommen, wird sie abtreiben oder das Kind töten. So ist es auch bei verheirateten Frauen der Brauch, wenn sie keine weiteren Kinder mehr haben wollen.«

Eine der Methoden der Mafulu-Frauen, ihr Neugeborenes zu beseitigen, bestand darin, es einfach in den Fluß zu werfen. Der Missionar ANDRÉ DUPEYRAT berichtet von den Nachbarn der Mafulus, daß Frauen gelegentlich ihr Kind unmittelbar nach der Geburt töteten, indem sie es an der Ferse packten und wie ein Stück Wild an einen Felsen schlugen. Nachher überließen sie es den Schweinen. Es soll dort sogar vorgekommen sein, daß Frauen ihr Neugeborenes töteten, um ein Ferkel an der eigenen Brust aufziehen zu können (R.W. WILLIAMSON). Im Gebiet der Kaluli-Papuas am Mt. Bosavi, die mit den Mafulus nahe verwandt sind, erfuhren wir selbst 1966 mehrmals, daß Frauen ihr Kind unmittelbar nach der Geburt töteten, weil sie schon zwei oder drei Kinder hatten und die Mehrarbeit durch das neu hinzugekommene vermeiden wollten. Am Golf von Papua war Kindstötung erheblich seltener. Auch im zentralen Hochland scheint der Brauch nicht so stark verbreitet gewesen zu sein.

So schreibt der deutsche Missionar GEORG F. VICEDOM 1943 über die Mbowamb am Mt. Hagen: »Kindsmord kommt vor, ist aber nicht häufig. Viel häufiger ist Abtreibung. Die Hagenberg-Frau tötet ein Kind aus zwei Gründen, entweder aus Rache und Zorn oder aus Faulheit. Hat ihr das Kind – das in einer abgesonderten Geburtshütte zur Welt kam – recht große Schmerzen bereitet, dann tritt sie es nach der Geburt gleich tot. Hat eine Frau schon mehrere Kinder, und sie scheut die Arbeit mit dem neuen Kind, so tötet sie es auch gleich nach der Geburt. Ist das Kind einmal von der Mutter angenommen, so hat es von seiten der Verwandtschaft in seinem Leben nichts mehr zu befürchten. Auch Krüppel werden meist angenommen. Zwillingen geschieht nichts, sie werden mit aller Liebe gepflegt ...«

VICEDOM fährt fort: »Wenn die Frauen Kinder gebären und diese mit den

Füßen tottreten, so werden die Männer zornig und sagen zu ihnen: ›Schau, wenn du das Kind nicht getötet hättest, so würden wir ein Geburtsmahl veranstalten und hätten dir eine große Perlmuschel gegeben. Wir dachten daran, dir ein großes Schwein zu schlachten! Jetzt werden wir dir nichts geben! ...‹ Eine Frau wird also von den Männern für eine solche Untat empfindlich gestraft.«
Wenn die Mbowamb-Mutter nach einer normalen Geburt ihr Kind angenommen hat, legt sie es an die Brust und bettet es dann in einen mit Baststoff oder mit Blättern ausgelegten Netzsack und hängt diesen in der Absonderungshütte auf. Die Absonderungsperiode dauert bis zu zwei Monaten. »Wenn die Kinder geboren werden, dann bleiben die Mütter mit ihnen eine Anzahl Nächte in der Absonderungshütte. Eines Tages packen sie dann die Kinder ein und bringen sie fort. Die Mütter baden die Kinder am Bach und trocknen sie ab, dann kräuseln sie die Haare und machen das Kind schön. Wenn sie das getan haben, bringen sie die Kinder heim in die Siedlung. Wenn die Frauen mit ihren Kindern wieder im Dorf sind, kommen die Leute zusammen und schauen das Kind an. Sie loben dann die Frau und sagen: ›Sie hat ein schönes Kind geboren!‹ Sie bleiben da und unterhalten sich. Dabei sagt der Ehemann: ›Wir wollen Schweine schlachten und das Fleisch den Verwandten geben. So wollen wir das Kind in die Sippe aufnehmen. ... Wenn wir den Verwandten Fleisch geben, so werden sie sich freuen, und das Kind wird groß werden. ...‹
Die Ablösung des Kindes von der Sippe der Mutter und seine Aufnahme in die Sippe des Vaters findet bei dem Geburtsmahl statt. Dabei bekommt das Kind auch seinen Namen. Solange das Kind nicht in die Sippe aufgenommen ist, hat es keine Bedeutung für sie, sondern nur für die Eltern. Stirbt ein Kind in der Absonderungshütte, so nimmt nicht einmal der Vater an dem Begräbnis teil. Die Mitfrauen lassen die Leiche einfach verschwinden. Sie werfen sie gewöhnlich in einen Sumpf. Ist einmal die Mutter mit dem Kind in die Wohnung zurückgekehrt, dann freut sich auch der Vater über das Kind und trauert ihm nach, wenn es stirbt. Eine Bedeutung für die Sippe erlangt das Kind dadurch noch nicht. Bei der Volkszählung (durch die australische Administration) wurden Kinder ohne Namen immer wieder vergessen anzugeben. Wenn man danach fragte, so bekam man zur Antwort: ›Das brauchst du doch nicht aufzuschreiben! Es hat ja noch keinen Namen und gehört noch nicht zu uns!‹« (VICEDOM 1943).
Bei der Geburt ist auch das eigene Kind noch ein *anonymes Wesen*, zu dem eine *individuelle* Beziehung erst aufgebaut werden muß. So kann es zu den nicht seltenen Kindstötungen bei Papuas und anderen Volksgruppen kommen. Aus den Schilderungen wird sehr deutlich, wie locker die Mutter-Kind-Beziehung unmittelbar nach der Geburt noch ist, wie schnell aber danach eine persönliche Bindung aufgebaut wird, erst durch die Mutter, dann durch andere Familienmitglieder und darauf auch durch die Sozietät. Die anfängli-

che Anonymität der Kontakte geht auch daraus hervor, daß eine Weitergabe von Neugeborenen an Adoptivmütter vielfach vorkommt.

KONRAD LORENZ hat schon vor Jahren auf das sogenannte – anonym wirksame – »Kindchenschema« hingewiesen, das in Eltern und anderen Menschen Fürsorgeverhalten auszulösen vermag. Zumindest für ebenso wichtig halte ich die *individuellen* Merkmale des Kindes, die vom Säuglingsstadium an den vollen Einsatz, die Liebe gegenüber dem *eigenen* Kind verursachen und es darüber hinaus in die individuelle zusammengehaltene Sozietät mit einbeziehen.

Ein wirksamer Auslöser für agonistisches Verhalten scheint beim normal veranlagten Säugling und Kleinkind noch zu fehlen. Dies ist besonders für die Zeitspanne zwischen Geburt und dem Aufbau der ersten persönlichen Bindung wichtig. Das Töten von Kindern im Krieg z. B. halte ich für eine Folgeerscheinung der gedanklichen Assoziierung mit den Erwachsenen der angegriffenen Sozietät. In alten Reiseberichten aus Neuguinea werden mehrere Fälle beschrieben, wo bei einem Überfall auf ein feindliches Dorf Kinder geschont, mitgenommen und zu Hause adoptiert wurden. Im Golfgebiet hörte ich selbst einige solche Erzählungen. Das noch nicht individuell fest gebundene Papuakind ist ohne weiteres zwischen Sozietäten austauschbar, da es nicht nur – wie eben gesagt – selbst offenbar keine wirksamen Auslöser für agonistisches Verhalten erzeugt, sondern auch noch keine Auslöser für derartiges Verhalten zu empfangen oder zentralnervös zu verarbeiten vermag, also selbst noch nicht durch Ausweichen oder Angriff darauf reagiert.

In der ersten Lebenszeit sind mehrere soziale Faktoren bei der Integrierung in die kommunale Einheit, in der das Kind geboren oder adoptiert wurde, wirksam. Zu den bereits genannten kommt auf seiten der Erwachsenen eine Aufnahmebereitschaft hinzu, die sich in persönlicher Kontaktnahme und Fürsorge äußert. Da das Kind diese kommunalen Kontakte aktiv sucht und mit fortschreitender Entwicklung mehr und mehr in der Lage ist, seinerseits persönliche Beziehungen über die engere Familie hinaus zu den Mitgliedern der Sozietät herzustellen, entsteht sehr bald eine starke *gegenseitige* Bindung. Danach ist die Austauschbarkeit des Individuums sehr erschwert. Ich beschränke mich hier auf diese allgemeinen Feststellungen über die Individualkontakte und behalte mir die Diskussion der ihnen zugrundeliegenden physiologischen Vorgänge für das folgende Kapitel über die *Kausalität des Friedens* vor.

Spielverhalten und Erziehungseinflüsse

Charakteristisch für das Jugendstadium des Menschen und höherer Säugetiere ist das *Spielverhalten*. Spielerischer Kampf zwischen Gleichaltrigen nimmt darin viel Raum ein. Einzelne Psychologen haben gefordert, durch Analysen in diesem Lebensabschnitt der Wurzel menschlicher »Aggression« auf den Grund zu gehen, um zu Methoden zu gelangen, wie bei Erwachsenen Kriege wirkungsvoll unterbunden werden können. Ich halte die Forderung nach genauer Analyse für richtig, jedoch die Folgerung für falsch, daß alle Aggressionen bei Kindern die gleichen Ursachen und Funktionen wie bei Erwachsenen haben: die kämpferische Auseinandersetzung im kindlichen Spiel z. B. unterscheidet sich sowohl in der Verursachung wie in der Funktion klar vom agonistischen Verhalten. Betrachten wir zunächst die *Ausprägungen des Spiels* bei einigen Volksgruppen:

Sehr gut sind wir über das Spielverhalten einer Gruppe der Kukukuku-Papuas in Ost-Neuguinea durch den deutschen Völkerkundler HANS FISCHER unterrichtet. Er beobachtete 1958/59 und 1965, daß bereits die Einjährigen beginnen, mit anderen Kindern zusammen zu spielen. Die etwa eineinhalb- bis dreijährigen Jungen und Mädchen bilden kleine Spielgruppen, »die aber weder standardisierte Spielzeuge noch Spiele haben. Sie schleppen Holzstükke hin und her, rollen sie einen Abhang hinunter, jagen sich, werfen mit Sand oder Stöckchen oder schlagen sich mit der Hand gegenseitig auf den Rükken.« Im Alter von etwa drei Jahren »sondern sich ... die Mädchen ab und spielen kaum noch mit den Jungen. Sie bilden kleine Gruppen, die aber keine Spiele mehr machen, sondern nur noch zusammensitzen. Sonst bleiben sie von nun an mit der Mutter und den anderen Frauen zusammen, kümmern sich um jüngere Geschwister, holen Wasser und gehen mit der Mutter ins Feld, wo sie beginnen, ihr beim Jäten zu helfen und in kleinen Netzsäckchen Feldfrüchte ins Dorf zu tragen.« In anderen Volksgruppen treten auch bei Mädchen über drei Jahren noch Spiele wie z. B. Koch-, Puppen- und Gartenspiele auf. Die mehr als sechsjährigen Kukukuku-Jungen bilden festgefügte Spielgruppen.

FISCHER fährt fort: »Es gibt in den kleineren Dörfern keine rivalisierenden Gruppen. Diese Spielgruppe hat nun eine ganze Anzahl von Spielen und Spielsachen, die aber wie Moden gelegentlich gespielt werden und dann für Monate nicht zu sehen sind. ... Die beliebtesten und häufigsten Spielzeuge der Jungen über sechs Jahre sind kleine Waffen. Dies sind kleine Bögen aus Bambus, mit denen Pfeile aus Gras geschossen werden. Selten sind Stockbögen aus einfachen dünnen Ästen, ebenfalls mit Bambussehne. Während diese beiden Arten von den größeren Jungen selbst verfertigt werden, stellen die Väter oft schon ihren 1–2jährigen Söhnen richtige Bögen aus Palmholz her, die wie verkleinerte Bögen der Männer aussehen. Zu diesen Bögen schnitzen sie dann auch einige verkleinerte Pfeile ohne Spitze aus einer wilden Grasart, die ähnlich wie Pfeilrohr ist. Selbst die größeren, etwa 18jährigen, schießen gelegentlich zum Spiel diese Pfeile mit ihren großen Bögen. Zu den Bögen stellen sich die Jungen kleine Schilde aus Holz oder Rinde her, oder die Väter schnitzen verkleinerte Abbilder ihrer großen Schilde. Spielkeulen werden aus Holz oder Wurzelstücken geschnitzt, oder man benutzt einen festen Pilz oder eine weiche Gesteinsart als Keulenkopf, den man durchbohrt und mit einem Stiel versieht. Mit Graspfeilen wird nur in der Luft herumgeschossen, kaum aufeinander. Nur, wenn auch Spielschilde gebraucht werden, schießt man sich gegenseitig auf diese. Gelegentlich wird eine Bananenblüte einen Abhang hinabgerollt, die als Ziel für Schießübungen dient.«

»Die beliebtesten Spiele der Orokaiva (in Nordost-Neuguinea) haben etwas mit Krieg (= war) oder Verfolgung (= chase) zu tun« schreibt der australische Regierungsanthropologe F. E. WILLIAMS (1930). Und nach einer Spielbeschreibung sagt er: Dieses Spiel »hat, wie die meisten einheimischen Spiele, keine Finalität und keinen Gewinner«. Er fährt im nächsten Absatz fort: »Ein stürmischerer Zeitvertreib ist der Scheinkampf zwischen zwei entgegengesetzten Parteien (auch von Älteren), bei dem man Nachahmungen von Speeren mit großer Heftigkeit schleudert und diesen mit großer Gewandtheit ausweicht. Den Speer bildet der sechs Fuß lange Stengel eines hohen Gewächses mit seinem Wurzelstock, einem sehr festen Gebilde, das dem Wurfgeschoß Kraft und Zielgenauigkeit verleiht und dem man mit gutem Grund ausweicht. Der Schild ist eine verkleinerte Form aus leichter Palmblattscheide. Mit diesen Waffen ausgerüstet, greifen sich die Parteien gegenseitig an, werfen ihre Speere oder fangen die des Gegners ab oder weichen ihnen aus, mit all dem Geschrei und den Aktionen echten Krieges. Wenn das Spiel von kleinen Jungen ausgeführt wird, kommen sich die gegenüberstehenden Parteien immer näher, nehmen die von den Gegnern geschleuderten Speere auf und werfen sie zurück, mit ständig wachsender Begeisterung, bis der Kampf heftiger wird und sich manchmal zum Handgemenge steigert, in dem der Speer als Keule gebraucht wird. Ein unglücklicher Schlag mag einen der Kämpfenden nötigen, sich weinend von der Rauferei zurückzuziehen, aber man beobachtet niemals, daß böses Blut durch diese Dorfspiele erzeugt wird, obwohl sie kriegsähnlich sind, und ein regelrechter Kampf muß ein sehr seltenes Vorkommnis sein.«

Der bekannte Forscher HUGO BERNATZIK, der das Spielverhalten der Melanesier auf der Salomoneninsel Owa Raha genau studiert hat, berichtet 1936: »Vom 3. Lebensjahr an weilen die Kinder in ihrer Freizeit immer ohne Erwachsene in Gruppen beisammen. Diese sind in der Regel nach Geschlechtern getrennt (bis auf die gemeinsamen Spiele). Am häufigsten beobachtete ich drei Gruppen, welche voneinander getrennt dieselben Spiele spielten. Diese Gruppenbildung ist aber immer ganz zufällig, sie wechselt nach den Kindern, die gerade Freizeit haben, und verfolgt den Zweck, eine Beschädigung der kleinen Kinder durch die größeren zu verhüten. Dieses Aufpassen der älteren und stärkeren auf die jüngeren und schwächeren Kinder tritt bei allen Gelegenheiten stark hervor, und so kommt es auch, daß für die Zugehörigkeit zur Gruppe oft nicht das Alter, sondern die Körperkräfte entscheiden.« Und an anderer Stelle: »Charakteristisch ist, daß – ebenso wie bei allen Spielen – auch innerhalb der Gruppe der Ehrgeiz als Triebkraft ausscheidet.

Es drängt sich kein Kind dazu, Führer der Gruppe zu sein. Die Führung wechselt je nach den Umständen ab, und oft habe ich bemerkt, daß einer der Schwächsten aus der Gruppe bei einem Kriegsspiel den Häuptling spielte, und niemand schien besonderen Wert auf diese Würde zu legen. Bei den meisten Spielen ist übrigens ein Führer nicht nötig. ... Obwohl das ganze Trachten der Kinder darauf hinausgeht, es den Erwachsenen gleichzutun, fehlt der Wettbewerb völlig. Nie erzählt ein Kind, daß es die Leistungen eines anderen überboten habe, und ich nehme an, daß hierauf überhaupt nicht geachtet wird.«

Unsere eigenen Beobachtungen an der Küste und im Bergland Neuguineas brachten keine Erkenntnisse, die die zitierten Informationen wesentlich ergänzen würden. Ich fasse zusammen: Kämpferisches Spiel hat nicht wie der bipolare ernste kriegerische Kampf zum Ziel, ein Kräfteverhältnis zwischen kommunalen Einheiten herzustellen oder einzuhalten. Es wird bei den genannten Volksgruppen nur innerhalb der Sozietät ausgetragen, und ein unmittelbares Ziel des Kampfspiels ist, wie die Feldstudien erwiesen, überhaupt nicht gegeben. Die Ursache liegt im »Spieltrieb« – auf den ich hier nicht näher eingehen kann –, und eine wahrscheinliche Funktion im Jugendstadium in der Einübung des Kampfverhaltens, im Vertrautwerden mit Verhaltensmustern, die in späteren Lebensabschnitten (im Krieg) einen Sinn erlangen. Natürlich drängt sich uns sofort die Frage auf, ob und gegebenenfalls wie Erziehungseinflüsse auf das analog zum bipolaren Krieg angelegte Kampfspiel die Aggressivität des Individuums in späteren Lebensabschnitten und kollektiv den kriegerischen Charakter eines Volkes zu bestimmen vermögen. Man muß hierbei zwischen dem direkten Einwirken der Erwachsenen auf das Kampfspiel – etwa der Anleitung beim Herstellen von Bogen, Pfeilen und Schild – und möglichen allgemeinen Einflüssen des sozialen Milieus – wie Frustrationen und anderen psychischen Faktoren – unterscheiden. Besonders aufschlußreich ist in diesem Zusammenhang das Studium solcher Volksgruppen, die als besonders friedlich gegenüber ihren Territorialnachbarn gelten. Die kriegerischen Papuas und Melanesier sind hierfür kein geeignetes Beispiel. Irenäus Eibl-Eibesfeldt hat bei den Buschmännern der Kalahari, deren Hordenverbände keine Kriege miteinander führen, das Verhalten der Kinder untereinander und ihre Erziehung durch ältere Hordenmitglieder untersucht. Dabei beobachtete er bei den 4- bis 12jährigen, die sich auf dem Kinderspielplatz trafen, Zustände, die zunächst keineswegs zu diesem friedlichen Bild zu passen scheinen. Im Verlauf von 191 Minuten notierte er in einer Gruppe von neun Kindern 166 aggressive Akte, darunter 96mal Schläge mit der flachen Hand, der Faust oder einem Stock, 23 Fußtritte, 10 Ringkämpfe, 8mal Werfen mit Gegenständen und 5mal Anspucken. 10mal weinte dabei ein Aggressionsopfer. Die Erziehung der Kleinkinder dieser Buschmann-Gruppen bezeichnet Eibl-Eibesfeldt nach unserem Sprachgebrauch als antiautoritär; die Kleinen dürfen gegenüber ihren Eltern und den übrigen

Kommunalmitgliedern ungestraft aggressiv sein. Doch am Spielplatz herrschen ausgesprochen autoritäre Sitten: ein älteres Mädchen als Aufpasserin bremst die Tätlichkeiten der Kinder, indem es Ohrfeigen und Fußtritte austeilt. Damit verschafft es sich Respekt und vermag beschwichtigend zu wirken. Für den genaueren Sachverhalt verweise ich auf die 1972 erschienene Monographie des Forschers *(»Die !Ko-Buschmann-Gesellschaft«).*

Die Häufigkeit von Tätlichkeiten am Kinderspielplatz der Buschmänner findet bei anderen Volksgruppen ihre Parallele. Papuakinder und selbst Geschwister unserer eigenen Kinder zu Hause stehen ihnen in dieser Hinsicht wenig oder gar nicht nach. Allerdings fehlen noch quantitative Vergleichsdaten. Wie ist aber diese Behauptung damit in Einklang zu bringen, daß bei den zitierten Beschreibungen von Kampfspielen bei Papuas und Melanesiern wiederholt betont wurde, Verletzungen würden nach Möglichkeit vermieden und der Kampf sei eben nur gespielt, würde aber nicht in ernste Tätlichkeiten ausarten? Und läßt sich ein Zusammenhang zwischen der Aberziehung von Aggressionen am Kinderspielplatz und dem kampflosen Nebeneinander der Horden bei den Buschmännern finden? Ich habe bereits mehrfach betont, wie verhängnisvoll für das richtige Verständnis es ist, pauschal von »Aggressionen« zu sprechen und hierbei bipolares agonistisches Verhalten und andere Arten von Auseinandersetzungen einander gleichzusetzen:
»Aggressiv« ist allgemein jede Art von Verhalten, das zu Gegenangriff, Ausweichen oder zur Unterdrückung eines Gegenüber führt. Jedoch sind dabei sowohl die Ursachen wie auch die sozialen Funktionen keineswegs jedesmal dieselben. Die Kampfspiele tragen ausgeprägten friedlichen Charakter. Die Schläge, der Zank und Streit sind bei den Papuakindern sozusagen »Begleitmusik« des Spiels, nicht nur des Kampfspiels, also keineswegs Bestandteil des Spiels selbst. Kinder zanken sich um Spielsachen, um andere begehrte Objekte und einen bestimmten Platz. Ich habe bei den Golfpapuas häufig solche tripolaren Streitigkeiten unter Kindern von etwa 3 bis 8 Jahren beobachten können. Sie entsprechen in etwa den tripolaren Streitigkeiten von Erwachsenen, wie sie innerhalb der Sozietät, nicht jedoch zwischen Sozietäten auftreten.
Ich kenne nicht die Beweggründe der Streitigkeiten bei den Buschmann-Kindern, die EIBL-EIBESFELDT beobachtet hat, doch darf man annehmen, daß zumindest ein Großteil ebenfalls nicht Bestandteil der Spiele selbst war, sondern daß es dabei ebenfalls um begehrte Objekte ging, die eines besaß und das andere haben wollte, oder daß der Streit wegen einer verbalen Äußerung entstand. *Solche Auseinandersetzungen sind aber* – wie ich bereits im ersten Kapitel dargelegt habe – *klar von der bipolar ausgerichteten, agonistischen Auseinandersetzung zwischen Sozietäten zu trennen.* Da tätliche Auseinandersetzungen innerhalb der Sozietät nach Möglichkeit vermieden werden, am deutlichsten natürlich die schwere Verletzung und der Mord, haben auch

die Buschmänner hierzu ihre Methoden traditionell festgelegt. Mit der erfolgreichen Unterdrückung von Tätlichkeiten innerhalb der Horde vom Kinderspielplatz an – EIBL-EIBESFELDT beschreibt uns das Kommunalverhältnis der Erwachsenen als frei von ernsten Streitigkeiten – haben wir aber noch keine Erklärung dafür zur Hand, warum diese Buschmann-Horden keine Kriege gegenüber ihren Territorialnachbarn führen. Diese Frage bleibt weiterhin offen.

Kehren wir zurück zur Entwicklung des agonistischen Verhaltens beim heranwachsenden, traditionell lebenden Papua. Wie beim tierischen agonistischen Verhalten spreche ich bewußt auch hier im menschlichen Verhaltensbereich von Auslösern und deren Beantwortung, denn damit erfasse ich die biologischen Wurzeln, auf die es entscheidend ankommt. Allerdings ist die Natur dieser Auslöser noch nicht genauer bestimmt. Ich nehme jedoch nicht an, solche biologischen Auslöser seien beim Menschen allein dafür verantwortlich, daß zwischen benachbarten, getrennten Kommunaleinheiten ein Feindverhältnis aufrechterhalten wird und es zu kriegerischen Auseinandersetzungen kommt.

Das Kind kann bereits gegenüber Mitgliedern fremder Sozietäten abweisend empfinden, noch bevor es einem ihrer Mitglieder gegenüberstand oder es auch nur zu Gesicht bekam. Erzählungen der Erwachsenen, Mahnungen der Eltern zur Vorsicht im Grenzgebiet und andere *Erziehungseinflüsse* erzeugen Abneigung und Furcht. Man ist dann leicht geneigt, darin die Ursache für das Feindverhältnis zwischen den Gruppen zu erblicken. Dabei wird aber übersehen, daß die Darstellung der Eltern über die Nachbarn nicht von ungefähr kommt, sondern einer tiefverankerten Einstellung entspringt. Diese kann nicht allein mit Tradition erklärt werden, denn auch die Tradition hat ihren Ursprung, den ich in diesem Falle in der biologischen Wurzel, im agonistischen Verhalten sehe. Nach meiner Theorie bestimmt die Tradition, *wer* sich kommunal zusammenschließt, doch bestimmt sie nicht, *daß* kommunal zusammengeschlossene Individualverbände – Horden, Dorfgruppen – in sich friedlich organisiert sind und daß andererseits nicht zusammengeschlossene derartige Verbände in der Regel gegeneinander feindlich oder abweisend eingestellt sind. Das heißt, es werden durch die Erziehungseinflüsse die agonistischen Beziehungen zu einer oder mehreren anderen Gruppen noch vor dem ersten direkten Kontakt ins Bewußtsein des traditionell heranwachsenden Papuas gebracht, das feindliche Verhältnis wird verstärkt, oder im Gegenteil vermindert*, doch handelt es sich hierbei nur um quantitative Veränderungen, nicht aber um die Verursachung des agonistischen Verhältnisses als solchem.

* Ich verweise hier auf die im Vorwort erwähnten Semai-Malaien, die – offenbar durch traditionelle Erziehung – in einem friedlichen Verhältnis zu ihren territorialen Nachbarn stehen (Van Baaren 1970).

Leider sind unsere Kenntnisse über diese Kausalzusammenhänge noch viel zu ungenügend, um gesicherte, am Menschen gewonnene Daten vorlegen zu können. Ich muß weiterhin zum besseren Verständnis bemerken, daß die ursprünglichen biologischen Auslöser – Individual- und Gruppenmerkmale – durch traditionell sekundär entstandene Merkmale wie Tracht, Sprache und andere gruppenspezifische Muster ergänzt werden oder ersetzt worden sind. Doch sehe ich auch darin keine tiefgreifenden Unterschiede zum kommunalen Tier, sondern nur die menschliche Ausprägung eines Grundverhaltens bei Horden und anderen primär individuell gebundenen Kleingruppen. Prinzipiell andere Verhältnisse treffen wir erst beim modernen Zivilisationsmenschen ohne individuelle Kommunalbindung an die Mehrzahl der Mitglieder der Großgemeinschaft an.

Die Entwicklung des agonistischen Verhaltens nach der Geburt

Die ersten Reaktionen des heranwachsenden Papuakindes auf den Auslöser für agonistisches Verhalten, ausgehend von den Angehörigen territorialer Nachbargruppen, bestehen in Ausweichen und Abwehr. Beim männlichen Geschlecht mehr als beim weiblichen kommt es nach Eintritt in die Klasse der Erwachsenen auch zu Angriffsreaktionen gegenüber diesen Artgenossen; das Häufigkeitsverhältnis Angreifen zu Ausweichen beim einzelnen hängt von der sozialen Rangstellung und physischen Konstitution beider Beteiligten und von territorialen Faktoren ab.
Eine experimentelle Analyse des Auslösers und dessen Beantwortung im Zentralnervensystem des Menschen war bisher nicht möglich; die wenigen Forschungsansätze in dieser Richtung haben noch nicht genug gesicherte Ergebnisse liefern können, um den alten Streit zwischen Physiologen, Psychologen und Soziologen entscheiden zu können, ob das »aggressive« Verhalten des Menschen ein Ergebnis von Erziehungseinflüssen und anderen Eigenschaften der Umwelt ist oder auf stammesgeschichtlichen Grundlagen beruht. Ich habe deshalb zunächst durch langjährige Experimente an meinen Flughörnchen, bei denen ja bipolares agonistisches Verhalten zwischen Mitgliedern getrennter Sozietäten neben tripolaren Auseinandersetzungen innerhalb von Kommunaleinheiten vorkommt, Datenmaterial zu erarbeiten versucht. Anschließend an die nun folgende *Analyse des agonistischen Verhaltens im Laufe der postembryonalen Entwicklung* werde ich dann darauf aufbauend ein Modell seiner physiologischen Grundlagen entwickeln.
Bei der Geburt wiegt ein Flughörnchen ganze 180 Milligramm. In den 16 Tagen der Entwicklung im mütterlichen Uterus ist es noch nicht vollständig herangereift. Seine Hinterbeine und der Schwanz blieben weitgehend undifferenziert, die Vorderfüße dagegen tragen schon jetzt winzige Krallen. Mit ihrer Hilfe und mit schlängelnden Körperbewegungen bahnt es sich selbständig seinen Weg von der Geburtsöffnung zum Eingang des Beutels. Die Nasenöff-

nungen sind weit offen, und vermutlich weisen Duftstoffe am Fell der Mutter und besonders in der Region des Beutels die Richtung. Die in der inneren Beutelwand gelegenen Duftdrüsen habe ich schon erwähnt. Im Beutel sucht es eine der beiden Zitzen und saugt sich daran fest. An dieser Stellung ändert sich für die folgenden etwa sechs Wochen wenig: das Junge beendet seine Embryonalentwicklung und wächst. Die Sozialkontakte zwischen der Mutter und ihren ein bis zwei Jungen sind unmittelbar nach der Geburt noch anonym. Weder kennt das Junge seine Mutter individuell noch andererseits die Mutter ihr eigenes Junges. Das ist eine Folgerung aus der Tatsache, daß ein individuelles Kennen erst nach Aufnahme der differenzierten Duftstoffe durch das Riechorgan zustande kommen kann und die erste solche Duftrezeption erst nach der Geburt erfolgt. Junge Flughörnchen sind in den ersten etwa 80 Lebenstagen nicht an die eigene Mutter gebunden. Im Versuch lassen sich etwa gleichalte Junge verschiedener Mütter bis zu diesem Zeitpunkt der Entwicklung ohne erkennbare Folgen gegeneinander austauschen: ich nahm ein Junges aus dem Beutel, steckte es in den fremden Beutel, aus dem zuvor das dort saugende Junge zum Austausch entfernt worden war, und beide Jungen saugten sich genauso wie im Beutel der eigenen Mutter an einer Zitze fest.

Vom etwa 74. Tag an kriecht das Junge zeitweise aus dem Beutel der Mutter und klammert sich am Fell der Bauchregion an. Damit erweitert sich seine soziale Umwelt, und das Erkennen der eigenen Mutter erhält einen biologischen Sinn. In 420 Versuchen habe ich ein 82 Tage altes Junges abwechselnd auf die Bauchdecke der eigenen Mutter und einer fremden Mutter mit etwa gleichaltem, gleichgeschlechtigem Jungen (das zum Versuch entfernt wurde) gesetzt. Ich wollte dabei prüfen, ob es in den Beutel hineinschlüpft oder nicht. Mit hoher statistischer Sicherung erbrachten diese einfachen Experimente den Nachweis, daß Junge in diesem Alter nicht mehr eine fremde Mutter annehmen, also nicht in deren Beutel schlüpfen, daß sie demnach an die eigene Mutter bereits fest gebunden sind. Dies trifft auch dann zu, wenn die fremde Mutter dasselbe Nest wie die eigene bewohnt. Zusätzliche Versuche ergaben mit Sicherheit, daß diese Bindung durch Individualdüfte erfolgt, die nicht nur am Beutel, sondern auch am Mund und an anderen Körperregionen des Weibchens haften. Zu diesem Zeitpunkt der Entwicklung kennt auch die Mutter ihr eigenes Junges bereits individuell. Der Nachweis konnte in Versuchen erbracht werden, bei denen das eigene und ein fremdes Junges nebeneinander in je einem oben offenem Glas geboten wurden. Das Weibchen lief herbei und wählte das eigene Junge. Nach dem Verlassen des mütterlichen Beutels etwa am 74. Tag sucht das Junge gelegentlich engen Körperkontakt mit dem a-Männchen, jedoch nicht mit anderen Männchen der Nestgemeinschaft.

Schon im Alter von 62 Tagen, wenn sich auf dem Rücken ein dunkler Haarflaum zeigt, sondern die Jungen bei starker Belästigung – z. B. beim Ablösen

von der Zitze, beim Wiegen und Messen – ein stark duftendes weißliches Sekret in Tropfen aus der Kloakenöffnung ab, welches wahrscheinlich eine Schutzwirkung vor Freßfeinden besitzt. Erste Abwehrlaute, ein kurz abgehacktes Keckern, sind etwa am 77. Lebenstag vernehmbar. Diese Laute werden aber ganz unspezifisch bei jeder stärkeren Störung geäußert. Damit ist ein sehr wichtiger Entwicklungsstand erreicht: das Junge vermag sich nun gegenüber Feinden zur Wehr zu setzen – natürlich nicht immer mit Erfolg. Gegenüber Artgenossen reagiert das Junge in diesem Alter normalerweise nur abwehrend oder ausweichend, wenn es belästigt wird. Solange es sich noch ständig im Beutel aufhält, also bis zum 74. Lebenstag, kann man es ohne Gefährdung in das Nest einer fremden Sozietät setzen; es geschieht ihm dort in der Regel nichts. Außerhalb des Nestes werden Junge dieses Alters im fremden Käfig gelegentlich kurz gebissen, jedoch auch hier nicht ernstlich verletzt.
Diese und ähnliche durchgeführte Versuche sind sehr wichtig, da durch sie der Nachweis erbracht ist, daß ein so junges Flughörnchen noch keinen wirksamen Auslöser für agonistisches Verhalten aussendet. Entweder fehlt der Auslöser selbst, oder es steht ihm ein Effekt – z.B. ein zusätzliches Signal – gegenüber, das ihn unwirksam macht. Die Jungen werden aber bereits als Artgenossen erkannt, was daraus zu schließen ist, daß sie nicht wie etwa junge Mäuse gleicher Größe als Nahrung aufgefressen werden. Setzt man ein Junges, das älter als 51 Tage ist, irgendwo in den Käfig, so stößt es Verlassenseinslaute aus. Dadurch veranlaßt es Erwachsene beiderlei Geschlechts, herbeizulaufen. Das Junge klammert sich nach erfolgtem Körperkontakt sofort am Fell fest, unabhängig davon, ob das Tier der eigenen oder einer fremden Sozietät angehört. Deutlich bevorzugt wird nur an der eigenen Mutter geklammert. Damit ist ein Hinweis gegeben, daß das Junge selbst noch nicht zwischen Artgenossen mit Ausnahme der eigenen Mutter unterscheidet. Sie zeigen ja auch im fremden Nest noch kein Ausweichverhalten gegenüber dessen Bewohnern. Es fehlt also nicht nur ein Auslösen agonistischen Verhaltens durch das Junge, sondern dieses äußert auch selbst noch kein agonistisches Verhalten gegenüber Angehörigen fremder Sozietäten.

Mit etwa 85 Tagen öffnen die jungen Flughörnchen die Augen. Sie sind in diesem Stadium bereits voll behaart und verbringen viel Zeit im Gemeinschaftsnest ohne Kontakt zur Mutter. Das Nest wird aber erst rund 10 Tage später zum ersten Mal verlassen. Zwischen dem 90. und 94. Tag, im Durchschnitt am 92. Tag erfolgt im Jungen ein einschneidender Wandel des Sozialverhaltens: *es unterscheidet von nun ab deutlich zwischen Angehörigen der eigenen Sozietät und gruppenfremden Artgenossen.* Jedesmal, wenn ich ein Versuchstier in diesem Alter mit einem fremden Männchen oder Weibchen oder Jungen zusammensetzte, äußerte es sofort nach engem Geruchskontakt heftigstes Ausweich- und Abwehrverhalten, zeterte und warf sich auf den

Bild 12: Schädelschrein Gibairi des Langhauses Daubai im Dorf Kinomere der Urama-Sprachgruppe, Papuagolf. Die im Flachrelief beschnitzten Bretter sind Darstellungen von Geistern, die bei der Kopfjagd behilflich sind (Foto Frank Hurley, 1922).

Bild 13: Kulturverfall am Papuagolf: zusammengestürzte Hütte am Era-Fluß mit funktionslos gewordenen Geisterdarstellungen. Niemand bemühte sich um die Erhaltung dieser Kulturzeugnisse (Foto Verfasser, 1966).

Rücken, wobei es die Beine weit von sich streckte. Dieses auffällige Verhalten tritt auch dann unvermindert stark auf, wenn das Junge zuvor noch niemals mit einem Angehörigen einer fremden Sozietät zusammengetroffen ist. Das Verhalten des fremden Tieres spielt dabei keine Rolle; das Ausweichen des Jungen ist also hier keinesfalls eine Reaktion auf einen Angriff. Dies läßt sich eindeutig mit den bereits im ersten Kapitel bei den Duftnachweisen geschilderten Versuchen belegen, wo ein Weibchen der eigenen Nestgemeinschaft experimentell mit gruppenfremdem Duft kaschiert wurde und daraufhin beim Jungen die Abwehrreaktion in voller Intensität auslöste. Nach unseren Versuchen ist es der gruppenfremde, artspezifische Duft, von einem anwesenden Individuum ausgehend, der das agonistische Verhalten des Jungen auslöst. Keinerlei vorherige Erfahrungen agonistischer Art können dabei eine Rolle gespielt haben. Die Reaktion ist hier eindeutig stammesgeschichtlich vorgezeichnet.

Es ist ein äußerst eindrucksvoller und überzeugender Versuch, zwei Junge getrennter Sozietäten, die bisher nur mit ihren Nestgenossen Kontakt hatten, zusammenzusetzen und zu sehen, wie beide in panischer Angst voreinander sich abwehrend auf den Rücken werfen, ohne daß zuvor bei ihnen irgendwelche Anzeichen von tätlicher Aggression auftraten. Man hat fremde Duftmarken als Drohsignale, als Aggression bezeichnet, die diese Reaktionen auslösen. Doch auch dann bleibt die Tatsache bestehen, daß diese Düfte eine solche Drohfunktion erhalten, ohne daß mit ihnen irgendwelche Erfahrungen aggressiver Art in Beziehung gebracht werden können.
In diesem Altersstadium kurz vor dem Selbständigwerden vermag das junge Flughörnchen noch nicht, alle Mitglieder der Sozietät, in der es geboren wurde und aufwächst, individuell voneinander zu unterscheiden. Mit Ausnahme der eigenen Mutter und vielleicht des a-Männchens der Sozietät erkennt es sie nur am Gruppenduft. Ich vermute, daß spätestens am 92. Tag die kommunale Bindung an die eigene Nestgemeinschaft vollständig aufgebaut ist, da gegenüber allen ihren Mitgliedern von Anfang an kein agonistisches Verhalten auftritt. Im Kapitel über die *Kausalität des Friedens* komme ich auf die zentralnervösen Ursachen zurück.
Die erste Äußerung agonistischen Verhaltens gegenüber fremden Flughörnchen am etwa 92. Tag beruht nach meiner Ansicht ebenfalls auf dem Abschluß einer Entwicklung im Gehirn des Jungtieres. Erst zu diesem Zeitpunkt sind die physiologisch-anatomischen Strukturen so weit gereift, um auf den von außen einwirkenden Auslöser antworten zu können. Eine der motorischen Verhaltensäußerungen ist ja erkennbar bereits zu einem früheren Entwicklungsstadium gereift, da vom 77. Tag an Abwehrlaute bei unspezifischen Störungen ausgestoßen werden können. Das Junge wäre also schon vor dem 92. Tag in der Lage, motorisch auf den Auslöser für agonistisches Verhalten zu reagieren.

Es drängt sich dabei die Frage auf, ob eine Kausalbeziehung zwischen dem Abschluß der Kommunalbindung an die eigene Nestgemeinschaft und dem ersten Auftreten agonistischen Verhaltens gegenüber fremden Artgenossen besteht. Ich habe eben betont, daß die Kommunalbindung *spätestens* am etwa 92. Tag aufgebaut ist; sie wird dann für uns erkennbar, mag aber schon kurz vorher bestanden haben. Ich habe sowohl das Einsetzen des agonistischen Verhaltens wie auch die Unterscheidung zwischen Sozietäten als Abschluß zentralnervöser Reifungsprozesse dargestellt. Demnach ergäbe sich keine zwingende Kausalbeziehung: ein Zusammenhang nur insofern, als Bindung an bestimmte Mitglieder der Art – die Nestgenossen – agonistische Verhaltensäußerungen gegen sie ausschließt.

Das agonistische Verhältnis zwischen Artgenossen wäre demnach ein Primärzustand – von einem bestimmten Stadium in der postembryonalen Entwicklung an, das Aussetzen agonistischer Beziehungen jedoch das Ergebnis eines sekundären Prozesses, nämlich der Kommunalbindung. »Aussetzen« ist allerdings nicht der zutreffende Ausdruck, da die Kommunalbindung in einem so frühen Entwicklungsstadium abgeschlossen ist, daß es gar nicht erst zu agonistischen Verhaltensäußerungen gegenüber Mitgliedern der eigenen Nestgemeinschaft kommen kann. Diese Auffassung liegt der im ersten Kapitel erarbeiteten Definition des Auslösers für agonistisches Verhalten zugrunde. Es läßt sich aber nicht ausschließen, daß die Wirksamkeit dieses Auslösers zusätzlich auf einem Kontrasteffekt beruht, indem die Komponente »individuelle oder gruppenspezifische Differenzierung« als »Duft einer anderen als der eigenen Sozietät« zu beschreiben wäre. Hier bestünde also eine Kausalbeziehung zwischen Abschluß der Kommunalbindung und erstem Auftreten agonistischen Verhaltens gegenüber (gruppenfremden) Artgenossen.

Experimentell ist eine Klärung eines solchen möglichen Zusammenhangs sehr schwierig. Man müßte ein Junges noch vor dem Aufbau einer Individual- oder Kommunalbindung von der Mutter und allen anderen Artgenossen trennen und als »Kaspar-Hauser«-Tier ohne jeglichen Kontakt zu Artgenossen aufziehen. Erst nach dem 92. Tag, wenn also normal in Nestgemeinschaften aufgewachsene Junge auf den Auslöser für agonistisches Verhalten reagieren, dürfte das Junge zum ersten Mal mit Artgenossen zusammentreffen. Reagiert es bei dieser ersten Begegnung in der spezifischen Art durch Ausweichen, ohne daß es vom Gegenüber aggressiv behandelt wurde, so wäre dies der Nachweis dafür, daß die Wirksamkeit des Auslösers keines Kontrasteffekts eigene Sozietät – fremde Sozietät bedarf. Ich hatte mir vorgenommen, diesen Versuch durchzuführen. Doch dann wurde mir klar, daß auch ein in völliger Isolierung von anderen Flughörnchen aufwachsendes Junges sich an einen Artgenossen sozial binden kann, nämlich *an sich selbst* – an seine eigenen Düfte. Experimentelle Ausschaltung des Geruchsorgans wäre kein Ausweg gewesen; dann hätte es auch die Duftsignale des Auslösers für agoni-

stisches Verhalten nicht mehr wahrzunehmen vermocht. Eine Lösung scheitert demnach gegenwärtig noch an technischen Schwierigkeiten.
Gegenüber einzelnen Mitgliedern der Nestgemeinschaft – der eigenen Mutter, vielleicht dem a-Männchen – ist eine Bindung bereits am 80. Tag abgeschlossen, ohne daß zu diesem Zeitpunkt schon agonistische Äußerungen gegenüber anderen Flughörnchen aufträten; Nestfremde wirken dann noch ebenso attraktiv wie Nestgenossen. Darauf möchte ich an dieser Stelle nochmals hinweisen.
Ein stammesgeschichtlicher Vergleich zwischen nahe verwandten Arten stützt meine These, nach der das agonistische Verhältnis zwischen Artgenossen ein Primärzustand ist. Die kommunal organisierten Säugerarten sind nämlich aus solitär lebenden hervorgegangen, bei denen es keine dauerhafte Bindung an einzelne Individuen gibt. Die kurzfristigen, nichtagonistischen Kontakte zur Paarungszeit zwischen den Geschlechtern und zwischen Gleichgeschlechtigen auf neutralem Boden zwischen den Territorien sind nicht mit einer kommunalen Bindung vergleichbar. Das agonistische Verhalten tritt bei diesen solitären Arten mit größter Wahrscheinlichkeit ohne Kontrasteffekt zu einer sozialen Einheit auf, wenngleich auch hier die theoretische Möglichkeit einer Bindung an die Signale des eigenen Körpers nicht ganz auszuschließen ist. Ich gehe davon aus, daß bei diesen Tierformen keine zentralnervösen Voraussetzungen zu dauerhafter Bindung gegeben sind. Dabei ist auch die Gewöhnung an sich selbst mit einbezogen.
Das mit dem etwa 92. Lebenstag beginnende agonistische Verhältnis zu Artgenossen kann für das junge Flughörnchen schon vor dem ersten Zusammentreffen mit Gruppenfremden außerhalb des Nestes soziale Auswirkungen haben. Beim Eindringen eines starken fremden Männchens in die Sozietät, wie es im vorigen Kapitel beschrieben wurde, können nur die Jungen im Nest verbleiben, die noch jünger als etwa 92 Tage sind, also noch kein Ausweichverhalten äußern. Ältere Junge, Männchen wie Weibchen, werden von dem Fremden entweder getötet oder vermögen – falls sie schon selbständig sind – aus dem Nest zu flüchten, kehren aber nicht mehr dorthin zurück.
Geschlechtsabhängige Unterschiede treten in diesem Anfangsstadium agonistischer Verhaltensäußerungen noch nicht in einer für den Beobachter erkennbaren Form auf. So ist die Heftigkeit des Ausweichens eines Jungen gleich stark gegenüber fremden Artgenossen des gleichen und des entgegengesetzten Geschlechts ausgeprägt. Auch reagieren junge Männchen ebenso heftig auf einen gegebenen Auslöser wie junge Weibchen. Die Geschlechtsreife ist mehrere Wochen später abgeschlossen. Weibchen werden mit etwa 225 bis 250 Tagen zum erstenmal begattet. Ich weiß noch nicht genau, in welchem Alter das Kampfverhalten gegenüber dem entgegengesetzten Geschlecht merklich nachläßt, habe aber bereits früher erwähnt, daß es bei Erwachsenen nur zwischen gleichgeschlechtigen Individuen vorkommt.
Ebenso ist noch nicht genauer geklärt, in welchem Altersstadium Junge zum

ersten Mal feindlich von Erwachsenen behandelt werden. Uns interessiert hierbei die primäre agonistische Reaktion, also nicht die auf das Ausweich- und Abwehrverhalten des Jungen. Flughörnchen, die älter als 92 Tage sind, die also bereits feindlich auf fremde Artgenossen reagieren, werden auch von diesen in der Regel agonistisch behandelt. Doch bleibt ungeklärt, worauf dieses Verhalten beruht: auf dem auch in diesem Alter bereits ausgesandten wirksamen Auslöser des Jungen (primäre Reaktion) oder auf seinem Ausweichverhalten, das sofort nach dem Zusammensetzen auftritt. In letzterem Falle wäre die Reaktion des Erwachsenen sekundäres agonistisches Verhalten. Die Geschlechtszugehörigkeit spielt auch hierbei keine erkennbare Rolle: ein erwachsenes Männchen oder Weibchen greift Jungtiere beiderlei Geschlechts gleich stark an.

Charakteristisch für das Jugendstadium kurz vor und nach dem Selbständigwerden ist weiterhin, daß nur Ausweich- und Abwehrverhalten, nicht jedoch Angriffe ausgelöst werden können. Erstes Angriffsverhalten als Reaktion auf den Auslöser für agonistisches Verhalten tritt erst in fortgeschrittenem Alter auf. Hier ist nicht das absolute Alter maßgeblich, sondern neben der Geschlechtszugehörigkeit die Rangstellung innerhalb der Sozietät – die ranghöchsten Tiere sind gegenüber Fremden am aggressivsten – und die territoriale Behauptung, indem Angriffe normalerweise nur im eigenen Territorium auftreten. Ich werde diese komplexen Zusammenhänge noch ausführlicher diskutieren.

Schwankungen in der »Aggressivität«

Wie kommt es nun, daß *der gleiche Auslöser das eine Mal Ausweichverhalten, das andere Mal aber einen Angriff verursacht?* Den Auslöser selbst, der aus drei funktionell zu trennenden Komponenten zusammengesetzt ist, habe ich bereits analysiert. Er besteht aus Erkennungsmerkmalen, deren biologische Signalfunktion sich nicht auf die Verursachung innerartlichen Kampfverhaltens beschränkt. Das sei hier nochmals betont. So vermögen die Signale sozial anziehend zu wirken, stimulieren in bestimmten Artgenossen Duftproduktion, Markierverhalten und andere soziale Aktivitäten oder wirken unter anderen sozialen Voraussetzungen im Gegenteil hemmend darauf. Einige Autoren bezeichnen die Abgabe von Duftsignalen, die bei Artgenossen Ausweichen oder Aggression hervorrufen können, als »Drohen«. Ich verwende diesen Terminus nicht dafür, da die Duftsignale bei meinen Versuchstieren nicht unter aggressiver Motivation abgegeben werden und sich ihr Funktionsbereich über die Auslösung von innerartlichem Kampfverhalten hinaus auf die eben erwähnten anderen sozialen Aktivitäten erstreckt. In meiner Begriffsfassung ist das »Drohen« ein Bestandteil des kämpferischen Verhaltens selbst – z.B. die Vergrößerung der Körperoberfläche, das Aufreißen des Mauls bei verschiedenen Fisch- und Reptilienarten –, das beim Gegenüber

eine sekundäre Kampfreaktion auslöst, entweder Abwehr, Flucht oder Gegenaggression. Von diesen sekundären Reaktionen auf vorhergegangene aggressive Verhaltensmuster des Partners ist hier nicht die Rede. Wir sprechen von den primären agonistischen Bewegungsabläufen.
Nach meiner Theorie sind die als Auslöser fungierenden drei Erkennungssignale im Empfängerindividuum entweder (oberhalb einer Reizschwelle) wirksam – oder werden durch Gegenfaktoren unwirksam gemacht, z. B. bei Erwachsenen durch Signale, die anzeigen, daß der Partner dem entgegengesetzten Geschlecht angehört. Ist der Auslöser wirksam, so bestimmt er dieser Theorie zufolge nur, *daß* agonistische Bewegungsabläufe ausgelöst werden, nicht jedoch, welches Verhaltensmuster geäußert wird. Es liegt also am Empfängerindividuum, auf die von außen durch Sinnesorgane aufgenommenen Signale in spezifischer Weise zu antworten, entweder durch Ausweichen oder Angriff. Spontanes, nicht von einem Außenreiz verursachtes Kampfverhalten konnte ich bei meinen Versuchstieren niemals feststellen, auch dann nicht, wenn die Tiere monatelang ohne Gelegenheit zu kämpferischer Auseinandersetzung in Isolierkäfigen untergebracht waren. Dagegen ließ sich jederzeit, in über 500 Versuchen, zwischen gesunden, erwachsenen Individuen gleichen Geschlechts aus getrennten Sozialeinheiten, also zwischen Tieren, die in einem agonistischen Verhältnis zueinander standen, auch tatsächlich beim Zusammensetzen agonistisches Verhalten auslösen.
Aus meinen Versuchen schließe ich, daß es im Organismus eines jeden normal entwickelten Flughörnchens hormonell und nervös bestimmte Grundlagen für bipolar ausgerichtetes, innerartliches Kampfverhalten gibt, die vom etwa 92. Lebenstag an funktionsfähig sind. Ich vermeide in diesem Zusammenhang den Ausdruck »Trieb«, damit nicht der Eindruck geweckt wird, als handle es sich bei dieser physiologischen »Disposition« um eine zu Verhaltensentladung drängende Größe, die sich bei hohem Eigendruck motorisch entlädt und danach eine niedrigere Triebstärke aufweist. Ich konnte bei meinen Untersuchungen keinerlei Daten gewinnen, die ein solches Triebmodell stützen würden. Ich nenne die dem agonistischen Verhalten zugrunde liegende Disposition *»Aggressivität«*.
Die Unterschiede im ausgelösten Verhalten bei gleichbleibendem Auslöser führe ich auf *Schwankungen in der Aggressivität* des Signalempfängers zurück. Niedriger Pegel – eine lediglich bildlich zu verstehende Bezeichnung – äußert sich in ausweichendem agonistischem Verhalten, hoher Pegel in Aggression, also in Angriff im wörtlichen Sinne. Damit verbindet sich aber keineswegs die Vorstellung, daß sich hoher Pegel zwingend in häufigerem Verhalten oder niedriger Pegel in geringerer Verhaltensmenge ausdrückt. Ich schließe in meiner Theorie auch die andere mit dem Triebbegriff in Verbindung gebrachte Vorstellung aus, daß längere Kampfphasen wegen allmählicher Leerung eines Reservoirs von Antrieb entweder allmählich immer defensiver werden oder die Auseinandersetzung endet, weil ein Reservoir ge-

leert ist. Das soll natürlich nicht besagen, daß allgemeine Ermüdungserscheinungen und andere Vorgänge im Gefolge einer zeitlich zusammenhängenden Auseinandersetzung nicht auf deren Verlauf einzuwirken vermögen. Ich denke z. B. an Emotionen, wie sie durch Schmerz entstehen, die in Rückkoppelung auf den Kampf Einfluß nehmen.
Es mag verwundern, daß ich auch die Disposition für agonistisches Ausweich- und Abwehrverhalten als Aggressivität bezeichne. Ich tue es aus dem Unvermögen heraus, für Angriff und Ausweichen qualitativ verschiedenartige Grundlagen zu finden. Beide Verhaltensbereiche können durch denselben festgelegten Auslöser verursacht werden, so daß mir ein Ansatz zu einer auf diese Grundlagen bezogenen Trennung fehlt.
Man muß sich ständig vor Augen halten, daß die Aggressivität nur für die *bipolar* ausgerichteten innerartlichen Beziehungen im Sinne unserer Definition, also nicht generell für Kampfverhalten zuständig ist. Daneben gibt es nach unserer Theorie noch andere hormonell-nervös bedingte Zustände im Organismus, die kämpferisches Verhalten oder Spannungszustände – nicht jede Art von Aggression äußert sich ja in Tätlichkeiten – darstellen können, z. B. die anders motivierten Auseinandersetzungen beim Aufstellen einer Rangordnung, bei Streitigkeiten um dritte Objekte, im Spiel, beim Überwältigen von Beutetieren, in der Abwehr von außerartlichen Feinden. Die physiologischen Korrelate dafür sind experimentell mit den bisher angewandten Techniken im Gehirn nicht lokalisierbar. Sie scheinen demnach anders beschaffen zu sein als die zuerst von W. R. HESS und E. VON HOLST durch elektrische Reizung mittels Elektroden untersuchten Strukturen. Im Hypothalamus, dem Boden des Zwischenhirns, fanden diese Forscher eine Stelle, deren Reizung mit den für die Tierart charakteristischen Bewegungsabläufen von Angriff, Ausweichen und Abwehr beantwortet wird. Bei starker Reizung zeigten die für die Versuche verwendeten Katzen und Hühner die Verhaltensmuster für Angriff, bei schwacher Reizung die für Abwehr. Nehmen wir einmal an, die auslösenden Impulse gingen nicht von der Elektrode des Experimentators aus, sondern kämen den Weg aus Gehirnbereichen, in denen das physiologische Korrelat für Aggressivität zu suchen ist: ein hoher Pegel von Aggressivität könnte sich dann in der Stärke der Impulse ausdrücken, wie sie Angriff auslösen, ein niedriger Pegel zu ausweichendem Verhalten führen. Leider müssen wir uns vorerst mit solchen vagen Spekulationen begnügen.

Individual- und Gruppenmerkmale sind nicht nur Bestandteil des Auslösers für agonistische Bewegungsabläufe, sie stellen auch die Signale dar, an die die individuellen und kommunalen Bindungen bei den Flughörnchen erfolgen. Nach meiner Theorie wird durch die soziale Bindung an diese eine Komponente der Auslöser unwirksam gemacht mit dem Ergebnis, daß es innerhalb von Sozietäten kein agonistisches Verhalten gibt.
Fassen wir den Aufbau der sozialen Bindungen während der postembryona-

len Entwicklung zusammen: Das junge Flughörnchen macht ab dem etwa 80. Lebenstag deutliche Verhaltensunterschiede zwischen seiner eigenen Mutter und anderen Weibchen. Vom etwa 92. Tag an unterscheidet es für den Besucher erkennbar zwischen gruppeneigenen und gruppenfremden Artgenossen. Aber erst nach dem Verlassen des Nestes kennt es alle seine Gruppengenossen nicht nur anonym am Gruppenduft, sondern zusätzlich auch individuell. Ein mit fremdem Gruppenduft experimentell kaschiertes Weibchen z. B. wird von den erwachsenen Nestpartnern an seinen individuellen Duftsignalen als zur Sozietät gehörig wiedererkannt. Diese *Doppelbindung* Erwachsener an Individual- plus Gruppenmerkmale sichert ein Zusammenhalten der Sozietät auf Dauer. Wenn ein fremdes Männchen das a-Männchen der Sozietät vertreibt und an seine Stelle tritt, ändert sich die Zusammensetzung des Gruppenduftes, der ja hauptsächlich vom a-Männchen stammt. Damit sich die im Nest verbleibenden Weibchen nicht wegen des neuen, an ihrem Körper haftenden Duftes gegenseitig agonistisch behandeln, ist die Individualbindung von großer Bedeutung. Männchen tragen mit etwa 150 bis 200 Tagen erste Sekretspuren auf ihrem Stirndrüsenfeld. Sie sind aber ebenso wie junge Weibchen schon in jüngerem Alter durch Düfte ihrer Kloakenregion und einzeln in der Haut liegender Drüsenelemente individuell gekennzeichnet, zusätzlich zu der Markierung durch Duftstoffe von Nestgenossen.

Ich werde im folgenden Kapitel die physiologischen Vorgänge zu analysieren suchen, die eine kommunale Dauerbindung an Individual- und Gruppensignale verursachen – soweit sie durch Experimente und Beobachtungen erhellt werden konnten. Wir wenden uns also nun der Betrachtung des Gegenpols von agonistischen Auseinandersetzungen und Krieg, den friedlichen Beziehungen innerhalb von Sozietäten, zu, zuerst deren Aufbau und im darauffolgenden Kapitel ihrem Fortbestand, der *Kontinuität des Friedens.*

Drittes Kapitel

Kausalität des Friedens

Die Kommunalisierung

Es wird so viel von der anonymen Masse geredet. Doch wenn wir eine dicht gedrängte Menschenansammlung aufmerksam mustern, so erkennen wir leicht, daß jeder einzelne seine *Individualität* besitzt oder vielmehr seine individuellen Merkmale – Gesichtszüge und andere Eigenheiten –, durch die er sich von allen anderen unterscheiden läßt. Die Anonymität kann also nicht auf fehlenden Unterscheidungsmerkmalen des Individuums beruhen, wenngleich in der modernen Gesellschaft eine deutliche Reduzierung persönlicher Kennzeichnung erfolgt. Die Anonymität wird vielmehr in erster Linie vom Mitmenschen geschaffen, der die Individualsignale der vielen Artgenossen um ihn her nicht einzeln aufzunehmen und zu einem dauerhaften sozialen Eindruck zu verarbeiten vermag. Andererseits aber steht unser äußerst fein ausgeprägtes Vermögen außer Zweifel, andere Menschen an kleinsten Eigenheiten der Gesichtszüge, der Kopfproportionen und anderen optischen oder akustischen Individualmerkmalen voneinander zu unterscheiden, also diese erstaunlich vielfältigen Merkmale wahrzunehmen. Für die meisten Menschen ist dies etwas Selbstverständliches und von Kindheit an Gewohntes, über das man nicht nachdenkt. Wer viel Zeit in den Wartesälen internationaler Flughäfen zubringt und dabei die vorbeieilenden Passagiere aus aller Welt aufmerksam beobachtet, kann leicht testen, wie gut das Unterscheidungsvermögen für die Individualmerkmale seiner Artgenossen ausgeprägt ist. Er wird mit großer Sicherheit einzelne Reisende, die öfter als einmal an ihm vorbeigehen, wiedererkennen. Dabei genügt es manchmal sogar, die zuvor erst ein einziges Mal gesehene Person von hinten, durch einen kurzen Blick auf den Kopf mit seinen Proportionen, Haaransatz, Ohrstellung und anderen Kennzeichen zu erfassen.

Doch vermögen wir gewöhnlich nur Angehörige unserer eigenen Rasse so genau zu unterscheiden. An einer Gruppe vorübergehender Afrikaner oder Asiaten fällt dem Beobachter eine individuelle Unterscheidung viel schwerer, denn anscheinend sind diese Menschen einander viel ähnlicher als wir selbst. Stimmt diese Feststellung wirklich? Als ich 1959 zum erstenmal nach Singapore kam und dort auf den dichtbevölkerten Nebenstraßen der China Town mit Hunderten von chinesischen Gesichtern konfrontiert wurde, war auch ich zunächst der Meinung, daß sich diese Menschen zum Verwechseln glichen. Doch dürfen wir annehmen, daß die Chinesen selbst solche Unterscheidungsschwierigkeiten nicht haben, sondern nur ein Fremder. Bei den Papuas erging es mir in der ersten Zeit ähnlich. Aber wenn ich heute nach Neuguinea reise, so erkenne ich Gesichter fast genauso leicht wieder wie unter den dort ansässigen Australiern und anderen Weißen. Diese Unterscheidungsfähigkeit hatte ich aber erst durch monatelanges Zusammenleben erworben. Offenbar muß man zunächst einmal eine Kontaktdistanz zur anderen Rasse durchbrochen haben, durch Kennenlernen der äußeren Rassemerkmale und Aufbau einer inneren Bereitschaft zu näherer Kommunikation, ehe man auf die feinen individuellen Merkmale überhaupt erst anspricht. Und dies wiederum ist Voraussetzung dafür, sie weiter zentralnervös zu verarbeiten, ihren Träger zum Bekannten zu machen, sich an ihn anzuschließen. Vergleichbares gilt auch für persönliche Eigenschaften anderer Art.

Bei der weltweiten Verbreiterung von individueller Differenzierung des Menschen einerseits und der ebensoweit verbreiteten Fähigkeit, diese Differenzen zu erkennen und sozial zu verarbeiten, liegt die *Frage nach ihrer sozialen Funktion* nahe. Ich versuche, sie auf ihren biologischen Sinn zurückzuführen, am Beispiel des Verständigungssystems traditionell lebender Papuagruppen.

Eine Expedition zu den Bosavi-Papuas

Der erloschene Vulkan Mt. Bosavi liegt im Herzen der am geringsten erforschten Region des jungen Staates Papua New Guinea. Es gab 1966, als ich zum zweitenmal nach Neuguinea kam, nur einige wenige Piloten, die vom Department für Zivilluftfahrt die Genehmigung besaßen, das schmale und unebene, von hohen Urwaldbäumen umstandene Flugfeld nördlich des Berges anzufliegen. Ein australischer Missionar hatte es von Papuas mit Äxten, Spaten und Buschmessern anlegen lassen. Nur knapp 800 Pfund Ladung durfte die einmotorige Cessna 185 aufnehmen, die mich mit meiner Frau und einem Medizinstudenten aus Westfalen Ende August 1966 von Mt. Hagen im zentralen Hochland aus ins Bosavi-Gebiet brachte.

Wir waren damals die ersten Wissenschaftler, die dort arbeiteten. 50 Minuten lang glitten wir durch weite, leuchtend grüne Hochtäler, überflogen gewaltige Karstpyramiden im Urwald, die einsame Regierungsstation Lake Kutubu und den Kikori River, der hinab in die uns vertraute Landschaft am Golf von Papua strömt. Anfangs entdeckten wir noch Dorfsiedlungen und ausgedehnte Pflanzgärten, aber je weiter wir nach Westen flogen, desto dichter wurde der tropische Regenwald. Nur vereinzelt standen langgestreckte Hordenhäuser auf kleinen Lichtungen, und als der Mt. Bosavi in Sicht kam, lag weithin ein grünes, welliges Meer unter uns. Der Anflug auf den Landestreifen war halsbrecherisch; der Missionar mochte ein tüchtiger Evangelist sein, aber seine Kenntnisse im Flugplatzbau waren naturgemäß weniger entwickelt.

Knapp über den Baumkronen mußte die Maschine einschwenken, sie ging dann steil auf die Schneise nieder und rollte holpernd auf der zunächst abfallenden, dann leicht ansteigenden Grasbahn aus. Der Missionar war kurz nach Fertigstellung des Landeplatzes wieder auf seine Station nahe dem Lake Kutubu zurückgekehrt und hatte nur einen eingeborenen Helfer von der Küste zurückgelassen, dessen Einfluß sich bei der Bevölkerung in den Bosaviwäldern noch kaum ausgewirkt hatte.
Wir waren überrascht, nicht nur von eilig herbeigelaufenen Papuas empfangen zu werden, sondern auch von einem Weißen. Es war der Regierungsbeamte des Distrikts, der gerade auf einer viele Wochen dauernden Patrouille sein weltabgeschiedenes Verwaltungsgebiet mit einer Trägerkolonne auf schmalen Dschungelpfaden durchzog. Vor seiner Expedition zur Bestandsaufnahme der Hordenhäuser und Zählung der Bevölkerung hatten erst vier Regierungspatrouillen dieses Gebiet erreicht. Die Bosavi-Papuas besaßen zwar durch Tauschhandel schon Metalläxte, Glasperlen und andere Zivilisationsgüter – auch von Metallgeld hatten sie bereits eine Vorstellung –, doch lebten sie noch fast gänzlich nach traditioneller Art. Das Flugzeug hatte uns also mitten in eine größtenteils unberührte Urwelt versetzt.
Meine Frau und ich richteten uns für die folgenden vier Wochen in einer aus Buschmaterial erbauten Pfahlhütte ein. Sie bestand nur aus einem einzigen Raum, den wir mit unserer Papuahündin Sobi von der Küste – sie lebt auch heute noch mit uns (Bild auf der Rückseite des Schutzumschlags) – und bald auch mit vielen lebenden Beuteltieren teilten. Zu unserem Leidwesen waren die meisten Tiere nachts in ihren aus Lianen geflochtenen Käfigen munter, wenn wir schlafen wollten. Tagsüber versammelten sich die Bosavimänner in unserer Hütte. Anfangs waren sie noch scheu, doch bauten wir rasch enge Kontakte zu ihnen auf, da wir sie nicht, wie es sonst bei Weißen üblich ist, aus unserer Behausung ausschlossen. Sie nahmen die Ausrüstungsgegenstände in die Hand und unterhielten sich darüber, schauten uns bei der Arbeit und beim Essen zu, und wir knüpften bald die ersten Bekanntschaften. Es dauerte nur wenige Tage, bis einzelne auch ihre Frauen mitbrachten; für uns ein Zeichen des gefestigten Vertrauens. Ein junger Mann, der für kurze Zeit am Lake Kutubu gearbeitet und dort die Verkehrssprache Motu erlernt hatte, diente uns als Dolmetscher. Obwohl wir meist keinerlei Übersicht über das dichte Gedränge im Raum behalten konnten, wurde nichts entwendet. Wir vermieden jedes laute oder harte Wort und versuchten uns anzupassen.
Als wir uns in Port Moresby die Genehmigung zur Einreise ins Bosavi-Gebiet holten, warnte man uns, die Eingeborenen dort seien die einzigen noch unkontrollierten Kannibalen im Land und seien sehr schnell mit Pfeil und Bogen zur Hand. Wir lernten sie jedoch als sehr freundlich kennen und verspürten niemals Angst vor Überfällen. Einige Männer waren mehrere Tage lang gelaufen, um uns zu besuchen – für einzelne von ihnen waren wir überhaupt die ersten Weißen, die sie zu Gesicht bekamen.

Noch ehe wir zu Ende gefrühstückt hatten, tauchten die ersten Besucher auf, und wir begannen mit der Arbeit. Ich beobachtete ihre Gewohnheiten beim gegenseitigen Sozialkontakt, notierte ihre Berichte über Kannibalismus, Stammeskämpfe, Territorialverhalten und möglichst viele andere Einzelheiten über das traditionelle Leben. Wir nahmen die Geräte, Zeremonialobjekte und anderes Sammlungsgut in Empfang, bezahlten dafür mit Perlen, Salz und Metallwerkzeugen und schrieben die dazugehörigen Angaben auf. Abends nach Sonnenuntergang hatten wir dann etwas Ruhe nach dem täglichen Besucherandrang. Wir versorgten unsere Tiere und versuchten, wenigstens einige der vielen Flöhe unschädlich zu machen, die von den Papuas auf uns übergesprungen waren. Zum Essen tauschten wir möglichst viel frisches Gemüse, Wurzelknollen, Früchte und frisches Fleisch von den Papuas ein. Unser Speisezettel reichte von geräuchertem Krokodil bis zu Buschhuhn mit Ingwer und Pilzen.
Möglichst oft suchten wir das nur zehn Minuten entfernte Hordenhaus Didessa auf, einen mächtigen Pfahlbau, in dem etwa 60 Menschen lebten (Bild 2, S. 26/27). Meist war mehr als die Hälfte von ihnen im Busch, um Sago zu bereiten, die Pflanzungen auf Rodungslichtungen instand zu halten und um zu jagen. Die Bosavis sind nicht seßhaft. Nach zwei bis drei Jahren verlassen sie das Gemeinschaftshaus und bauen dort ein neues, wo sie frische Pflanzungen angelegt haben oder wo neu erschlossene Sagopalmgründe liegen. Im Wald sammeln sie neben dem Sago Knollenfrüchte, Wildgemüse, Pilze, Baumnüsse, Früchte des Brotfruchtbaums und der Pandanuspalme, Vogeleier und Insektenlarven. In den Gärten wachsen Bananen, Süßkartoffeln, Taroknollen, Blattgemüse, Zuckerrohr und anderes. Sie dünsten diese Kost in Blätter gehüllt an der Glut und rösten hier auch Beuteltiere, Buschratten, Eidechsen, Schlangen und andere Kleintiere. In den klaren Gebirgsbächen fangen sie Krebse und Welse. Nur selten erbeuten sie einmal ein verwildertes Hausschwein, einen Kasuarvogel oder an den Abhängen des Mt. Bosavi ein Baumkänguruh.

Im Gemeinschaftshaus – *a aran* = Großes Haus genannt im Gegensatz zu den kleinen, periodisch benutzten Buschhütten am Rande der Pflanzungen – wohnen Männer und Frauen getrennt: die große Mittelhalle ist den Männern vorbehalten. Hier liegen zu beiden Seiten, durch kleine Feuerstellen voneinander getrennt, ihre Ruheplätze. Entlang der Seitenwände des Hauses, vom Zentralraum durch einen brusthohen Zaun aus Blattstengeln der Sagopalme getrennt, sind die Abteile der Frauen angeordnet. Jede hat dort ihre eigene, sehr eng bemessene Raumeinheit, in der gekocht wird und die Kleinkinder, Hunde und Ferkel aufwachsen. In diese fensterlosen Abteile dringt wenig Tageslicht. Der Zentralraum wird durch die beiden Eingänge an Vorder- und Hinterfront des Hauses etwas mehr belichtet (Bild 10, S. 54). Es ist bezeichnend, daß die Männer den geschützten Innenraum behaupten und bei einem

feindlichen Überfall zunächst die Frauen an der seitlichen Peripherie des Hauses gefährdet sind; offenbar ist es für den Fortbestand der Sozietät besser, bei einem nächtlichen Überraschungsangriff einige Frauen zu opfern, als Männer und damit die Kampfkraft zu verlieren.
Trotz dieser strikten Trennung nach Geschlechtern im Hause sind die Erwachsenen verheiratet wie andere Papuas auch. Es gibt in den zwei bis drei vaterrechtlichen Klans pro Hordenhaus etwa zehn bis fünfzehn Familien mit normalerweise einem bis drei Kindern. Die Beziehungen zwischen Mann und Frau sind sehr eng, man sieht nicht selten die Paare Hand in Hand miteinander gehen, und auch in der gemeinsamen Fürsorge für die Kinder zeigt sich eine große gegenseitige Zuneigung beider Ehegatten. Die Frauen werden zur Heirat durch zeremoniellen Tauschhandel aus der Familie einer anderen als der eigenen Sozialeinheit eingelöst. Wenn es der wirtschaftliche Status des Mannes erlaubt, kann er auch mehr als eine Frau besitzen, doch ist unter den Bosavis Einehe die Regel. Der Geschlechtsverkehr findet meist tagsüber im Busch statt.

Körpergerüche – als Beispiel für soziale Signale

Von den in unserer Hütte versammelten Bosavis strömte ein sehr intensiver Körpergeruch aus. Er stammte nur zum Teil vom Rauch der Herdfeuer, der sich an ihnen festgeheftet hatte. Da die Männer nur eine Schambedeckung trugen, sonst aber nackt waren, konnten sich die in Drüsen ihrer Haut erzeugten Eigengerüche frei ausbreiten. Die feuchtheiße Tropenluft förderte die Entfaltung dieser Gerüche. Die traditionell lebenden Bosavis waschen sich selten, und besonders bei älteren Männern ist die Haut lederartig und gerunzelt, mit einem feinen Belag aus Rauch- und Bodenpartikeln sowie Absonderungen der Haut. Körperhaar als Duftträger ist auf dem Haupt, in der Scham- und Achselregion, bei Männern auch im Gesicht und vereinzelt an Brust und Schultern entwickelt. Erwartungsgemäß ist die Schweißabsonderung im tropischen Neuguinea sehr stark. Die schlauchförmigen Schweißdrüsen ebenso wie die Talgdrüsen in der Körperhaut sondern Geruchsstoffe an die Oberfläche ab. Auch aus dem Mundraum treten beim Atmen körpereigene Geruchskomponenten.
Mikroskopische Untersuchungen der Haut dunkelhäutiger Afrikaner haben nach J. SCHAFFER gezeigt, daß die gerucherzeugenden Hautdrüsenelemente bei diesen Menschen viel zahlreicher als bei uns Europäern ausgebildet sind. Die Papuas sind zwar rassisch nicht näher mit Afrikanern verwandt, doch muß man auf Grund des starken Körpergeruchs auch bei ihnen ein gehäuftes Vorkommen von Hautdrüsen annehmen. Dies bestätigt sich auch durch die Tatsache, daß selbst europäisch gekleidete Papuas eine sehr intensive Geruchsnote besitzen. Auf meiner zweiten Reise nach Neuguinea flog ich von Australien aus in einer Chartermaschine zusammen mit einer Gruppe von

Papuasoldaten. Trotz ihrer geschlossenen Uniformen und ihres gepflegten Äußeren, wie es alle zivilisierten Papuas auszeichnet, herrschte in der Kabine typische »Papualuft«, die in mir sofort Erinnerungen an meinen ersten Aufenthalt in Neuguinea sieben Jahre zuvor wachrief. Bekanntlich besitzt der Mensch ein sehr fein ausgeprägtes Erinnerungsvermögen für spezifische Gerüche, das es ihm z. B. ermöglicht, die Wahrnehmung eines von früher – etwa aus der Kindheit – her bekannten Geruchs mit der Erinnerung an die damalige Umgebung oder Situation zu verbinden.

Wenn ich von Papuageruch spreche, so meine ich eine offenbar volksspezifisch vorhandene Geruchskomponente – ihre genaue Verbreitung ist unbekannt; sie könnte sich auch auf Melanesier erstrecken –, an der man einen Papua, vielleicht ebenso wie an optischen Merkmalen, erkennen kann. Häufig ist ein fremder Rassengeruch, gleich welcher Volkseinheit, unangenehm, und man sagt, »die Fremden stinken«, ganz gleich, ob es sich um Europäer, Papuas, Afrikaner oder Asiaten handelt. Doch solch ablehnende Haltung ist nur dem Menschen zu eigen, der keinen näheren Sozialkontakt zu Vertretern des anderen Volkes hergestellt hat und dazu auch keine innere Bereitschaft besitzt. Ich habe eingangs im Zusammenhang mit den Gesichtsmerkmalen bereits auf eine derartige Kausalbeziehung hingewiesen. Für mich ist in den Monaten des Zusammenlebens mit einigen Papuagruppen ihr spezifischer Geruch Bestandteil enger Verbundenheit geworden. Normalerweise bauen aber nur Einzelpersonen Beziehungen dieser Art zur fremden Rasseneinheit auf, nicht jedoch ganze Rassengruppen miteinander.

Körperdüfte können noch weitere (anonyme) Funktionen besitzen. So riechen Kleinkinder und besonders Babys anders als Erwachsene. Die meisten Menschen empfinden bei Wahrnehmung dieses »Kindchengeruchs« deutlich anziehende und kontaktverstärkende Wirkungen. Allerdings ist dieser Effekt ganz eindeutig dann am stärksten, wenn der Kindchengeruch, z. B. aus der Haarregion oder aus dem Munde, vom eigenen Kind ausgeht.

Es gibt beim Menschen auch Geschlechtsunterschiede geruchlicher Art. Die Funktion der Sexualdüfte ist wenig erforscht, wie überhaupt die menschliche Geruchsverständigung im allgemeinen noch kaum bekannt ist. Der französische Forscher J. LE MAGNEN konnte experimentell nachweisen, daß europäische Frauen in Zusammenhang mit ihrer Periode ein unterschiedlich feines Riechvermögen für männliche Sexualdüfte besitzen.

Zu den anonymen Gerüchen gehört auch der menschliche Kotgeruch, der artspezifisch ist und selbst in schwacher Konzentration noch stark abweisend wirkt. Die Bosavis und Golfpapuas reagieren darauf ebenso wie wir Europäer. Die Abgabe von Winden – die in Gesellschaft selten ist – veranlaßte umstehende Bosavis in einigen Fällen zu negativen Äußerungen, während Rülpsen nicht beanstandet wurde.

Die Hautdrüsen des Menschen produzieren auch individuell differenzierte Gerüche. Dies haben als erste B. SCHMID und H. KALMUS nachgewiesen, indem sie menschliche Fährten unter kontrollierten Bedingungen von Suchhunden unterscheiden ließen. Es ist mir im Bosavigebiet nicht gelungen, im Selbstversuch einzelne Personen am Geruch zu unterscheiden. Doch im Bereich unserer eigenen Sippe an der Küste des Papuagolfes vermochte ich mindestens drei Angehörige individuell am Körpergeruch zu erkennen. Bei den Versuchen am Papuagolf stellte ich auch fest, daß man gegenüber den Gerüchen einzelner Personen eine bislang nicht näher erfaßte soziale Abneigung empfindet, während der Körpergeruch anderer eindeutig sympathisch wirkt. Diese Einstufung erfolgte unabhängig von der Zahl und Dauer der Begegnungen mit den Betreffenden. Jedoch schätzte ich ein Individuum, dessen Körpergeruch ich sympathisch fand, auch als Person, und umgekehrt. Getestet wurde vor allem der Achselgeruch*. Ich mußte dabei an unsere alte Redewendung denken: »Ich kann dich nicht riechen«, die wohl aus einem früheren Stadium der Verständigung als Relikt übriggeblieben ist, aus einer Zeit, als Geruchssignale auch bei uns noch eine deutlichere Funktion besaßen als heute.

Wenn man so viele Jahre mit Gerüchen gearbeitet hat wie ich an meinen Flughörnchen, dann achtet man auch mehr als andere auf die menschliche Geruchsverständigung. So habe ich an mir selbst getestet, daß der Körpergeruch einer mir gut·bekannten Person nur dann als angenehm empfunden wird, wenn der Betreffende und ich selbst in normaler psychischer Verfassung sind. Dagegen erhält dieser Geruch eine deutlich abweisende, unangenehm wirkende Komponente, wenn sein Erzeuger oder man selbst unter starkem psychischem Streß steht. Offensichtlich ändert sich durch den Streßeinfluß die chemische Zusammensetzung des Geruchs, und man reagiert auf gleichen Geruch unter Streß anders als normal. Eine genauere Aussage über diese Abhängigkeiten ist allerdings noch nicht möglich. Noch etwas anderes fiel mir auf: der Geruch einer mir völlig fremden Person muß auf mich – wie schon gesagt – nicht unbedingt unsympathisch wirken. Doch wenn ich aus Platzgründen, z. B. in der überfüllten Straßenbahn, gezwungen bin, den Körpergeruch eines Fremden aufzunehmen, ohne ihm ausweichen zu können, dann geht von ihm fast immer eine stark sozial abstoßende Wirkung aus. Ich spreche hier die Verhältnisse in unserer modernen Gesellschaft an. Im Kapitel *Die solitäre Gesellschaft* komme ich bei der Diskussion über Deodorants, Parfums und die Tabuierung von Gesprächen über Körpergerüche darauf zurück.
Wenn die Bosavimänner in der Mittelhalle des Hordenhauses am Boden hokken – gewöhnlich in einer Blickrichtung nebeneinander oder hintereinander plaziert –, so stehen Benachbarte wahrscheinlich in fast ununterbrochenem

* In diesem Zusammenhang sei auf Versuche von I. Eibl-Eibesfeldt hingewiesen, der die Fremdreaktion taubblind geborener Kinder auf den Empfang unbekannter Personengerüche zurückführt.

Geruchskontakt. Der Geruchssinn ist bei Papuas wohl feiner entwickelt als bei uns Europäern. Ich leite diese Vermutung unter anderem von der Beobachtung ab, daß Papuajäger im Urwald einen im dichten Blattwerk verborgenen Kuskus – ein Beuteltier – an seinem starken Körperduft auszumachen vermögen. Ich selbst und andere Weiße, die ich befragte, wären dazu nicht in der Lage.
Die Voraussetzungen zu gegenseitigem Empfang von Individualgerüchen sind bei jeder stärkeren Annäherung von Personen gegeben, da die Gerüche – zumindest bei den untersuchten Papuas – ständig durch Dispersion von der Körperoberfläche ausgehen und andererseits das Riechorgan im Rhythmus der Atmung arbeitet. Die Gerüche müssen also, um für Artgenossen wahrnehmbar zu sein, nicht durch aktives Markierverhalten vom Erzeuger verbreitet werden.
In einer völkerkundlichen Schrift des Berliner Forschers HANS NEVERMANN von 1939 fand ich eine höchst aufschlußreiche Mitteilung über die Kanum-irebe im Tiefland Süd-Neuguineas, die sich auf geruchliche Verständigung bezieht: »Als besonderes Freundschaftszeichen«, so schreibt Nevermann, »gilt es, einem Scheidenden dessen Achselschweiß abzustreichen, die Hand zu beriechen und ihn sich selbst auf die Brust zu reiben.« Ich sehe in dieser betonten Geruchsaufnahme und anschließenden Selbstmarkierung einen Nachweis für die sozial verbindende Funktion *vertrauten* Individualgeruchs bei diesen Menschen. Der Abschiedgruß der Kanum-irebe ist Kennzeichen einer abgeschlossenen Kommunalbindung.

Der Aufbau kommunaler Bindungen beim Menschen

Mit der Geburt in einer historisch bedingten Konstellation, nämlich der individuellen Zusammensetzung der Familie und Horde, ist weitgehend festgelegt, mit welchen Mitmenschen der einzelne fortan zusammen leben wird. Vor allem wird durch vorgegebene räumliche Verteilungsmuster der Artgenossen bestimmt, mit welchen Personen in den frühen Entwicklungsstadien ein Signalaustausch besonders häufig stattfinden kann. Ich habe im vorigen Kapitel Literaturbeispiele dafür angeführt, wie das Kind zunächst von der eigenen Mutter, dann von der weiteren Familie und den übrigen Mitgliedern der Sozietät angenommen wird. Dabei vollzieht sich stufenweise eine Bindung auch seitens des Heranwachsenden. Ich nehme an, daß *der Aufbau dieser gegenseitigen kommunalen Bindung häufigen und lang andauernden Empfang der Individualsignale der Beteiligten voraussetzt.* Diese Signale – Individualgerüche ebenso wie Gesichts- und andere optische Merkmale, schließlich stimmliche und andere persönliche Eigenschaften – werden im Gehirn des Empfängers so verarbeitet, daß eine spezifische, eben eine »kommunale« Beziehung zu den Erzeugern entsteht. Zu ihren Voraussetzungen scheint auch eine noch nicht näher analysierbare Bereitschaft des Empfängers zu gehören, kommunale Beziehungen zum Erzeuger der Signale aufzubauen – vergleichbar mit jener, die ich bei der Besprechung der Gesichtsmerkmale auf S. 80f. angesprochen habe. Mit der Geburt in einer bestehenden Kleinsozietät ist diese Voraussetzung offenbar sowohl auf seiten der erwachsenen und heranwachsenden Mitglieder als auch auf seiten des Kindes gegeben. Die Wirksamkeit der Individualsignale beim Aufbau der Kommunalbindung hängt ferner davon ab, daß sie als zur eigenen Art gehörig erkannt werden und anzeigen, daß sie von einem Vertreter der Rasseneinheit ausgehen, der man selbst angehört oder der man sozial sehr nahesteht.

In den zahlenmäßig kleinen Horden der Bosavis sind alle Mitglieder miteinander individuell verbunden. Überindividuelle Gruppensignale treten als verbindende Faktoren hinzu, z.B. Besonderheiten der Sprache, sonstige Überlieferungen, ferner Bräuche, Kleidung, Methoden der Umweltnutzung und andere, die auf die Gruppe beschränkt sind. Es muß hier nach dem Empfangs- und Verarbeitungsweg unterschieden werden zwischen biologischen Merkmalen, die als Signale vorprogrammiert sind, und jenen Individual- und Gruppenmustern kultureller Art, die persönlich erworben bzw. in der Gruppentradition vorgegeben sind.

Auch das Zusammenleben in einem spezifisch ausgestatteten und so unverwechselbaren Siedlungsraum fördert nicht nur den Signalaustausch, sondern wirkt vermutlich selbst kommunal verbindend. Obwohl zwischen allen Hordenmitgliedern eine kommunale Bindung besteht, ist sie zwischen den einzelnen verschieden stark. Sexual- und andere Anonymfaktoren, die von Mensch zu Mensch unterschiedliche Bereitschaft zum geselligen Kontakt, die Stärke der Anziehungskraft des einzelnen, der Grad der emotionellen Bewertung seiner Person als sympathisch oder unsympathisch sind Ursachen für ein *quantitatives Gefälle.* Kommunalbindung bezieht sich auf die Sozietät und darf nicht mit Beziehungen verwechselt werden, wie sie spezifisch zwischen Geschlechtspartnern oder Mutter und Kind auf Grund anonymer Verbindungsfaktoren – Geschlechtssignale bzw. Kindchensignale – verursacht werden. Natürlich sind Ehepartner auf Grund ihres besonders engen Verhältnisses auch kommunal sehr stark verbunden. Im Gegensatz zu dieser durch Individual- und Gruppenmerkmale zusammengehaltenen Sozietät steht unsere moderne Großgesellschaft, in der überindividuelle Faktoren den Zusammenhalt bewirken.

Ich wende mich nun den *Verhaltensmustern in der Sozietät* zu, die den Empfang von Individualsignalen quantitativ erhöhen und dadurch *beim Aufbau der Kommunalbindung verstärkend* wirken können. Als Beispiel wähle ich wieder die Geruchsverständigung der Papuas. Es kommen vor allem Verhaltensweisen in Betracht, die die Körperdistanz zwischen Individuen verringern.

Der besonders enge Körperkontakt zwischen Mutter und Kind währt bei den Bosavis mehrere Jahre, da Kinder auch dann noch gestillt werden, wenn sie schon laufen können und die Mutter sie sehr häufig im Netzsack, auf den Schultern oder der Hüfte sitzend, mitträgt (Bild 24, 25, S. 150, 151). Das Mund-zu-Mund-Füttern ist bei den Papuas sehr verbreitet. Dabei gehen mit dem mütterlichen Speichel sehr wahrscheinlich auch Duftstoffe auf das Kind über, und zudem fördert der enge Hautkontakt die gegenseitige Geruchsverständigung. Hebammen und Geburtshelfer berichten gelegentlich, daß europäische Säuglinge merklich zu schnuppern beginnen, wenn die Mutter in Hautnähe kommt. Hier wird offensichtlich die Geruchsaufnahme auf seiten des Kindes aktiv insofern erhöht, als das Riechorgan schneller als im normalen Atemrhythmus arbeitet. Die Bosavifrau küßt ihr eigenes Kind, weniger häufig auch Kinder nahestehender Mütter auf den Mund. Nebenbei bemerkt ist dieses Verhalten eindeutig althergebracht, also nicht etwa von Weißen übernommen worden. Wahrscheinlich erhöht auch dieses Verhalten den gegenseitigen Geruchsempfang.

Das Küssen und die Fürsorge für Kinder anderer Mütter der Hordengemeinschaft, wie ich es bei den Bosavis beobachtet habe, führt uns zu den Verstärkerfaktoren in der Geruchsverständigung, die einen weiteren Kreis von Gruppenmitgliedern erfassen: Kinder beim gemeinsamen Spiel, Frauen bei gemeinsamer Feld- oder Hausarbeit, Männer beim gemeinsamen Palaver im Mittelraum des Hauses. Festliche Anlässe bringen die Familien aus den Pflanzungen im Hordenhaus zusammen, beim dichten Gedränge des Tanzes oder Festessens kann eine verstärkte Geruchsaufnahme erfolgen, durch Tanz und andere körperliche Anstrengung wird die Schweiß- und damit Geruchsabsonderung erhöht.

Im zentralen Hochland Neuguineas kennt man das Fest des Nasenreibens – *kanana* –, bei dem junge Männer und Mädchen in Reihen nebeneinander- oder sich gegenübersitzen und rhythmisch ihre Nasen und Stirnpartien aneinanderreiben (Bild 28, S. 152). Sie nehmen bei dieser Gelegenheit ohne Zweifel sehr intensiv die Gerüche des jeweiligen Partners auf. Die Zusammensetzung der Paare wechselt, und man sagt, daß auf diese Weise Sympathien zwischen den Burschen und Mädchen getestet werden können. Die Zusammenkunft steht unter Aufsicht älterer Frauen und endet nicht etwa in sexuellen Handlungen. Naturgemäß bestehen die engsten räumlichen Kontakte außer zwischen Mutter und Kind unter Ehegatten. Beim geschlechtlichen Vorspiel und dem Koitus selbst nehmen beide Partner nicht allein die Geschlechtsmerkmale des anderen wahr, sondern nehmen auch die in der Erregung in erhöhter Menge aus Hautdrüsen und mit der Atemluft ausgeschiedenen Individualgerüche aus nächster Nähe auf. Soweit handelt es sich um eine Steigerung des Signalempfangs.

Ich möchte aber noch einen weiteren Gesichtspunkt zur Diskussion stellen. Eine verstärkende Wirkung beim Aufbau der Kommunalbindung könnte auch davon ausgehen, daß empfangene Individualsignale mit sozialen Vorgängen oder Eindrücken assoziiert werden. Physiologisch würde demnach in diesem Falle die zentralnervöse Verarbeitung des Individualsignals verstärkt. Assoziierung von Signalaufnahme mit gleichzeitig empfangener Zärtlichkeit oder Nahrung beim Kind, mit den rhythmischen Schaukelbewegungen beim Getragenwerden, mit dem Orgasmus beim Koitus oder mit Gemeinsamkeit bei Arbeit und Festlichkeit könnte eine solche Verstärkerfunktion besitzen. Der Verstärker selbst ist gänzlich anonym und bezieht seine Wirkung nur aus der Assoziierung mit einem Individual- oder Gruppensignal, kann aber selbst nicht direkt kommunal verbindend wirken.

In soziologischen und verhaltenskundlichen Untersuchungen wird dagegen häufig das sozial Verbindende gemeinsamer Tätigkeit und gemeinsamen Erlebens betont. Ich sehe die Kausalbeziehung anders, denn das Charakteristische einer Bindung ist ja, daß sie nach dem Ende des gemeinsamen Erlebens oder der gemeinsamen Tätigkeit fortbesteht und sich bei Wiederbegegnung äußert. Dies ist jedoch nur möglich, wenn die Bindung an bestimmte Personen oder eine bestimmte Gruppe erfolgt ist.

Ich habe die geruchliche – oder, wie man auch sagt, chemische – Verständigung herausgestellt, weil sie bisher zuwenig von Fachleuten beachtet wurde. Sie ist sicherlich eine sehr altertümliche Art menschlicher Kommunikation, die bei uns Weißen bewußt und unbewußt verdrängt wird. Deswegen ist schwer zu sagen, inwieweit sie auch bei uns noch eine sozialverbindende Funktion besitzt. Es wäre aber durchaus denkbar, daß dem Austausch chemischer Signale auch in unserer Gesellschaft noch eine wesentlich größere Bedeutung zukommt, als allgemein angenommen wird – eben weil sich diese altertümliche Verständigung zu einem Großteil abspielt, ohne in unser Bewußtsein zu dringen.

Vergleichbare Gesetzmäßigkeiten wie für die chemische gelten auch für die optische und akustische Verständigung. Der soziale Eindruck eines vertrauten Gesichts oder einer vertrauten Stimme, zu dessen Träger eine Kommunalbeziehung besteht, dringt stärker ins Bewußtsein als ein Individualduft. Wir dürfen ferner in der Aufzählung von menschlichen Individualmerkmalen jene nicht auslassen, die nicht biologischer Art sind und nicht vorprogrammierte persönliche Wesenszüge betreffen.

Die Kommunalisierung

Für eine Analyse der *zentralnervösen Vorgänge* beim Aufbau kommunaler Bindungen ist der Mensch mit seinem vielschichtigen Verständigungssystem und den zahlreichen Varianten kommunaler Strukturen ein ungünstiges Forschungsobjekt. Bei den Flughörnchen bin ich im Experiment immerhin so weit vorgedrungen, daß ich den Prozeß der kommunalen Bindung quantitativ verfolgen konnte. Ich kenne also zwar noch nicht die Natur der im Gehirn ablaufenden Vorgänge, aber ich habe den Ablauf in Zahlen meßbar verfolgen können. *Ich nenne die zentralnervöse Verarbeitung von Individual- und gruppenmerkmalen, die zum Aufbau einer vollständigen kommunalen Bindung führt, Kommunalisierung*. Bei meinen Versuchstieren ist dieser Prozeß zwischen den Heranwachsenden und den Alttieren an dem bereits mehrfach erwähnten etwa 92. Lebenstag abgeschlossen, wenn die Jungen für mich erkennbar zwischen Sozietäten unterscheiden. Sie zeigen dann das charakteristische Ausweichverhalten gegenüber Mitgliedern fremder Sozietäten. In späteren Lebensabschnitten ist eine Kommunalisierung zwischen gleichgeschlechtigen Individuen unter normalen Verhältnissen nicht mehr möglich. Ein erwachsenes Flughörnchen kann also nicht in eine fremde Sozietät aufgenommen werden, in der sowohl Männchen als auch Weibchen leben. Bei dem bereits besprochenen Austausch des a-Männchens durch ein von außen eindringendes stärkeres Männchen erfolgt die Kommunalisierung nur zu den Weibchen. Alle Männchen der Sozietät, die bereits älter als etwa 92 Tage sind, können nicht im Nest verbleiben.

Außer der Integrierung der Jungen in die Geburtssozietät durch gegenseitige Kommunalisierung findet dieser Prozeß also nur mehr gegenüber Angehörigen des anderen Geschlechts nach einer Neuordnung der Nestgemeinschaft statt. Dies gilt auch für die Männchen, die bei einem a-Männchen-Wechsel die Geburtssozietät verlassen müssen. Auch sie schließen sich nicht anderen Männchen kommunal an. Sie zerstreuen sich, und das einzelne bleibt entweder solitär, vertreibt die Männchen einer etablierten Sozietät oder baut zusammen mit einem ebenfalls solitär lebenden Weibchen eine neue Nestgemeinschaft auf*.

In Gefangenschaft liegen die Verhältnisse ähnlich, auch hier lassen sich gleichgeschlechtige Erwachsene normalerweise nicht miteinander kommunal verbinden. *Als Kriterium für den Abschluß gegenseitiger vollständiger Kommunalisierung sehe ich das völlige Fehlen von agonistischem Verhalten in den Beziehungen zwischen Individuen gleichen Geschlechts einer Nestgemeinschaft an.* Ich habe jedoch einen experimentellen Weg gefunden, erwachsene Männchen – und ebenso Weibchen – getrennter Sozietäten zwangsweise aneinander zu kommunalisieren. Ich konstruierte einen Käfig, der aus zwei Abteilungen bestand. In die trennende Wand baute ich einen Nistkasten ein, der

* Ich habe in einer freilebenden Population in Süd-Neuguinea neben normal zusammengesetzten Sozietäten und solitären Männchen auch solche allein lebenden, erwachsenen Weibchen und sogar Gruppen von zwei zusammenlebenden Weibchen angetroffen. Ich nehme an, daß sie sich von den Weibchen einer Nachbarsozietät kommunal getrennt haben. Bei experimentellen Versetzungen in eine benachbarte Nestgemeinschaft wurde eines von zwei Weibchen von den dort lebenden getötet, und das Überlebende tötete seinerseits zwei noch nicht ganz selbständige Junge in diesem Nest. Da dieses Weibchen ein Junges im Beutel trug, mußte es mit Männchen aus Nachbarnestern in Kontakt stehen; dennoch lebte kein Männchen andauernd bei ihm und dem bei der Versetzung getöteten jüngeren Tier. Möglicherweise gehörte ihr Nest zum Territorium des a-Männchens einer Nachbarsozietät; hier wäre also ein Männchen an Weibchen zweier Kommunaleinheiten gebunden gewesen, die Weibchengruppen untereinander jedoch nicht. Diese Vermutung leite ich von der Tatsache ab, daß kein solitäres Männchen in dem Nest der alleinstehenden Weibchen Fuß fassen konnte.

von jeder Abteilung einen Zugang besaß. Durch ein von oben einschiebbares feines Maschengitter konnte auch das Nest in zwei Abteile getrennt werden. Der Nistkasten grenzte an die vordere Käfigfront mit einer abdunkelbaren Glasscheibe zum Beobachten. Ich setzte in jede Käfighälfte ein Männchen – jedes aus einer anderen Sozietät –, so daß beide gezwungen waren, ein gemeinsames Nest zu benutzen, obwohl sie einander feindlich waren. Das Maschengitter verhinderte Verletzungen bei Angriffen. Ich prüfte aber beim ersten Zusammensetzen und von da an regelmäßig durch Herausnehmen des Gitters, ob die beiden agonistisches Verhalten gegeneinander zeigten oder nicht.

Sobald jedes Tier seine Nistkastenhälfte markiert hatte, äußerte sich dieses Verhalten in gegenseitigen heftigen Attacken. Auch bei eingeschobenem Gitter griffen sich die Männchen durch scharfe Keiflaute, Pfotenschläge gegen den Draht und Hineinbeißen an. In den Versuchen, die ich in dieser Anordnung mehrmals, zusätzlich auch mit Gruppen aus je zwei Männchen oder je einem Männchen und einem Weibchen durchgeführt habe, war das Ergebnis immer dasselbe: Nach einigen Tagen ließ die gegenseitige Aggression nach, und wenn ich nach längstens 20 Tagen das Gitter zwischen den Nistkastenhälften endgültig entfernte, waren alle Tiere kommunal vereint; es gab keinerlei Verhaltensunterschiede mehr gegenüber den Kontakten innerhalb von Sozietäten. Während der Kommunalisierungsphase hatten die Tiere beider Käfighälften keinerlei Körperkontakte durch das feine Trenngitter miteinander. Da Düfte das einzige Mittel individueller oder gruppenspezifischer Verständigung bei den Flughörnchen sind, kann die kommunale Bindung auch hier nur auf dem Wege über diese Signale erfolgt sein.

Welche besonderen sozialen Umstände bei dieser zwangsweisen Unterbringung im gemeinsamen Nest zu vollständiger Kommunalisierung führten, war damit noch nicht geklärt. Territoriale Nachbarn, die zum Teil jahrelang Nacht für Nacht in Duftkontakt durch das Käfiggitter standen, blieben Feinde. Gegenseitiges Kennen allein ist demnach kein Grund zur Aufgabe des agonistischen Verhältnisses. Im Gegenteil, in hinreichend vielen Versuchsserien konnte ich feststellen, daß Käfignachbarn besonders aggressiv aufeinander reagierten und beim Zusammensetzen sofort Kämpfe austrugen, weil sie sich so gut kannten und deswegen die zur gegenseitigen Signalaufnahme und -verarbeitung erforderliche Zeitspanne von einigen Sekunden Dauer hier besonders kurz ausfiel.

Die mit dem Kennenlernen einhergehende Gewöhnung an die differenzierten Düfte des Artgenossen konnte ich in Zahlen meßbar verfolgen, nämlich bei der Messung der Schnupperdauer an beduftetem Filterpapier. Ich erinnere daran, daß ein völlig fremder Stirndrüsenduft Schnupperzeiten bis zu 60 Sekunden pro 5-Minuten-Versuch auszulösen vermochte. Diese anfangs hohe Aktivität ging in den daran anschließenden Versuchen auf ein mittleres Niveau von 17 Sekunden zurück. In dieser Abnahme ist die zunehmende Gewöhnung an den Individualduft erkennbar. Ein Männchen, dessen Duft im Durchschnitt 17 Sekunden Schnupperaktivität beim Versuchstier auslöst, wird aber von diesem bei Begegnung mit *vollem agonistischem Verhalten behandelt.* Es wird also ebenso wie der Käfignachbar als bekanntes Individuum klassifiziert, zu dem keine Kommunalisierung aufgebaut ist. Dagegen löst Stirndrüsenduft von Männchen der eigenen Gruppe oder vom schnuppernden Tier selbst im Mittel nur 12 Sekunden Schnupperaktivität pro 5 Minuten Zeiteinheit aus. Gegenüber solchen Männchen hat zu einem früheren Zeitpunkt vollständige Kommunalisierung stattgefunden. *Schon mit diesen Ergebnissen scheidet die Möglichkeit aus, daß Kommunalisierung einer bloßen Gewöhnung gleichzusetzen ist, wie sie beim Kennenlernen der Individual- und Gruppenmerkmale abläuft.* Selbst täglich mehrmaliges Bieten ein und desselben Duftes über mehrere Wochen hin bewirkt kein Absinken der mittleren Schnupperdauer von 17 Sekunden auf das Niveau von 12 Sekunden. Diese Werte liegen statistisch abgesichert voneinander getrennt.

Nachdem also die *Häufigkeit* intensiven Duftempfangs als Summeneffekt im Versuch nicht zum Aufbau einer Kommunalisierung führte, prüfte ich die Auswirkung von *Kontinuität* im Duftempfang auf diesen Prozeß. Ich hielt in zwei kleinen, in Einrichtung und Größe identischen Versuchskäfigen je eine Gruppe aus zwei Männchen und zwei Weibchen. Diese beiden Vierergruppen tauschte ich an jedem zweiten Tag gegenseitig aus, so daß beide gleich lang in jedem Käfig wohnten. An den jeweils dazwischenliegenden Tagen tauschte ich nur die Weibchengruppen gegenseitig aus, so daß jedes Männchen gleich lang mit jedem Weibchen zusammen war. Während der Versuche begegneten einander jedoch weder die beiden kommunal getrennten Männchen- noch die Weibchengruppen. Durch diese einfachen Eingriffe ließ sich eine größtmögliche Duftübertragung zwischen den Vierergruppen bewirken, denn sowohl durch die Käfig- und Nestmarkierung als auch durch die Partnermarkierung an den Weibchen standen die aus zwei getrennten Sozietäten stammenden Männchengruppen kontinuierlich in engem Riechkontakt mit den Düften der anderen. Trotzdem war das anfängliche agonistische Verhältnis zwischen den Männchen- und Weibchengruppen nach diesen ebenfalls Wochen anhaltenden Austauschversuchen unvermindert stark. Im Gegenteil, der Kampf beim Zusammensetzen nach Versuchsende war ebenso wie zwischen Käfignachbarn besonders heftig.

Noch kann niemand sagen, warum es in diesen Versuchen zwar zu gegenseitiger Gewöhnung an die Individualsignale, nicht jedoch zu einer Kommunalisierung kam. Wir können nur umschreibend feststellen, daß zu deren Aufbau gleichzeitiger Aufenthalt im gemeinsamen Nest über einen längeren Zeitraum hin unbedingte Voraussetzung ist. Was aber diese soziale Situation qualitativ von den übrigen, die ich getestet habe, in der Sozialwirkung unterscheidet, bleibt weiterhin ungeklärt. Vielleicht ist es allein die besonders intensive *und* beständige Duftaufnahme. Vielleicht spielen aber außerdem noch soziale Umstände anderer Art eine Rolle, z. B., daß die Duftaufnahme dort erfolgt, wo das Zentrum des Territoriums liegt – eine Voraussetzung dazu wäre, die Tiere unterscheiden überhaupt ein solches Zentrum –, oder dort, wo im Lebensrhythmus die Ruhepause verbracht wird. Beim Menschen habe ich im Zusammenhang mit dem Aufbau der Kommunalbindung von einer »Bereitschaft« dazu gesprochen. Auch dort wissen wir nichts Näheres darüber auszusagen, wie die damit zusammenhängenden physiologischen Vorgänge verlaufen. Es ist nicht ausgeschlossen, daß kommunal lebende Säugetiere, also Arten, die zu Kommunalisierung fähig sind, dazu ein eigenes Gehirn»zentrum«, also ein »Kommunalzentrum«, besitzen.

Definition des »biologischen Friedens«

Wenn das junge Flughörnchen in der eigenen Nestgemeinschaft oder das Bosavikind im Hordenverband aufwächst, kommunalisiert es mit allen Mitgliedern vollständig, das heißt, es baut zu dieser kleinen Gruppe von Artgenossen durch die gegenseitige Kommunalisierung primär an die Individualmerkmale ein Sozialverhältnis auf, das andersartig ist als die Beziehungen zu den übrigen Artgenossen. Jedes Individuum unterscheidet also abhängig von der Kommunalbindung zwei Klassen von Artgenossen. Die Ursache des langfristigen Kommunalverhältnisses – nicht zu verwechseln mit den kurzfristigen nichtagonistischen Individualkontakten bei solitär lebenden Arten – liegt nicht in einer zentralnervösen Verarbeitung von Sexualsignalen und geht über die Periode der engen Mutter-Kind-Beziehungen hinaus. Allerdings besitzen sowohl Sexualsignale als auch die vielfältigen Kontakte innerhalb der Familie eine mittelbare, die Bindung verstärkende Funktion, wie bei den Bosavi-Papuas zu beobachten ist.

Mit diesen Versuchs- und Beobachtungsdaten sind die sachlichen Voraussetzungen zu einer biologischen Definition des Begriffs Frieden geschaffen. *Ich betrachte Frieden als den spezifischen Zustand in den Sozialbeziehungen zwischen Artgenossen, wie er als Ergebnis vollständigen Aufbaus gegenseitiger Kommunalisierung an Individual- und Gruppensignale zustande kommt.* Nach diesem Aufbau behandeln sich die Artgenossen als Mitglieder einer gemeinsamen Sozietät. Eine solche einmal erreichte vollständige Kommunalbindung kann sich aber noch verstärken; bei den Bosavis z. B. ist sie tiefer zu Mitgliedern der eigenen Familie als zu den übrigen Hordenmitgliedern ausgeprägt. Diese graduellen Unterschiede bleiben zunächst außer Betracht. Bei der Definition von Frieden beziehe ich mich allein darauf, daß die Vollständigkeit der Kommunalisierung erreicht ist. Das auffälligste Kriterium dafür ist das Fehlen agonistischen Verhaltens bzw. des Krieges in den gegenseitigen Beziehungen. Es kommen jedoch weitere soziale Kennzeichen hinzu, so Auseinandersetzungen tripolarer Art und andere spezifische Beziehungen in Sozietäten, die ich im Kapitel *Das Gesicht des Friedens* diskutiere.

Frieden ist folglich eine Eigenschaft ausschließlich der kommunalen Arten, also auch des Menschen. Meine biologische Friedensdefinition gilt allerdings nur für Menschengruppen, die in individuell gebundenen Kleinsozietäten – mit zusätzlicher überindividueller Gruppenbindung – leben, wie z.B. die Hordengemeinschaften der Bosavi-Papuas und andere zahlenmäßig begrenzte Kommunaleinheiten. Der biologisch bestimmte Frieden herrscht nur innerhalb der Sozietät. Zwischen solchen Kleinsozietäten gibt es keinen Frieden; wenn sie nicht miteinander Krieg führen, so herrscht nicht Friede, sondern Waffenruhe oder Nicht-Krieg zwischen ihnen. Da meist ein Kräftegleichgewicht zwischen benachbarten Gruppen besteht, ist der Nicht-Krieg im Vergleich zum offenen Schlagaustausch die häufigere Erscheinungsform. Ebenso wie das friedliche Verhältnis innerhalb der Gemeinschaft nicht allein durch das Fehlen von agonistischen Beziehungen gekennzeichnet ist, so gibt es auch für das Verhältnis zwischen Sozietäten neben den agonistischen noch weitere Merkmale, z. B. eine sozial stimulierende und attraktive Wirkung von Fremdduft bei den Flughörnchen. Ich werde sie im Kapitel *Spannungsfeld Population* behandeln, das diesen ersten Teil des Buches abschließt.

Der biologische Friedensbegriff läßt sich aus zwei Gründen nicht auf unsere moderne Gesellschaftsordnung anwenden. Einmal liegt hier keine primär individuelle Kommunalbindung zwischen allen Einzelgliedern mehr vor; die Bezugnahme ist vielschichtig geworden, und der übergeordnete Zusammenhalt ist anonymer Art. Außerdem ist die gegenseitige Kommunalbindung in der Sozietät nicht mehr vollständig aufgebaut – die Folge: das agonistische Verhalten beschränkt sich nicht auf die Beziehungen zwischen Sozietäten. Der moderne Friedensbegriff gilt nicht allein für den Zustand innerhalb der Sozietät, sondern man spricht sowohl von Frieden zwischen den Völkern als auch vom inneren Frieden. Hier liegt ein tiefgreifender Wandel sowohl in den Ursachen wie in der Ausprägung vor. Daher wird dieses moderne Friedenskonzept im zweiten Teil des Buches eigens zu analysieren sein.

Das Fehlen agonistischer Auseinandersetzungen zwischen den Flughörnchen einer Sozietät führe ich auf einen Kausalzusammenhang zurück, den ich bereits früher angedeutet habe: Bei dieser Art habe ich die zweite Komponente des Auslösers für agonistisches Verhalten als »individuelle und gruppenspezifische Differenzierung« beschrieben. Dieselben Signale, die diese Funktion ausfüllen, nämlich die Individual- und Gruppendüfte, sind es auch, an die die Kommunalisierung erfolgt. Ich vermute deshalb, daß durch den Kommunalisierungsprozeß dieser Bestandteil des Auslösers unwirksam gemacht wird und damit der Auslöser als Ganzes.

Die Kommunalbindung erhält nach ihrem vollständigen Aufbau eine unterschiedlich starke Ausbildung zu den verschiedenen Mitgliedern der Sozietät, z.B. der Hordengemeinschaft der Bosavi-Papuas. Es besteht also vom einzelnen aus gesehen das erwähnte quantitative kommunale Gefälle gegenüber den Artgenossen innerhalb der Horde. Dieses Gefälle ist nicht statisch ausge-

richtet: die besonders enge Bindung zur Mutter und der gesamten Familie geht mit fortschreitendem Alter zurück, neue enge Beziehungen werden zu Gleichaltrigen aufgebaut, nach engerem Bezug zum Kreis der Erwachsenen erfolgt eine Verstärkung der Kontakte zu den Kriegern bei Männern, nach der Heirat zum eigenen Ehepartner und den eigenen Kindern. Als Kontinuum bleibt aber unterhalb dieser individuell unterschiedlich starken Annäherungen in der Sozietät *das Minimum vollständiger Kommunalbindung* bestehen, welches Voraussetzung dafür ist, daß sich die Individuen als Mitglieder derselben Sozietät identifizieren und behandeln.
Würde die im Feinaufbau verschieden stark graduierte Kommunalbindung zwischen den Hordenmitgliedern so stark zurückgehen, daß die Vollständigkeit der Kommunalisierung verlorenginge, so wäre dies nicht allein ein quantitativer Rückgang, sondern zugleich ein einschneidender qualitativer Wandel in den gegenseitigen Sozialbeziehungen: der Artgenosse würde (wieder) als nicht zur eigenen Sozietät gehörig angesehen und damit sozial andersartig, unter anderem agonistisch, behandelt.

Kann sich die Kommunalbindung auflösen?

Ich wende mich abschließend der Frage zu, ob ein solcher Wandel tatsächlich erfolgen kann, ob es also möglich ist, eine bereits vollständig aufgebaute Kommunalbindung wieder zu verlieren. Zunächst einige Versuche an den Flughörnchen: Ich nahm einzelne Tiere aus ihrer Sozietät heraus und isolierte sie für verschieden lange Zeitabschnitte, so daß keine Verständigung mit den Käfiggenossen erfolgen konnte. Danach setzte ich das Tier wieder in seinen Käfig zurück und beobachtete, ob agonistisches Verhalten als Anzeichen nicht mehr vorhandener Kommunalisierung auftrat. Ich gebe die Ergebnisse nur in Stichworten wieder: Mit fortschreitender zeitlicher Trennung geht die Kommunalisierung verloren. Nach mehr als 30 Tagen Isolierung ist keinerlei Kommunalbindung mehr erkennbar, das Tier wird nicht mehr in die Sozietät aufgenommen. Wenn die Isolierperiode kürzer bemessen war, erfolgten zwar auch anfänglich Angriffe der Käfiginhaber, jedoch ließen sie bald in der Intensität nach und hörten völlig auf. Die Vollständigkeit der Kommunalisierung konnte hier also wieder erreicht werden. Die Dauer der zur völligen kommunalen Trennung erforderlichen Isolierperiode schwankt erheblich von Tier zu Tier. So wurde ein bestimmtes Weibchen schon nach siebentägiger Isolierung nicht mehr in die Sozietät aufgenommen, ein bestimmtes Männchen wurde jedoch nach 25tägiger Trennung trotz anfänglicher Angriffe durch die Männchen der Sozietät innerhalb von zwei Stunden wieder in den Kommunalverband integriert. Während der Trennzeit hatte dieses Männchen allerdings dreimal Kontakt mit Gruppenmitgliedern für je 5 bis 10 Minuten.
Wir können zusammenfassend feststellen, daß erstens die Kommunalisie-

rung bei längerer Unterbrechung der gegenseitigen Kontakte wieder verlorengeht, zweitens dieser Abbau allmählich erfolgt – entsprechend dem allmählichen Zunehmen des agonistischen Verhältnisses – und daß es drittens nach völligem Verlust – also einem Durchbruch auf das Schnupperniveau von 17 Sekunden – kein Zurück in die ehemals eigene Gemeinschaft mehr gibt. Ein so lange isoliert gehaltenes Tier wird ebenso wie ein Mitglied einer anderen Sozietät behandelt. Ein derartiger Verlust der gegenseitigen Kommunalisierung erfolgt auch dann, wenn die getrennt untergebrachten Tiere während der Isolierperiode in Geruchskontakt stehen, jedoch nicht mehr ein gemeinsames Nest bewohnen. Ich kann eine Sozietät durch grobes Maschengitter in zwei Teilgruppen (mit eigenen Nestern) trennen oder einzelne Individuen auf solche Art abtrennen. Dann geht zwischen diesen Einheiten bei Teilung über mehrere Wochen die gegenseitige Kommunalisierung völlig verloren, obwohl die Düfte wahrgenommen werden. Ebenso wie in den früher geschilderten Versuchen gegenseitiges Kennen durch das Gitter hindurch nicht zu Kommunalisierung ausreichte und zum experimentellen kommunalen Zusammenschluß die zwangsweise Unterbringung im gemeinsamen Nest erforderlich war, so zeigen auch diese Trennversuche die zentrale Bedeutung des Nestes für die Kommunalbindung; sie wird dort nicht nur aufgebaut, sondern auch aufrechterhalten.

Beim Menschen sind derartige Untersuchungen kaum durchführbar. Längere Abwesenheit einzelner Mitglieder von der Horde könnte auch hier zum Ausschluß oder einer Lockerung der Beziehungen auf Grund des Verlustes bzw. der Verringerung der gegenseitigen Kommunalisierung an die Individual- und Gruppensignale führen. Nicht allein die Trennperiode kommt hierbei als Faktor in Betracht; durch Zerwürfnisse tripolarer Art oder andere Zwischenfälle kann es ebenso zu einer Verringerung der kommunalen Bindung kommen, wie ich annehme.

Bei den Flughörnchen führt die anziehende Wirkung des gemeinsamen Nestduftes die Mitglieder der Gemeinschaft regelmäßig zusammen, so daß beim räumlich engen Beisammensein im Nest die Aufrechterhaltung der Kommunalisierung durch Kontinuität im Signalempfang gewährleistet ist. Beim Menschen lassen sich jedoch eigene Verhaltensmuster unterscheiden, deren Funktion nach meiner Theorie die *Aufrechterhaltung* bereits aufgebauter vollständiger Kommunalisierung ist. Ich habe den Abschiedsgruß der Kanum-irebe erwähnt: von der scheidenden Person, die nun eine Zeitlang aus dem Sinnes- und Gedankenkreis entschwindet, nimmt ein Zurückbleibender Achselschweiß, also ein Individualsignal, ab. Er riecht daran und reibt ihn sich auf die eigene Brust – ein Verhaltensmuster, das wohl geeignet ist, die Einhaltung starker Kommunalisierung zu gewährleisten, damit sie die Trennung überdauern kann.

VIERTES KAPITEL

Kontinuität des Friedens

Das Kontaktverhalten

Unser Buschhaus in der Weite der Wildnis nördlich des Vulkanberges Mt. Bosavi wirkte wie ein Magnet auf die Menschen der umgebenden Wälder. Auf den kaum erkennbaren Pfaden kamen einzelne Männer und Familiengruppen aus den Hordenhäusern ebenso wie aus den verstreuten Pflanzgärten gezogen, nur um uns zu sehen oder um Tauschgüter anzubieten; Wurzelknollen, Pilze, Tiere, Steinbeile und anderes Gerät. Sie gehörten zu den Sprachgruppen der Kaluli und der nördlich angrenzenden Waragu. Früher lagen diese beiden in ständiger Fehde miteinander, und auch innerhalb einer Sprachgruppe kam es häufig zu Überfällen auf benachbarte Hordenhäuser und Gartenhütten. Die dauerhafte Einheit, in der alle Mitglieder friedlich beisammen lebten, war allein die Hordengemeinschaft. Zum Krieg verbündeten sich zwar gewöhnlich mehrere derartige Hordeneinheiten innerhalb derselben Sprachgruppe. Doch waren solche Bündnisse zeitlich begrenzt, und die Zusammensetzung wechselte. So mochte es vorkommen, daß sich zwei Horden einmal zusammentaten, ein anderes Mal aber als Gegner einander gegenüberstanden. Diese ursprünglichen Verhältnisse änderten sich mit der von außen, von den australischen Patrouillen, bewirkten »Befriedung«, doch bei den weiter im Nordwesten siedelnden Biami war damals, im Jahre 1966, der alte Kriegszustand und der mit dem Kampf verbundene Kannibalismus noch lebendig.

Das freundliche Grußverhalten

So begegneten sich vor unseren Augen viele miteinander eng verbundene Männer wie Frauen, die die Arbeit im Wald oder andere Anlässe für einige Zeit räumlich voneinander getrennt hatte. Wir erkannten solche Bindungen daran, daß sich die Menschen gegenseitig begrüßten: Sie gingen langsam und ohne äußere Anzeichen von Gemütsbewegung aufeinander zu, bis sie sich fast berührten. Dann umgriff jeder der Partner den Leib des anderen mit den Armen, entweder um die Hüfte oder um den Oberkörper, und beide verharrten einige Sekunden in dieser Stellung (Bild). Gelegentlich klatschten sich während dieser Umarmung beide Partner gegenseitig mehrmals hintereinander mit der flachen Hand auf den Rücken. Auch ein Berühren der Nasen konnten wir beobachten. Manchmal berührten sich auch ihre Körper, doch drückten sie sich niemals fest aneinander. Dasselbe Grußverhalten sahen wir auch beim Abschied.

Der Umarmungsgruß ist auch in anderen Teilen Neuguineas gebräuchlich. Von den in mehreren volkreichen Stämmen mit Sippen-Untergruppierung organisierten Mbowamb-Papuas des zentralen Hochlandes schreibt der bereits früher zitierte Missionar GEORG F. VICEDOM in Zusammenhang mit einem Verwandtenbesuch aus einer entfernt liegenden Siedlung: »Bei ihren Verwandten angekommen, werden sie nun nicht, wie wir erwarten sollten, mit Freudengeschrei begrüßt, denn eine sichtbare Freudensäußerung beim Zusammentreffen mit Bekannten und Verwandten kennen die Mbowamb sowenig als wie andere Eingeborene Neuguineas. Man begrüßt sich, als ob man sich überhaupt nicht getrennt hätte, mit dem gewöhnlichen Gruß – z.B. einer gegenseitig ausgetauschten Grußformel. Der Anwesende: ›Du kommst‹; der Kommende: ›Du bleibst‹ –, aber dann eilt man aufeinander zu, umarmt sich, schmiegt Wange an Wange und beginnt zu weinen. Dabei spricht man immer den Namen des anderen aus und sagt: ›Ich habe dich so lange nicht gesehen.‹ Es ist der Tränengruß, den wir vor allem von Indianern, aber auch sonst aus Melanesien kennen und hier im Innern Neuguineas wiederfinden. Am Hagenberg – dem Siedlungsgebiet der Mbowamb – wird er nur in besonderen Fällen angewandt. Wenn ein Mann eine weite Reise unternimmt, einige Fruchtzeiten ausbleibt und dann zurückkehrt, umarmen ihn seine Verwandten und weinen mit ihm ...

Auswärtige Verwandte werden sofort wieder in den Kreis der Sippe aufgenommen. Ihre Ankunft spricht sich bald herum; so kommen die Leute aus der Nachbarschaft, um sie zu begrüßen. Soweit sie nicht näher mit den Besuchern verwandt sind, wenden sie den Tränengruß nicht an, sondern nur die Grußform der Überraschung: ›Du bist wirklich gekommen!‹ Bald ist die regste Unterhaltung im Gange. Während einige Bekannte bei den Besuchern bleiben, geht der Hausherr schnell fort und holt Zuckerrohr, das er den Gästen zum Empfang reicht. Während er dann mit ihnen das Zuckerrohr ißt, begeben sich die Frauen in die Felder, holen Lebensmittel, fangen an zu kochen, und Gastgeber und Gäste nehmen gemeinsam das Mahl ein. Nach dem Essen haben sich die Leute noch viel zu erzählen. Alte Freundschaften werden erneuert.«

Je tiefer die Kommunalbindung zwischen Mitgliedern einer gemeinsamen Sozietät – Horde, Sippe oder eine andere primär individuell gebundene kleine Einheit innerhalb einer Großgemeinschaft – vorher aufgebaut worden ist, um so größere Anstrengungen im sozialen Kontaktverhalten müssen aufgebracht werden, um diese engen Beziehungen aufrechtzuerhalten. Dies gilt besonders dann, wenn die eng Verbundenen für einen längeren Zeitraum räumlich getrennt werden. Den Umarmungsgruß, das Gastmahl, gesellige Gespräche beim Wiedersehen haben wir als Mechanismen bereits kurz kennengelernt.

Vicedom schildert aber noch weitere Verhaltensweisen, wobei er die direkte

Information seines papuanischen Gewährsmannes wiedergibt: »Wenn jemand zu Besuch kommt, so holt man Zuckerrohr und gibt es ihnen; man holt Bananen und kocht sie für sie. Wird es Abend, so breitet man im Hause eine Matte aus und fordert den Besuch auf, hier zu schlafen. Wenn Männer zu Besuch kommen, schlafen sie mit den Männern im Männerhaus zusammen, kommen Frauen, so holen ihnen die Männer Zuckerrohr. Wenn sie es gegessen haben, schlafen sie jedoch mit den Frauen im Frauenhaus. Am nächsten Morgen holt man ihnen nochmals Nahrungsmittel, kocht sie und versorgt die Besucher mit Essen. Dann gehen die Gäste wieder fort.« – In diesem Text sind die allgemeinen Regeln des Gastrechts zum Ausdruck gebracht. Diese Regeln werden Verwandten gegenüber in übertriebener Weise angewendet, denn sie sollen intensiv spüren, daß man zusammengehört und daß man sie als Familienangehörige behandelt. Ihnen wird nicht nur das Essen vorgesetzt und eine Schlafstätte bereitet, sondern man will ihnen vor allem auch Geschenke geben. Hat man selbst nichts zu verschenken, so geht man zu Verwandten in der Siedlung, um sich von ihnen etwas zu borgen.

Die Mbowamb werden durch eine gemeinsame Sprache und Abstammung zusammengehalten. Sie sind aber in Stämme unterteilt, und diese wiederum in Sippen, wobei die in sich geschlossene Kommunaleinheit nur die unabhängig von der räumlichen Verteilung in Siedlungen bestehende Verwandtschaftsgruppe der Sippe ist. Gastrecht wird auch gegenüber Fremden, Angehörigen anderer Stämme innerhalb der Großgruppe der Mbowamb, geübt: »Wenn fremde Männer auf Besuch kommen und man sieht, daß sie Hunger haben, holt man ihnen Zuckerrohr. Wenn sie es verzehrt haben, sagt man ihnen, sie möchten wieder gehen. Mehr gibt man ihnen nicht. Ein eigentliches Gastrecht und Verpflichtungen gegenüber den Gästen gibt es nur bei Einheimischen und Verwandten. Der Fremde bekommt nur etwas zum Empfang, will er mehr haben, so muß er dafür bezahlen. Diese Regel gilt weit in Neuguinea.«

Bei Begegnungen auf dem Weg oder im Busch ist im Mbowamb-Gebiet der Austausch eines verbalen Grußes die Regel. Dabei grüßen sich auch nicht miteinander persönlich Bekannte schon aus der Ferne. Zu einer solchen Situation kommt es z. B., wenn Verwandte ihre Angehörigen in einer entfernten Siedlung besuchen wollen und auf dem Weg dorthin Bewohner der besuchten Gegend treffen. Der Gruß hat hier wahrscheinlich zunächst die Signalbedeutung, daß es sich nicht um Feinde, sondern um Menschen handelt, die zur gleichen Großgemeinschaft gehören. Wir haben hier im zentralen Bergland Neuguineas eine Gesellschaftsstruktur mit überindividuellen Zügen vor uns, die bereits deutlich von der ursprünglichen, nicht untergruppierten Sozietät abgeleitet ist und im zweiten Teil des Buches näher diskutiert wird.

Doch ist nach VICEDOM ein Gruß am Weg nicht allein Erkennungssignal, sondern »immer ein Zeichen eines gewissen Wohlwollens. Nur wenn man fürchtet, angebettelt zu werden, hält man sich nicht mit dem Entgegenkommenden auf«. Der verbale Gruß und das daran meist anschließende kurze Gespräch sind »bei den Mbowamb nichts Mechanisches und Konventionelles, sondern man begrüßt die Bekannten individuell, und damit wird der Gruß aus den gewöhnlichen Anstandsregeln herausgehoben und zu einer Angelegenheit des Herzens und der Zuneigung«. Wichtig erscheint mir auch die Feststellung Vicedoms, daß dem Fremden von den Einheimischen zuerst der Gruß angeboten wird, »denn schon der Gruß soll ihm zeigen, daß er nichts zu befürchten hat. Sind die Einheimischen verschlossen, so weiß der Fremde sofort, daß man ihn nicht aufnehmen will. Sonst kann man aber die Regel aufstellen, daß der Angesehene den Gruß zuerst ausspricht ...«

»Die beiden Geschlechter begrüßen einander mit Freundlichkeit, die jedoch mit einer gewissen Scheu verbunden ist. Der Gruß wird mit mehr Zurückhaltung geübt. Es ist also bei den Mbowamb nicht wie in vielen Gegenden Neuguineas, daß Männer und Frauen aneinander vorübergehen und sich völlig ignorieren, um keinen Verdacht zu erregen, vielmehr herrscht bei den Mbowamb eine gewisse Offenheit zwischen den Geschlechtern ...

Von kleineren Kindern erwartet man keinen Gruß. Wenn sie grüßen, legt man es ihnen als Frechheit aus, denn sie zwingen dadurch die Älteren zum Gegengruß, ohne daß sie ein Recht dazu haben. Der Gruß ist zugleich ein Zeichen gegenseitiger Achtung, und das Alter braucht diese den Kindern nicht entgegenzubringen.«

Die Formen des Grüßens und anderen freundlichen Kontaktverhaltens sind aber bei den Papuas noch bedeutend vielfältiger ausgeprägt. Das unter Europäern so geläufige Handgeben ist auch bei ihnen verbreitet. Die Bosavis ergreifen die Hand des Partners im Bereich der Finger und verbinden damit ein Schnalzen der beiden aneinandergelegten Mittelfinger (Bild 26, S. 152). Bei den Golfpapuas ist das Handgeben in der bei uns üblichen Form gebräuchlich. Es fiel mir aber immer wieder auf, daß die Hand ganz gemessen dargeboten und ergriffen wird. Es fehlt häufig der unter Europäern so geläufige feste Händedruck als auch das Schütteln der ergriffenen Hand. Vielmehr ruhen die Hände ineinander, und beide Partner verharren einige Sekunden in dieser Kontaktsituation. Natürlich ist auch hier eine Variation von Individuum zu Individuum gegeben. Offenbar war das gegenseitige Handgeben in Neuguinea schon in voreuropäischer Zeit bekannt. Während der Erstdurchquerung des Wahgitales im zentralen Hochland entstand eine Reihe von Photographien, auf denen Jim Taylor, der Leiter der Expedition, einer Gruppe von Papuas die rechte Hand zum Gruß hinstreckt. Den Männern muß diese Geste geläufig gewesen sein, denn man sieht deutlich auf einem der Bilder, wie sie ihrerseits ihm die Hand ausgestreckt darbieten (G. Souter, 1963). Bei den Bosavis wird der Fingergruß ebenso wie die Umarmung zwischen Erwachsenen ausgetauscht, die sich kommunal nahestehen und länger als einige Tage voneinander getrennt waren.

Der »Augengruß« – von I. EIBL-EIBESFELDT bei verschiedenen Kulturgruppen beobachtet – kommt auch in Neuguinea vor. Genau betrachtet handelt es sich dabei um einen Augenbrauengruß, um ein Hochziehen der Brauen, wie es in den Filmaufnahmen Eibl-Eibesfeldts deutlich zu sehen ist und auch von uns sowohl im Tiefland als auch im zentralen Hochland bei Männern, Frauen und Mädchen häufig beobachtet wurde (Bild 23, S. 149). Über seine Beziehung zum übrigen Grußverhalten herrscht noch Unklarheit, da diese Ausdrucksbewegung nicht auf Empfang und Abschied beschränkt ist, sondern auch im Verlauf von Kontakthandlungen auftritt, z.B. im Gespräch mit einem Mitmenschen näherer oder ferner Beziehung.
Kurios wirken auf uns die Grußgebärden einiger Papuagruppen, die in der ethnologischen Literatur beschrieben sind. So begrüßen sich nach AUFENANGER und HÖLTKER die Papuas am Elimbali und Chimbu River durch Ausdrücke, die in etwa besagen: Ich esse deinen Kot oder deine Geschlechtsteile. Dabei greift man sich am Chimbu gegenseitig an den After. Am Jimi River, ebenfalls im zentralen Hochland, fassen sich die Männer bei der Begrüßung gegenseitig mit nach oben offener Hand zwischen die Beine und heben die Hoden kurz an. Am Ramu River, nördlich des Zentralgebirges, spucken sich die Partner in die eigenen Hände und reiben sich dann gegenseitig damit die Beine. Dieser Gruß erinnert in einigen Zügen an die Selbstmarkierung der Kanum-irebe mit Achselschweiß eines scheidenden Freundes. Nur ist das Verhaltensmuster am Ramu River nicht als Eigenmarkierung, sondern als Partnermarkierung anzusehen. EUGEN SCHUHMACHER erzählte mir von den Kukukuku-Papuas am Südabhang des Gebirges, daß die Männer sich dort begrüßen, indem sie sich gegenseitig mit den Fingern unter dem Kinn kraulen. So wurde auch er als willkommener Fremder empfangen.
Die aufgezählten Grußformen sind bezeichnend für Kontaktaufnahme aus der Nähe, in Reichweite zumindest der Hände. Eine Ausnahme bildet der verbale Gruß, wenn er aus weiter Distanz geäußert wird. Ich habe bereits erwähnt, daß diesem Distanzgruß wahrscheinlich auch die Bedeutung eines kommunalen Erkennungskode zufällt, am Beispiel der sich auf dem Weg begegnenden Mbowamb. Andere Formen des Distanzgrußes sind das Aufheben einer Hand in etwa Kopfhöhe, wobei die offene Handfläche gegen den Partner gerichtet wird, sowie laute rhythmische Rufe und Jodeln, z.B. bei Annäherung an ein Dorf, um sich anzukündigen und Überraschung zu vermeiden.
Beim Gruß durch Handaufheben ebenso wie bei den anderen Grußformen, bei denen die Hand gebraucht wird, fällt als gemeinsames Kennzeichen die offene, nicht vom Partner abgewandte Handinnenfläche auf. Man hat dies als eine Demonstration des Grüßenden interpretiert, in dem Sinne, daß er keine Handwaffe, etwa einen Dolch oder ein Schwert, halte. Jedoch ist erstens die Verbreitung solcher Waffen regional begrenzt, und zweitens bietet sich eine viel tiefer gehende, biologische Erklärung an: die Berührung der Handinnen-

seite – mit ihrer sensiblen Oberfläche – mit dem Körper des Partners ist sicherlich mehr kontaktfördernd als das Berühren mit dem Handrücken oder der geschlossenen Hand. Man kann leicht an sich selbst testen, wie sozial verbindend gerade solche Kontakte mit der Handinnenfläche wirken. Daraus könnte sich das Grußritual entwickelt haben, in dem diese Eigenschaft bestimmend integriert wurde. Die sozial unterschiedliche Signalwirkung von Handinnenfläche und Handrücken kommt deutlich auch beim Heran- und Wegwinken zum Ausdruck: Ich winke einen Mitmenschen heran, indem ich mit der Handinnenfläche das Zeichen gebe; das Signalisieren ist also auf den Teil des Bewegungsablaufes beschränkt, bei dem die Handinnenseite voraus gerichtet ist. Die Gegenbewegung beim Heranwinken, bei der also der Handrücken voraus geführt wird, bringt die Hand lediglich in die Ausgangsposition zurück. Betone ich jedoch den Abschnitt des Bewegungsablaufes, bei dem der Handrücken voraus gerichtet ist, so bedeutet dies: verschwinde. Diese Grundmuster treten überall auf, nur wird z. B. in Südosteuropa und am Golf von Papua das »Komm her« mit nach unten gerichteter Handinnenfläche signalisiert, während in unserem eigenen Kulturbereich die Hand um 180° gedreht und nach oben bewegt wird. Beim Winken zum Abschied bewegen die Papuas im Golfgebiet und im zentralen Hochland ihre gegen den Scheidenden gerichtete offene Handfläche in deren Ebene, also quer zur Blickrichtung, hin und her.

Diskussion des freundlichen Kontaktverhaltens

Einige Verhaltensforscher, zum Beispiel I. EIBL-EIBESFELDT, sehen die primäre Funktion des Grüßens sowie anderer Ausdrucksformen der Kontaktpflege in der Beschwichtigung von Aggression. Sie gehen dabei offenbar von der Annahme aus, daß enge und friedliche Kommunalbeziehungen nur möglich sind, wenn »die Aggressionen« zwischen Artgenossen immer von neuem unterdrückt – »gepuffert« – werden. Die kommunale Bindung wäre demnach kein lang anhaltender Zustand mit eigener Kausalität, sondern das Ergebnis der ständig wiederholten Unterdrückung von kommunal trennenden Verhaltensmustern durch bindende Muster. *Dem steht meine Theorie von der gegenseitigen Kommunalisierung an Individual- und Gruppenmerkmale gegenüber, nach deren vollkommenem Aufbau zwischen Artgenossen ein andersartiges, ein spezifisches Innergruppen-Verhalten herrscht.* Damit, und nicht durch von Fall zu Fall wiederholte Beschwichtigungsgesten oder eine Summierung derselben, wird ein von agonistischem Verhalten freies Kommunalverhältnis gegeben. Nicht die Aufnahme eines gegenseitigen Grußaustausches führt zum Aufbau einer kommunalen Bindung, sondern es hängt vom Aufbau vollkommener gegenseitiger Kommunalisierung ab, ob ein friedliches Verhältnis zustande kommt und ein Grußaustausch beginnt. Ein Papua mit traditioneller Lebensweise grüßt jene Mitmenschen, denen er individuell oder – in größeren Verbänden – überindividuell als Stammesmitglied verbunden ist. Durch verbale Verständigung und andere Ausdrucksformen, die kommunale Zugehörigkeit anzuzeigen vermögen, werden solche Mitglieder, die persönlich unbekannt sind, identifiziert. Es werden also in der Regel nur Artgenossen gegrüßt, die durch Austausch von Individualsignalen gegenseitig kommunalisiert sind oder die sich auf Grund überindividueller Kommunalbindungen als zusammengehörig einstufen. Je enger die Bindung ist, um so stärker finden wir das Grußverhalten ausgeprägt – ich erinnere nur an den Umarmungsgruß der Bosavis und Mbowamb. Schon damit ist ausgeschlossen, daß dem Grüßen beim Aufbau der Kommunalisierung in der Papua-Sozietät eine Funktion zukommt. Als weiteres Argument führe ich an, daß die gegenseitige Kommunalisierung in dieser Gemeinschaft hauptsächlich im Kindesalter aufgebaut wird, in einem Stadium also, in dem nach VICEDOM und unseren eigenen Beobachtungen das Grüßen ganz unüblich ist.

Ich habe im vorigen Kapitel Verhaltensweisen aufgeführt, die kontaktverstärkend wirken und zu einem so intensiven Austausch von Individual- und Gruppensignalen führen, daß es zum Aufbau »vollständiger« und darüber hinausgehender Kommunalisierung kommen kann. Als Beispiele nannte ich die Mutter-Kind-Beziehungen: Säugen und Füttern, Zärtlichkeiten, Herumtragen und andere enge Kontakte in den ersten Lebensjahren; ferner das Spiel mit Gleichaltrigen; das Sexualverhalten zwischen Ehepartnern; Feste, Kultversammlungen anderer Art; gemeinsame Beratungen, Kriegs- und Jagdzüge bei den Männern; gemeinsame Tätigkeit im Haus, Garten oder Busch bei den Frauen. All diesen kontaktverstärkenden Verhaltensbereichen ist gemeinsam, daß sie den Austausch von Individualsignalen nur als Nebenfunktion bewirken, und ihre soziale Bedeutung primär auf anderen Gebieten liegt: der Brutpflege, der Fortpflanzung, dem Nahrungserwerb, der hierarchischen Ordnung im Innern der Gruppe und der territorialen Behauptung nach außen, der Fortführung kultureller Überlieferungen. Der Aufbau der Kommunalisierung beginnt im Kindesstadium aus der spezifischen historischen Konstellation heraus, wie sie durch die Geburt innerhalb einer schon bestehenden Sozietät vorgegeben ist. Er setzt sich entsprechend dieser Konstellation in den weiteren Lebensstadien fort. Die kommunale Bindung schwankt, nach ihrem vollständigen Aufbau, quantitativ im Laufe des Lebens je nachdem, welcher Funktionsbereich oder welche persönlichen Eigenschaften vorherrschen. So ist sie besonders stark gegenüber dem Ehepartner und Freunden, Kampfgefährten etc.... Prinzipiell anders stufe ich das Kontaktverhalten ein, von dem in diesem Kapitel die Rede ist. Hier ist die Verstärkung von Kontakten die Hauptfunktion.
Freunde umarmen sich, weil sie sich als kommunal eng verbunden klassifizieren. Sie umarmen sich aber nicht jedesmal, wenn sie sich treffen, sondern in der Regel nur vor und nach längerer Abwesenheit. Sie sind zu Freunden ge-

worden, weil bestimmte Sozialfaktoren, z. B. das enge Zusammenleben in der Hütte und andere Gemeinsamkeiten zu einem besonders hohen Grad gegenseitiger Kommunalisierung geführt haben. Solange diese Sozialfaktoren unvermindert und kontinuierlich wirksam sind, bleibt auch diese enge Bindung bestehen, und ich habe beobachtet, daß z. B. zwischen Ehepartnern und zwischen Männern, die sehr viel gemeinsam unternehmen, unter normalen Umständen Grüßen und andere Muster, wie Formeln für Dank beim Empfang von Essen oder anderem nicht vorkommen. Ich interpretiere dies so, daß es hier wie etwa bei den Flughörnchen keiner besonderen Verhaltensmuster bedarf, um die hohe Kommunalisierung aufrechtzuerhalten, weil durch die soziale Konstellation der Austausch von Individualsignalen, der zum Aufbau des engen Verhältnisses geführt hat, auch ausreicht, um die Bindung aufrechtzuerhalten.
Man kann Entsprechendes auch bei uns in der engeren Heimat beobachten. Wenn in einem ländlichen Wirtshaus ein Stammgast Platz nimmt oder wieder geht, so geschieht dies meist ohne große Gesten der Begrüßung und des Abschieds der übrigen Stammrunde. Verreist aber einer von ihnen für längere Zeit, so wird er sowohl verabschiedet als auch nach seiner Rückkehr wieder willkommen geheißen. Damit kann der Zeitraum der Abwesenheit überbrückt werden, der die Gefahr bringt, daß der hohe Grad von Kommunalisierung schwindet, der sie zusammenhält. *Ich betrachte also das Grüßen in erster Linie als Verhaltensmuster zur Aufrechterhaltung eines erreichten hohen Grades von gegenseitiger Kommunalisierung.* Ein Zusammenhang mit der Ausschaltung von Aggressionen ergibt sich indirekt, indem Grußkontakte den Grad der Kommunalisierung voll erhalten oder – nach längerer Abwesenheit – voll wiederherstellen: das mit Verlust der vollen Kommunalisierung eintretende agonistische Verhältnis wird so vermieden und die Häufigkeit der tripolaren Streitfälle in der Gruppe herabgesetzt.
Im Gegensatz zum Grußaustausch treten Lächeln, Augengruß und andere Kontaktmuster im Verlauf von Gesprächen und anderen Kommunikationsvorgängen auf. Hier ist auch eine unmittelbare Beschwichtigungsfunktion möglich. Nicht jedoch zur Unterdrückung von »Aggressionen« im allgemeinen, denn das bipolare agonistische Verhalten fehlt ja innerhalb von Kleinsozietäten. Dagegen könnte es direkt zur Verminderung tripolarer Auseinandersetzungen wirksam sein. Am Golf von Papua war ich mehrmals Zeuge lang dauernder Beratungen der alten Männer im Versammlungshaus des Dorfes. Gelächelt wurde dabei wenig, aber wenn einer sprach, dann gaben die Zuhörer immer dann sichtbar oder vernehmbar ihre Zustimmung, wenn der Sprecher eine Pause machte oder eine Bemerkung besonders hervorhob. Die Zustimmung äußerte sich meist in einer Welle von hmmm-Lauten, die durch den Raum ging, und ich hatte den Eindruck, daß diese nicht-sprachlichen Laute sozial ansteckend wirkten und die Meinungen vereinheitlichten. Der hmmm-Laut wurde in gleicher Weise wie bei uns in vergleichbarem Zu-

sammenhang geäußert und ist auch über Sprachgrenzen hinweg verständlich. Dies gilt ebenso für den Verneinungslaut o-o oder ä-ä, der im Gegensatz zum hmmm-Laut abrupt nach Verschluß des Kehlkopfes einsetzt und in zwei Abschnitte getrennt ist. Auch er gehört zur nicht-sprachlichen stimmlichen Verständigung und wird ohne Konvention überregional verstanden. Die hmmm-Laute tragen wie das Lächeln sicherlich zur Verringerung von Streitigkeiten innerhalb der Sozietät bei. Ausnahmsweise wird das Lächeln zur Beschwichtigung auch gegenüber dem Fremden angewandt. Ein sehr alter Mann im Bosavigebiet, der noch nie zuvor einen Weißen gesehen und sichtlich Scheu vor uns hatte, reagierte jedesmal mit leichtem Lächeln, wenn ich ihn anblickte (Bild 4, S. 26).
Zwischen benachbarten, kommunal völlig getrennten Papua-Sozietäten herrscht ein agonistisches Verhältnis, das sich gelegentlich in Kämpfen äußert. In ihrem Verlauf werden ebenso wie bei den kommunalen Tierarten keine beschwichtigenden Muster eingesetzt, um den agonistischen Zustand zu beenden oder befristet zu unterbrechen. Solches Verhalten treffen wir nur bei solitären Tierformen an, damit Artgenossen, z.B. die Geschlechter des eingangs erwähnten Kormorans zur Fortpflanzungszeit, zusammenkommen können. Es gibt allerdings auch bei kommunalen Arten Kampfrituale – Demutsgebärden –, die die Häufigkeit von Verletzungen dann verringern, wenn es zu agonistischen Interaktionen kommt; jedoch beeinflussen sie lediglich die Art der Auseinandersetzung, nicht aber, daß eine solche stattfindet. Über Mechanismen, die die Zahl von tätlichen Auseinandersetzungen bei andauerndem agonistischem Verhältnis verringern, werde ich im übernächsten Kapitel über das territoriale Gleichgewicht berichten.
Kürzlich las ich in einem Verhaltensbericht jenes Beispiel aus dem Vietnamkrieg, wo ein amerikanischer GI, im Nahkampf bedrängt, seinen Gegner anlachte und so sein Leben rettete. Eine solche Situation kommt selten vor, und man muß annehmen, daß der Selektionsdruck, der im Laufe der Stammesgeschichte zur Ausbildung des Lächelns und des Lachens als Kontaktmuster geführt hat, nicht auf der Abwendung von Kampfverhalten zwischen Angehörigen *getrennter* Kommunaleinheiten gelegen hat. Die gesellschaftliche Situation im modernen Krieg ist eine andere als bei Auseinandersetzungen zwischen Kleinsozietäten. Ich habe schon in der Einleitung betont, wie wichtig die Unterscheidung mehrerer Arten des Menschen in Hinblick auf die kommunale Struktur ist.

Kehren wir zurück zur Diskussion des Grußverhaltens. Ich habe in Frage gestellt, daß ihm in der traditionellen Papua-Sozietät generell eine direkt beschwichtigende Funktion zukommen kann: einmal aus der Analyse der Situation heraus, in der man sich grüßt, sodann aus der Analyse der Frage, wer sich grüßt und wer von zwei Partnern zuerst grüßt – nach VICEDOM der bereits Anwesende und sozial Hochgestellte, also nicht der Ankommende, der eine

Aggression am ehesten zu befürchten hätte. EIBL-EIBESFELDT hat für eine direkt beschwichtigende Funktion des Grußverhaltens das Argument vorgebracht, es käme doch zu Aggressionen, wenn ich jemanden nicht grüßen würde. Das Beispiel ist dem Alltag der modernen Großgesellschaft entnommen und zeigt wiederum, wie problematisch generelle Aussagen über den Menschen als Spezies sind. Sodann sehe ich aber auch den Sachverhalt selbst anders: Wenn ich jemanden nicht grüße, so führt dieses Benehmen keineswegs zu Spannungen bzw. zu einer Vermehrung bereits vorhandener Spannungen. Anders liegt der Fall, wenn ich einen Mitmenschen, den ich bisher gegrüßt habe, *nicht mehr* grüße oder dessen Gruß *nicht mehr* erwidere. Dieser *Abbruch* der Kontakte geht mit einer Verschlechterung der Beziehungen einher, die sich auch in feindseligen Handlungen äußern kann. Daraus aber einen Nachweis für eine Beschwichtigungsfunktion des Grüßens abzuleiten, ist kaum möglich. Die Ursache für das Zerwürfnis liegt entweder in der *Beendigung* bisher geübten Grüßens oder beruht auf einem dritten Faktor, von dem sowohl die Feindseligkeiten als auch der Abbruch der Grußkontakte abhängen.

Die Wirkungsweise des menschlichen freundlichen Kontaktverhaltens ist bisher wenig mit naturwissenschaftlichen Methoden untersucht worden. Der biologischen Funktion nach unterscheide ich zwei Komponenten – ebenso wie im Sozialverhalten, das beim Aufbau der Kommunalisierung eine Rolle spielt, z.B. der Brutpflege und dem Sexualverhalten. Am auffälligsten ist die *anonyme Komponente*, das arttypische Verhaltensmuster. Beim Grüßen besteht sie in den charakteristischen Bewegungsabläufen des Umarmens, Handgebens, im Klatschen auf sensible Hautflächen des Rückens, dem Heben der Brauen beim Augengruß und anderen Ausdrucksformen. Sinnvoll wird dieses Verhalten jedoch in der Kleinsozietät nur in Verbindung mit der *zweiten Komponente, die individueller oder gruppenspezifischer Art* ist. Der dargebotene Gruß bliebe inhaltslos, wenn er auf die anonyme Ausdrucksform beschränkt wäre und keine Mitteilung über die individuelle Natur des Grüßenden enthielte. Man kann sich in der Theorie das Zusammenwirken beider Komponenten so vorstellen: Durch das anonyme Kontaktmuster werden Artgenossen zusammengeführt, sie nähern sich räumlich und richten ihre Sinnesorgane auf die Merkmale des Gegenübers. Beim Handgruß schaut man sich gegenseitig ins Gesicht, auch beim Augengruß lenkt man den Blick auf charakteristische Individualmerkmale des Partners. Bei der Umarmung nimmt man seine Körpergerüche und andere Kennzeichen wahr und beim verbalen Gruß persönliche Eigenheiten in der Stimme. Zu dieser quantitativen Verstärkung des Empfangs von Individualsignalen – auch Gruppensignale können so verstärkt aufgenommen werden – kommt möglicherweise als zweites eine Steigerung in deren zentralnervöser Verarbeitung, ebenso wie ich sie im vorigen Kapitel bei Besprechung kontaktverstärkender Verhal-

tensbereiche genannt habe. Das Berühren der sensiblen Hautflächen von Hand und Rücken kann eine solche Wirkung besitzen. Die anonyme Grußform hätte folglich die Aufgabe, zu einer verstärkten Aufnahme und Verarbeitung der Signale zu führen, an die die Kommunalisierung erfolgt ist. Im Beispiel des Abschiedsgrußes der Kanum-irebe ist die Trennung in zwei Komponenten sehr deutlich: mit dem anonymen Bewegungsablauf der Schweißabnahme, dem Riechen an der geruchsbehafteten Hand und dem Verreiben auf der eigenen Brust ist die Übertragung und Wahrnehmung des Individualgeruches verbunden. Meist ist aber in den einzelnen Grußformen nur die anonyme Komponente deutlich erkennbar, da sich die Übertragung des Individual- oder Gruppensignals des grüßenden Partners auf die motorische Aktivität der empfangenden Sinnesorgane beschränkt, also z. B. das Richten der Augen auf seine Gesichtszüge oder das Riechen an seinem Körper bei Umarmung. Deshalb ist ihre Analyse bisher vernachlässigt worden.
Was ist von der ursprünglichen biologischen Funktion des Grüßens im Laufe des Wandels der Gesellschaftsform bis hin zu unserem modernen Kommunalsystem geblieben? Hier an dieser Stelle nur soviel: es vollzog sich ein Bedeutungswandel. Dem freundlichen Gruß kommt heute neben der ursprünglichen Funktion die einer Umgangsform mit weitgehender Erstarrung in Konventionen zu. Aus dem »Gruß des Herzens und der Zuneigung« (vgl. VICEDOM, S. 101) entwickelte sich ein Instrument zum Aufbau von Beziehungen und eine gesellschaftliche Verpflichtung. Seine beschwichtigende Funktion hat sich wesentlich verstärkt, in dem Maße nämlich, in dem die gegenseitige Kommunalisierung innerhalb des größer werdenden Verbandes geschwunden ist.

Fünftes Kapitel

Das Gesicht des Friedens
Spannungsfeld im Innern

Über die Pfahlhütten rund um den sandigen, weiten Dorfplatz senkte sich rasch die Tropennacht. Von den Hügeln der Savanne strich ein leichter Luftzug zum nahen Meer und trug den Duft von Eukalyptusbäumen durch die locker geflochtenen Wände unseres Rasthauses. Der graubläuliche Rauch der Herdfeuer verschmolz mit den Farben des Himmels. Bald drang nur mehr ein matter Schein der Glut durch die Ritzen der Hütten nach außen. Das Dorf der Roro-Melanesier an der Südküste Neuguineas bereitete sich auf den Schlaf vor. In das gleichmäßig an- und abschwellende Rauschen der Brandung draußen am Riff mischten sich die nächtlichen Geräusche des Landes: das klatschende Schlagen der Schwingen von Riesenfledermäusen an den Bananenstauden in den Gärten, die Stimmen der Geckos, Zikaden und Frösche – uns allen eine vertraute Umwelt.
Da wurde unvermittelt die Türe einer der Hütten aufgestoßen, und ein Mann trat auf die Plattform davor. Stark erregt und weithin hörbar begann er zu reden, heftig stieß er die Worte hervor, Satz für Satz prallte gegen die Häuser des Dorfes. Der Mann sprach 20 Minuten lang, mit nur kurzen Unterbrechungen, um wieder Atemluft aufzunehmen. Er war verärgert über seine Nachbarn, die ihn, wie er meinte, bei einem Tausch übervorteilt hatten, und ließ nun seinen Gefühlen freien Lauf. Der Schimpf-Monolog wirkte wie ein Ventil. Aus den Häusern kam keine Erwiderung, nur gelegentliches Murmeln zeugte davon, daß man aufmerksam zuhörte. Von unseren Papua-Begleitern erfuhr ich, daß diese Art der Auseinandersetzung hier an der Küste nicht selten vorkam. Unvermittelt war der Redeschwall zu Ende, und der Mann ging wieder in seine Hütte zurück. Am nächsten Tag hörte ich niemanden von dem Vorfall sprechen; es schien, als wäre damit alles beigelegt und das nachbarliche Verhältnis wieder bereinigt.

Formen tripolarer Auseinandersetzung

Gewöhnlich wird das harmonische Zusammenleben für das wesentlichste Kennzeichen des Friedens gehalten. Zum Bild des Friedens gehört aber mehr: die Beilegung von Streitigkeiten auf unblutige Weise und die möglichst gründliche Bereinigung von Zerwürfnissen ebenso wie der Streit selbst. Tripolare Auseinandersetzungen, also Streit und Zwist um etwas oder wegen etwas, um Gegenstände oder andere Besitztümer, wegen verbaler Äußerungen oder Handlungen des anderen sind, wie ich bereits früher betont habe, charakteristisch für die Beziehungen innerhalb voll kommunalisierter Kleinsozietäten. Auf die Beziehungen zwischen diesen komme ich erst im nächsten Kapitel zu sprechen.

Keine Gruppengemeinschaft, nicht einmal die engere Familie, ist so stark kommunal gefestigt, daß Streit, Eifersucht und andere Reibereien ausbleiben. Sie kommen in allen mir näher bekannten Kulturgruppen der Erde vor, unter Erwachsenen und im Kindesalter. Ich betone hier nochmals: wenn zwei sich um etwas streiten, so ist der Grund dazu nicht eine Feindschaft zwischen ihnen, sondern der *Bezug auf das dritte Objekt*. Daraus können allerdings gelegentlich auch langfristige Zerwürfnisse erwachsen, die Lösung der Kommunalisierung und Feindschaft zur Folge haben.

In der menschlichen Verhaltensforschung wurden diese tripolaren Auseinandersetzungen sowie das Kampfspiel im Kindesalter ihrer Kausalität und Funktion nach nicht klar von den bipolaren Auseinandersetzungen geschieden, die sich zwischen Erwachsenen getrennter Kommunalverbände ereignen. Diese fehlende Klassifizierung der Aggressionen führte dazu, daß z. B. bei den Buschmännern der Kalahari ein Kausalzusammenhang zwischen der Unterdrückung tripolarer Auseinandersetzungen im Kindesalter durch Erziehungseinflüsse und andere Muster einerseits und dem Fehlen kriegerischer Auseinandersetzungen zwischen den Hordenverbänden andrerseits gesehen wurde. Eine solche Folgerung ist jedoch keineswegs zwingend, worauf ich bei der Diskussion des Kampfspiels im zweiten Kapitel bereits hingewiesen habe. Die Häufigkeit von Streit und Gerangel unter den Buschmannkindern hat I. EIBL-EIBESFELDT im Film dokumentiert. Wie läßt sie sich erklären? Wir können vorerst nur spekulieren und nehmen an, daß der häufige *Streit unter Kindern* zum Teil aus dem Erkundungsdrang entspringt, die noch unbekannten und sich in diesem Alter ständig dynamisch verschiebenden Grenzen des eigenen sozialen Einflußbereichs gegenüber anderen, z. B. den Geschwistern und Spielgefährten, kennenzulernen und mitzuteilen, also die eigene soziale Stellung im Verhältnis zu anderen in Erfahrung zu bringen und zu demonstrieren. Vielleicht wird durch den Ausgang der Auseinandersetzung die eigene soziale Position nicht nur erkannt und mitgeteilt, sondern auch zugunsten des Siegers verändert. Doch fehlen mir aus meinen eigenen Beobachtungen bei den Papuas Anhaltspunkte für eine derartige Funktion des Streits beim Aufbau eines Kräfteverhältnisses in der Gemeinschaft. Bei der anschließenden Besprechung der Hierarchie in der Sozietät komme ich darauf zurück.

Ferner sehe ich im Streit ein Korrektiv, um z. B. das hierarchisch und historisch festgelegte Verteilungsmuster von Hab und Gut dort zu sichern, wo es nicht eingehalten wird. Hat sich ein Kind ein Spielzeug oder ein Stück Jagdbeute angeeignet, das ihm nicht gehört, so kann darüber Streit entstehen, und der rechtmäßige Eigentümer bemüht sich, es wieder in seinen Besitz zu bringen. Damit sind aber noch nicht alle möglichen Funktionen der tripolaren Auseinandersetzungen in der Sozietät angesprochen. Kindern ist zu eigen, daß sie noch keine besondere Scheu haben, sich zu zanken und sich um Begehrtes zu balgen, es entsteht daraus auch selten ein ernsteres und lang anhaltendes Zerwürfnis. Anders bei Erwachsenen. Sie nehmen Streitfälle wesentlich ernster, die Gefahr schwerer und lang anhaltender sozialer Störungen, der Lockerung des kommunalen Bandes und blutiger Tätlichkeiten liegt nahe, und so geht eine abschreckende Wirkung davon aus, daß es zum Streit kommen kann. Die Folgen sind vermehrte Rücksicht und Sorgfalt bei der Verteilung von Gut, z. B. Beute, bei der Achtung der Rechte des einzelnen und seiner Stellung im Verband, dazu eine Verstärkung der kommunalen Verständigung im allgemeinen.

So ist es eine wesentliche Eigenschaft der Sozietät, die tripolaren Aggressionen auf ein Minimum zu beschränken und vor allem Blutvergießen in der Gruppe zu vermeiden.

Die Buschmänner achten nach EIBL-EIBESFELDT bei der Erziehung der älteren Kinder sehr darauf, Zahl und Heftigkeit von Auseinandersetzungen untereinander und Aggressionen gegenüber Erwachsenen zu verringern. Ich nenne hier einerseits die gezielte Beilegung von Streit am Spielplatz durch eine Aufpasserin, die sich durch Schläge und strenge Worte Respekt verschafft, andrerseits die sehr ausgeprägten Teilungsbräuche, durch die ein Höchstmaß an gerechter Verteilung von Jagdbeute und anderem Gut unter die Mitglieder der Horde gewährleistet und der kommunale Zusammenhalt gefestigt wird.

Im Bosavigebiet Neuguineas stießen wir auf ähnliche Verhältnisse bei der äußerst sorgfältigen Teilung von Jagdwild. Hier wird nicht unter allen Hordengenossen geteilt, sondern innerhalb von Untergruppen, der Familie und unter Freunden. Wir erkannten in Neuguinea auch die besondere Bedeutung dieser Sorgfalt, wie lebensnotwendig nämlich dieses demokratische Verfahren sowohl bei der Beuteteilung als auch bei der Mitsprache des einzelnen bei wichtigen Entscheidungen ist: Ging einer leer aus, weil man bei der Verteilung nicht auf ihn gewartet hatte, oder hatte man seine Meinung nicht gehört, weil er zu spät aus dem Busch zurückgekehrt war, so kam es wiederholt vor, daß der Betroffene wutentbrannt und ohne erkennbare Hemmung mit einem heftigen Wortschwall auf die anderen losging, mit Gegenständen um sich warf und in seltenen Fällen sogar zur Waffe griff. Dabei spielte es im Falle der unterlassenen Befragung eine untergeordnete Rolle, ob der Mann dieser oder jener Meinung war; den Ausschlag gab, daß man ihn nicht in den Prozeß der Meinungsbildung mit einbezogen hatte. Gefechte um uns Außenstehenden nichtig erscheinende Vorkommnisse sind deshalb nicht eben selten, besonders in den volkreicheren Küstendörfern.

In den Monaten, die ich am Golf von Papua verbrachte, wurde mir besonders verständlich, wie hoch die Sorgfalt zu werten ist, mit der sich die Dorfgemeinschaft über gemeinsame Vorhaben einigt: früher wohl hauptsächlich Festveranstaltungen und Kriegszüge, heute mehr die mit der modernen Zeit gekommenen Probleme der Dorfverwaltung und Geldgeschäfte. Wohl gibt es Wortführer, mit dem Gewicht von Erfahrung und Würde, doch sie zwingen nicht autoritär ihre Meinung auf. Der harmonisierend ruhige Redefluß, mit reichen Gesten und Mimik begleitet, wird erwidert von einzelnen Zuhörern mit zustimmenden hmmm-Lauten, die ihrerseits in der Runde Gemeinsamkeit und Übereinstimmung stimulieren. Sorgfältig gehen die Erwägungen hin und her, gegenteilige Meinung wird nur behutsam, nicht als provozierender Widerspruch vorgetragen, und der Prozeß dieser Meinungsbildung zieht sich über Stunden, ja Tage hin. Andere Mechanismen, z. B. das Ventil des abendlichen Schimpfmonologs, sind geeignet, aufgeworfene Spannungszustände und Streitfälle zu bereinigen.

Wenn es dann doch einmal zur *Austragung tätlicher Auseinandersetzungen in der Gruppe* kommt, werden bevorzugt Waffen verwendet, die ebenso wie die nicht zur Faust geballte Hand wenig verletzen: Schlag- und Grabstöcke, Wurzelballen und harmlose Wurfgeschosse. Sicherlich haben in diesem Zusammenhang auch eine ganze Reihe von Beschwichtigungsgesten, Ausdrucksformen der Demut und ritualisierte Geschenkübergaben ihre Funktion. Darüber wurde in Büchern der Vergleichenden Verhaltensforschung hinreichend berichtet. Nicht jeder Streit nimmt aber ein harmloses, unblutiges Ende. Auch bei den traditionell lebenden Papuas kommt es, wenn auch selten, zur Katastrophe. Bei den Papuas im zentralen Hochland hörte ich von

►

Bild 14 (oben): Nach dem Absprung vom Stamm des Nestbaumes spannt das Flugbeutelhörnchen *(Petaurus breviceps papuanus)* zwischen Vorder- und Hinterbeinen seine Gleitmembranen aus (Foto Verfasser).
Bild 15 (unten): Einjähriges Männchen (oben) und mehr als fünfjähriges Weibchen. Das Duftdrüsenfeld auf der Stirn des Männchens ist deutlich sichtbar (Foto Verfasser).

►►

Bild 16 (oben): Begegnung zweier Männchen aus getrennten Sozietäten. Das gegenseitige Erkennen als gruppenfremd ist bereits erfolgt. Kurz darauf kam es zum Kampf; das linke Tier griff an (Foto Verfasser).
Bild 17 (unten): Kampf der höchsten Aggressionsstufe zwischen Männchen aus getrennten Sozietäten. Das rechte Tier hat sich in der Region der Stirndrüse des Gegners festgebissen (Foto Verfasser).

►►►

Bild 18 (oben): Gegenseitige Schnupperkontrolle zwischen Männchen und Weibchen nach mehrtägiger Trennung. Das Weibchen (links) schnuppert am Stirndrüsenfeld des Männchens, dieses an der Sternalregion des Weibchens. Kurz darauf kam es zur Partnermarkierung (Foto Verfasser).
Bild 19 (Mitte): Partnermarkierung: das Männchen (rechts) hat seinen Vorderkörper um nahezu 90 Grad gedreht, hält mit seinen Händen die Halsregion des Weibchens und setzt mit reibenden Bewegungen seines Stirndrüsenfeldes Duftstoffe am Fell des Partners ab (Foto Verfasser).
Bild 20 (unten): Blick in einen vollbesetzten Nistkasten. Ganz links ein Männchen (Foto Verfasser).

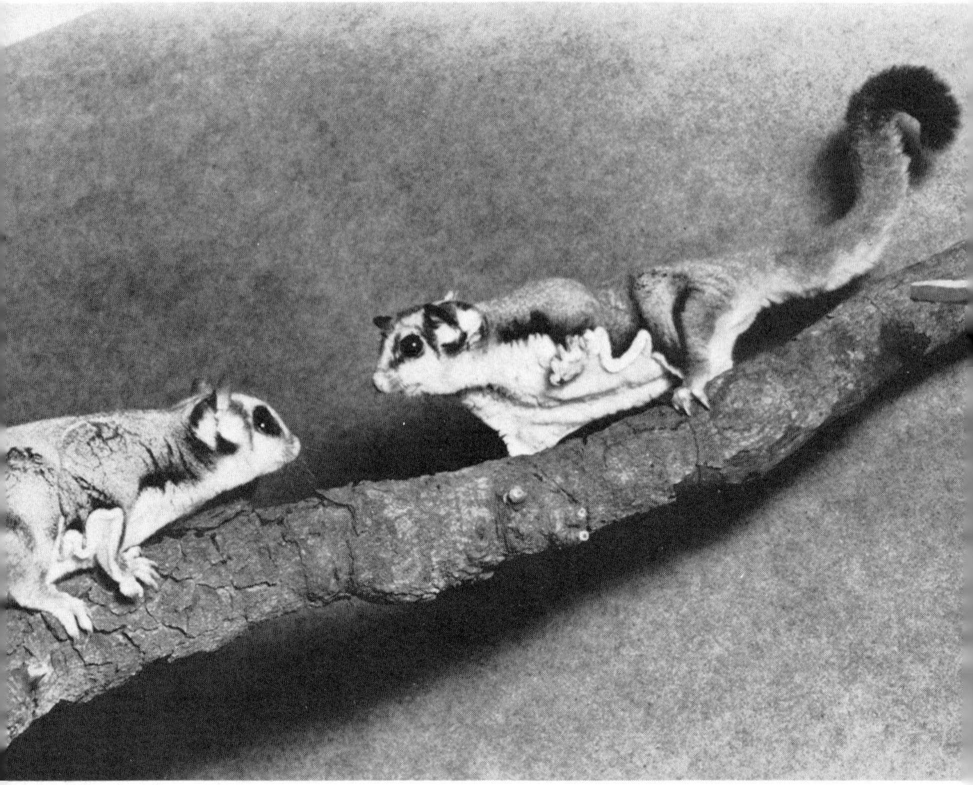
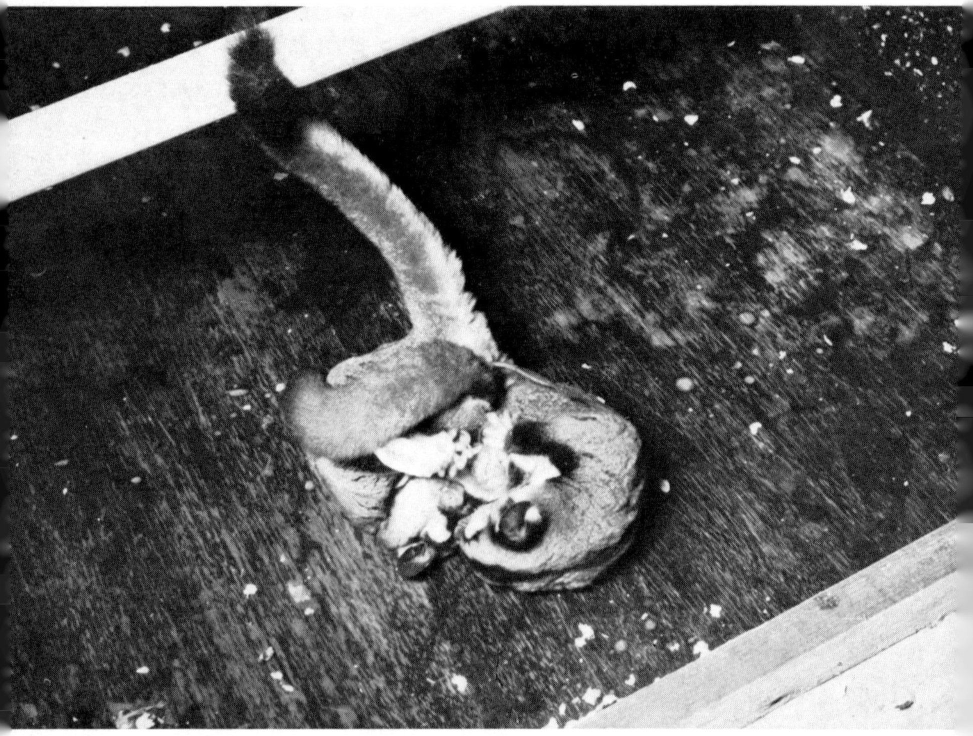

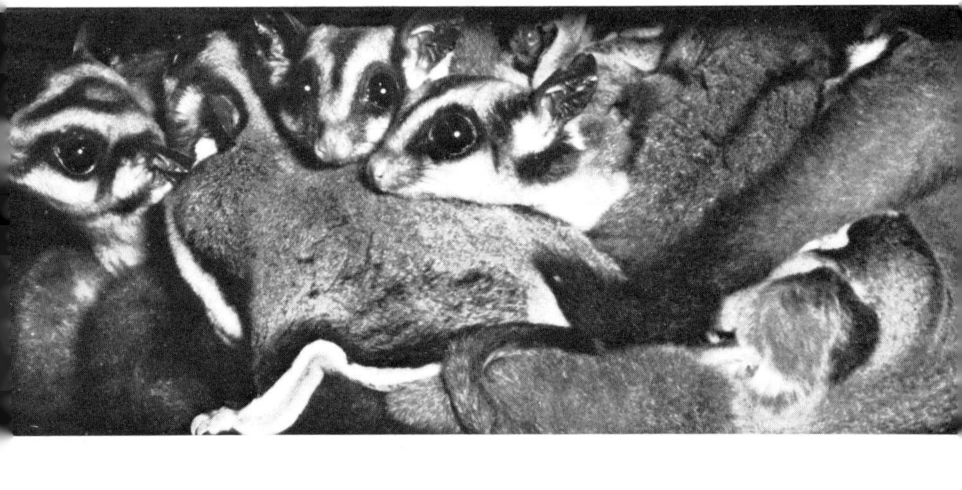

Männern, die im Zorn eine ihrer Frauen mit der Steinaxt erschlagen hatten. Totschlag und Mord kommen auch am Golf von Papua und anderswo auf Neuguinea vor. Erschrecken breitet sich dann im Dorf aus, die Leute fliehen zum Teil in den Busch, man ist entsetzt über die Tat. Prinzipiell anders wird das Töten von Menschen angesehen, die ein Verbrechen, z. B. Ehebruch, begangen haben oder die nicht zur eigenen Sozietät gehören: Neugeborene oder Angehörige fremder Sozietäten, die im Krieg oder aus dem Hinterhalt überwältigt werden konnten.

Jetzt vermögen wir die Frage zu beantworten, warum Mord und Totschlag einerseits und das Töten von Feinden andererseits nicht als gleichwertig betrachtet werden. Auch das Gebot: »Du sollst nicht töten« betrifft offensichtlich ursprünglich nur das Verhältnis zu den Mitgliedern der eigenen Volkseinheit. Aus der sozialen Norm fallend wird nur die Tötung von Mitgliedern der eigenen Einheit angesehen. Im Alten Testament sind zu viele Schilderungen von Kriegen enthalten, die nicht verurteilt werden, als daß man zu anderer Auffassung gelangen könnte. Hier begegnet uns also das christliche Gebot als Formulierung einer biologisch bestimmten Verhaltensnorm. Geht man noch einen Schritt weiter, so läßt sich auch der Satz: »Liebe deinen Nächsten wie dich selbst« in dieser Norm verankern. Die Betonung liegt dann auf dem Wort deinen *Nächsten*, also den Angehörigen der eigenen Sozietät, an den man kommunal gebunden ist. Es heißt nicht: »Liebe deinen Artgenossen« (also alle übrigen Menschen), nein: es wird ausdrücklich der angesprochen, der zur eigenen Gruppe gehört. Möglicherweise geht unsere heutige Ausweitung des Begriffs »Nächster« auf alle Menschen darauf zurück, daß wir nicht mehr in voll oder zumindest weitgehend kommunalisierten Sozietäten leben, sondern in Großverbänden, die gegeneinander nicht mehr so stark wie früher abgegrenzt sind. Darauf komme ich im zweiten Teil des Buches zurück.

Die gezielte *Unterdrückung tripolarer Auseinandersetzungen* bei Kindern durch Erziehungsmaßnahmen der Eltern und anderer Mitglieder der Sozietät verdient einige abschließende Bemerkungen, bevor ich zur Diskussion hierarchischer Ordnungen in der friedlichen Sozietät übergehe. Vermeiden und Beschwichtigen von Streit gehört zwar – wie schon gesagt – allgemein zum Verhaltensinventar menschlicher Sozietäten. Doch warum ist diese Eigenschaft z. B. bei den Buschmännern (nach EIBL-EIBESFELDT) so besonders stark, in anderen Kulturen jedoch weniger ausgeprägt? Ein Kausalzusammenhang mit dem weitgehenden Fehlen von kriegerischen Auseinanderset-

◄
Bild 21 (oben): Versuchsanordnung zum Nachweis von Duftunterschieden. Registriert wurde die Dauer der Schnupperkontrolle an beduftetem Saugpapier auf dem Käfigboden (Foto Verfasser).
Bild 22 (unten): Bei gemeinsamer Futteraufnahme (im Bild Haferflocken) kommt es normalerweise nicht zu Streitigkeiten. Vorn links zwei Männchen der Rangklasse b (Foto Verfasser).

zungen mit Nachbargruppen ist wegen des bipolaren Charakters dieses Kampfverhaltens nicht möglich. Ich stelle deshalb zwei andere Gründe zur Diskussion: Für die Buschmänner als Sammler und Jäger mit nomadisierender Lebensweise ist das sehr eng kommunal gefestigte Zusammenleben in der zahlenmäßig kleinen Horde eine unumgängliche Einstellung auf den Lebensraum der Kalahari und der früher zusätzlich bewohnten Ländereien des südlichen Afrika. Die sehr weitgehende Unterdrückung von Zerwürfnissen und anderen den Grad der Kommunalisierung möglicherweise verringernden Faktoren kann also als Anpassung an die äußeren Lebensbedingungen gesehen werden.

Neben diesem ökologischen Grund möchte ich noch einen zweiten zur Diskussion stellen. Er bezieht sich auf die hierarchische Struktur von Kleinsozietäten. Die Rangstruktur der Buschmanngesellschaft hat am gründlichsten der Anthropologe H. J. HEINZ untersucht. Sie ist durch geringe Rangunterschiede zwischen den erwachsenen Mitgliedern der Horde gekennzeichnet. Entsprechende Verhältnisse habe ich bei den Bosavis und anderen Papuagruppen mit zahlenmäßig kleinem Umfang und hoher gegenseitiger Kommunalisierung angetroffen. Die Rangstufen zwischen den erwachsenen Mitgliedern sind hier weniger markant ausgeprägt als in den Verbänden mit größerer Individuenzahl und geringerer gegenseitiger Kommunalisierung, die im zentralen Hochland und in einigen Küstengegenden Neuguineas leben.

Nach landläufiger Meinung werden Rangordnungen in der Gruppe durch aggressive Auseinandersetzungen geschaffen. Danach wäre es plausibel, daß die weitgehende Ausschaltung von tripolaren Aggressionen durch Erziehungseinflüsse mit der geringen hierarchischen Staffelung in der Kleinsozietät, z. B. in der Horde, in kausalem Zusammenhang steht. Mir fehlen jedoch für eine solche Deutung Anhaltspunkte. Ich möchte damit aber nicht ausschließen, daß Aggressionen um etwas oder wegen etwas bei der Aufstellung und Einhaltung von Rangordnungen in der Gruppe eine Funktion zukommen kann; vor allem in der Großsozietät, in der die Kontakte zwischen den Mitgliedern weniger häufig und intensiv sind, ist dies wahrscheinlich. Da wir hier jedoch die Verhältnisse in der geschlossenen Kleinsozietät, also dem Hordenverband der Buschmänner und einiger Papuagruppen, betrachten, möchte ich die Unterdrückung tripolarer Aggressionen und die Rangordnung auf einer anderen Ebene in Zusammenhang bringen: In der Horde kennt jeder jeden sehr gründlich, im täglichen Leben bieten sich die bereits geschilderten zahlreichen Gelegenheiten zu gegenseitiger Verständigung. Dadurch wird dem einzelnen der Ausbildungsgrad der sozialen Eigenschaften des Nächsten genau bekannt, und er erfährt auch schnell, wenn Veränderungen in diesem Bild erfolgen. Andererseits bietet das enge Zusammenleben auf persönlicher Basis auch hinreichend Gelegenheiten, den eigenen Grad sozialer Aktivitäten den anderen mitzuteilen. Aus der Relativierung dieser individuellen sozialen Eigenschaften zueinander vermag sich eine

Hierarchie in der Sozietät auszubilden. So drastischer Mittel wie tätlicher Aggressionen bedarf es hier nicht, um zu klären, wer wem sozial überlegen ist und um sicherzustellen, daß die aufgebaute hierarchische Ordnung auch eingehalten und den sozialen Veränderungen in der Gruppe entsprechend korrigiert wird. Die eben angesprochene Aberziehung von Aggressionen während des Kindesalters in der stark kommunalisierten Buschmannhorde würde dieser These nach deshalb erfolgen, weil ihr Funktionsbereich in der hierarchischen Differenzierung stark eingeschränkt ist oder ganz entfällt.
In der Tat konnte EIBL-EIBESFELDT in der von ihm genau untersuchten Buschmannhorde keine Rangkämpfe beobachten, und auch ich habe bei den besuchten Papuagruppen nie derartig einstufbare Auseinandersetzungen wahrgenommen. Damit soll nicht ausgeschlossen sein, daß sie anderswo vorkommen. Die sozialen Eigenschaften, nach deren Ausbildungsgrad sich die hierarchische Stufung ausrichtet, sind vielfältig, und nicht in jeder Gesellschaft werden die gleichen Eigenschaften gleich stark gewertet, je nachdem, welche Kommunalstruktur vorliegt und welche ökologischen Umweltfaktoren die Lebensbedingungen bestimmen. Es kommen in Betracht die bei der Geburt mitgegebene allgemeine physische Konstitution und der Ausbildungsgrad physiologischer Größen wie die Produktionsmenge von Sexual- und anderen Hormonen, die Funktionsfähigkeit der zentralnervösen Strukturen, ferner der durch Tradition von den Eltern übernommene Sozialstatus sowie der im Laufe der postembryonalen Entwicklung selbst erworbene Erfahrungsreichtum, Körpertraining und andere historische Faktoren wie z.B. die Assoziation der Person mit Ereignissen, bei denen sie sich besonders ausgezeichnet hat. All diese Faktoren sind Variable, die, in Relation zu denen anderer Individuen der Gemeinschaft gesetzt, die derzeitige Position im hierarchischen System bestimmen. Jedes Geschlecht muß hierbei für sich betrachtet werden, da in der biologisch determinierten Gesellschaft Mann und Frau weitgehend getrennte soziale Aufgabenbereiche auszufüllen haben, abgesehen von den mit der Fortpflanzung verbundenen Funktionen.

Rangordnung und gegenseitige Beeinflussung in der Gruppe

In der Überschrift zu diesem Kapitel habe ich das Gesicht des Friedens als »Spannungsfeld im Innern« der Sozietät bezeichnet. Dies bedeutet mehr als das Wirken der meist harmlos verlaufenden Streitigkeiten tripolarer Art: in den Rangbeziehungen beschränkt sich das friedliche Zusammenleben nicht auf das gegenseitige Abgrenzen der sozialen Stellung auf Grund der eigenen sozialen Fähigkeiten und Verdienste. Der individuell erreichte Entwicklungsstand – durch Geburt mitgegeben und im Laufe des Lebens ausgebaut – ist nicht die einzige Größe, nach der der einzelne in das Rangsystem in Relation zu den übrigen eingestuft wird. Hinzu kommen soziale Einflüsse des Nächsten, die hemmend oder stimulierend auf die Entwicklung der eigenen

Anlagen einzuwirken vermögen. Dieser Komplex von langfristig oder nur kurz anhaltenden *physiologischen Einwirkungen auf die Gruppenmitglieder* fand bisher wenig Beachtung. Man beschränkte sich meist darauf, die Folgen des Ausgangs sogenannter Rangkämpfe auf die Rangstellung bei verschiedenen Tierarten zu diskutieren. Andere mögliche Einwirkungen, die nicht mit Tätlichkeiten oder anderen auffälligen Verhaltensmustern verbunden sind, wurden kaum beachtet. Und häufig fehlte eine Unterscheidung, ob man ein Stadium der Aufstellung einer Rangordnung oder deren Einhaltung vor Augen hatte. Bevor ich auf die Verhältnisse beim Menschen zu sprechen komme, unternehme ich einen Exkurs ins Tierreich und schildere dabei besonders meine *Experimente über Rangbeeinflussung an den Flughörnchen.*
Bekannt ist die Hackordnung auf dem Hühnerhof. Aber das Huhn ist keine kommunale Tierart, bei der mehrere erwachsene Männchen und Weibchen zusammen mit ihren Jungen eine geschlossene Sozietät bilden. Die Stammform des Haushuhns, das wildlebende Bankivahuhn, bildet lediglich Harems, d.h. ein Männchen bewohnt zusammen mit mehreren Weibchen und deren unselbständigem Nachwuchs ein gemeinsames Territorium. Ich möchte mich jedoch hier nur mit kommunalen Tierarten beschäftigen, denn die Aufstellung einer Hierarchie zwischen Männchen, die nicht gegenseitig kommunalisiert sind, ist ganz anderen Gesetzmäßigkeiten unterworfen: Die hierarchische Stufung zwischen kommunal getrennten, benachbarten Sozietäten (oder Einzeltieren) betrachte ich als Status quo eines unbeendeten Kampfes, dessen Ziel die Vertreibung der Nachbarn wäre. Dazu kann es aber nicht kommen, solange jede der Sozietäten ein Territorium behauptet, in deren Grenzen sie den anderen überlegen und an das sie gebunden ist. Die biologische Bedeutung dieser hierarchischen Stufung zwischen Sozietäten wird im folgenden Kapitel zu betrachten sein.
Zahlreiche Untersuchungen beschäftigten sich mit den Rangverhältnissen bei Mäusen in Käfigen. Doch alle hierfür verwendeten Arten, insbesondere die Hausmaus, sind nicht kommunal organisiert. In natürlicher Umwelt und unter normaler Bevölkerungsdichte leben die Erwachsenen ganzjährig oder zumindest außerhalb der Fortpflanzungszeit in Einzelterritorien. Setzt man Erwachsene solcher Arten in einen Käfig zusammen, so treten, falls das ursprüngliche Sozialverhalten nicht durch Domestikation verändert ist und es sich nicht um eine Fortpflanzungsgemeinschaft handelt, Kämpfe auf, die in ihrer Kausalität von den in Kommunaleinheiten zu beobachtenden tripolaren Auseinandersetzungen teilweise abweichen. Es handelt sich hier vielmehr um bipolare Kämpfe und tripolare Streitigkeiten, ohne daß eine klare Differenzierung möglich wäre. Diese Aggressionen lassen erst nach, wenn eine stark gestufte, meist linear ausgerichtete Rangordnung erkennbar ist. Wahrscheinlich spielen Kämpfe bei deren Aufbau eine wesentliche Rolle. Nach Aufstellung dieser Ordnung gehen sie aber nicht gänzlich zurück, offenbar, weil das System beweglich bleibt, indem sich die sozialen Eigenschaften ein-

zelner Tiere ändern und sich durch Tod und Geburt die Zusammensetzung der Gruppe verschiebt. Auch hier vermögen wir also keine analogen Vergleiche zum Menschen zu ziehen, der in der voll kommunalisierten, zahlenmäßig kleinen Sozietät lebt. Und von diesen Verhältnissen mit vorherrschend individueller Kommunalbindung ist ja hier im ersten Teil des Buches die Rede.
Auch bei den höheren Primaten treffen wir soziale Organisationsverhältnisse an, die von der biologisch bestimmten Kommunalstruktur des Menschen abweichen. Z. B. bilden Schimpansen ständig in der Zusammensetzung wechselnde Gruppen innerhalb eines Großverbandes, Hamadryaspaviane komplex aufgebaute Verbände, mit ritualisierten und tätlichen Aggressionen zwischen den Mitgliedern, Dscheladapaviane Haremsverbände. Größere Ähnlichkeiten in der Rangstruktur scheinen bei primitiven Affen gegeben zu sein, sowohl Vertretern der südamerikanischen Breitnasen (*Platyrrhina*), als der Halbaffen (*Prosimia*) Madagaskars.

Bei den Flughörnchen ist die Rangordnung nicht linear aufgebaut, sondern es lassen sich lediglich Klassen unterscheiden. In den von mir 1966 auf Neuguinea sehr eingehend untersuchten freilebenden Sozietäten und in Gefangenschaft konnte ich bei den Männchen drei Klassen feststellen, die ich mit a, b und c bezeichnen möchte. Die a-Klasse wird durch das älteste Männchen der Nestgemeinschaft vertreten. Ich habe über diese a-Männchen bereits im ersten und zweiten Kapitel berichtet. Sie zeichnen sich innerhalb der Sozietät nicht nur durch das höchste Alter aus, sondern auch durch das höchste Gewicht, die größten Duftdrüsen, die stärkste Duftproduktion, die höchste Markier- und Patrouillieraktivität im engeren Lebensraum, die höchste Aggressivität (die sich darin äußert, daß sie im eigenen Territorium gruppenfremde Männchen angreifen und verfolgen) und die höchste Paarungsbereitschaft.

Die b-Klasse zeichnet sich dadurch aus, daß die ihr angehörenden Männchen alle für die a-Klasse genannten sozialen Eigenschaften auch besitzen, jedoch in einer charakteristischen, deutlich geringeren Ausprägung. Das Gewicht ist – bei einem Maximalgewicht der Tiere von etwa 120 g – im Mittel 12 g geringer als bei a-Männchen. Drüsengröße, Sekretproduktion und Markierverhalten sind deutlich quantitativ niedriger, ebenso die Patrouillieraktivität und die Begattungsbereitschaft. Das agonistische Verhalten gegenüber Fremden äußert sich in schwachem Aggressionsverhalten und hohen Anteilen an defensiven Verhaltensmustern. All diese Relationen gelten nur innerhalb der Sozietät. Es gibt b-Männchen, die schwerer und älter sind als a-Männchen anderer Sozietäten, jedoch besteht innerhalb der Sozietät in der Regel ein stufenförmiges Gefälle zwischen a und b; der Übergang ist also nicht fließend.

Die c-Klasse umfaßt die bereits von der Mutter unabhängigen Männchen, die aber noch nicht alle Kennzeichen erwachsener Tiere, vor allem keine erkennbare Tätigkeit der Duftdrüsen aufweisen. Das stufenförmige Gefälle zwischen a und b könnte man damit erklären, daß zwischen beiden ein starker Altersunterschied besteht, auf Grund des bereits beschriebenen Männchenwechsels. Wenn ein starkes Männchen von außen in eine bestehende Sozietät eindringt und die a-Position übernimmt, müssen alle erwachsenen Männchen das Nest verlassen, und eine neue b- und c-Generation wächst erst heran. Gegen diese auf den Altersunterschied bezogene Erklärung spricht aber, daß alle im Freiland als b klassifizierten Männchen bereits voll erwachsen waren und alle sozialen Anlagen bereits funktionierten, insbesondere die Duftdrüsen, und daß ich sogar einzelne b-Männchen fand, die älter und schwerer waren als a-Männchen anderer Nestgemeinschaften. Die Beobachtungen führten zu der Vermutung, daß *die b-Männchen von dem a-Männchen der eigenen Sozietät in der Entfaltung ihrer vorhandenen sozialen Anlagen gehemmt werden,* daß sie also ohne Anwesenheit des a-Männchens eine andere quantitative Ausprägung ihrer sozialen Eigenschaften zeigen. Dieser Eindruck wurde noch dadurch verstärkt, daß ich mehrere allein lebende Männchen fand, die dem Alter nach in die – im Schnitt jüngere – b-Klasse gehörten, die jedoch größere Drüsen und stärkere Sekretspuren als ihre Altersgenossen innerhalb von Sozietäten aufwiesen. Sie gehörten wahrscheinlich jener Kategorie von Männchen an, die bei einem Wechsel in der a-Position die Geburtssozietät hatten verlassen müssen.

Ich bin im Laboratorium dem Problem der *gegenseitigen sozialen Beeinflussung innerhalb der Sozietät* nachgegangen. Dazu verwendete ich Versuchstiergruppen mit zahlen- und altersmäßig gleicher Zusammensetzung wie in Freiheit und Gruppen, in denen bis zu 18 Männchen und Weibchen zusammen lebten; das entspricht etwa dreifacher Überbevölkerung. Obwohl in Gefangenschaft die Gruppe aus der Großfamilie entsteht, also das a-Männchen nicht von außen her eindringt, fanden wir die gleiche Klassenstruktur wie im Freiland. Experimentell konnte ich unter diesen Voraussetzungen prüfen, ob das Gefälle zwischen a und b daran lag, daß die b-Männchen nicht über die Potenz verfügten, es einem a gleichzutun, oder daran, daß a-Männchen den sozialen Aufstieg durch Hemmeinflüsse verwehrten.

In Käfiggruppen stand normalerweise ein Männchen an der Spitze der Hierarchie, vergleichbar mit dem Männchen a in freilebenden Sozietäten. Brachte ich es isoliert von seiner Gruppe in einem anderen Käfig unter, so gingen nach einigen Tagen sehr auffällige Veränderungen in einem oder zwei Männchen der Mittelklasse, vergleichbar mit b, vor sich: so wie bisher das herausgenommene Männchen kam eines – gelegentlich auch zwei – kurz nach Einbruch der künstlichen Nacht aus dem Nistkasten, patrouillierte die Grenze zu den anschließenden Käfigen mit fremden Gruppen, griff durch das Gitter Männchen an, die sich in der Nähe aufhielten, und markierte sehr intensiv sowohl diesen Grenzbereich wie auch das eigene Nest und andere Einrichtungsgegenstände des Käfigs. Die Drüsenoberflächen wurden zusehends größer, und

die Sekretproduktion nahm zu. Ein solches Männchen, das bis dahin der Mittelklasse angehört hatte, verhielt sich nun ebenso wie ein Männchen a und bewies damit, daß es bisher zwar die Anlagen zu einer dominanten Stellung in der Sozietät besessen hatte, diese jedoch wegen der Existenz eines rangmäßig vor ihm stehenden Männchens nicht hatte entwickeln können.
Ich habe diese Versuche sehr gründlich quantitativ unterbaut und konnte auch nachweisen, daß es der Individualduft des a-Männchens ist, der die Entfaltung der sozialen Eigenschaften in den übrigen Männchen der Gruppe hemmt. Dieser Duft ist wegen der hohen Markieraktivität von a-Männchen sowohl im engeren Lebensbereich als auch an den Gruppenmitgliedern sehr stark verbreitet. Sein Fehlen führt in dem Männchen, das seiner Veranlagung nach am stärksten darauf reagiert, zu dem hohen Grad sozialer Aktivitäten und zu dem hohen Körpergewicht, die a-Männchen auszeichnen.
Die Flughörnchen bauen innerhalb der Sozietät eine Rangordnung auf und halten sie ein, ohne daß dabei Kämpfe eine Rolle spielen. Das a-Männchen hält im Bereich seiner Sozietät ein bestimmtes Quantum von Duftverbreitung aufrecht und damit die Rangordnung stabil. Welches Männchen die a-Stellung einnimmt, hängt einmal vom Alter ab, da das ältere seinen hemmenden Einfluß gegenüber jüngeren geltend macht und sich so behaupten kann, und sodann von seiner individuellen Veranlagung. Fällt in einer freilebenden Sozietät das a-Männchen aus, z. B. weil es von einem Raubvogel geschlagen wird, und ist in dieser kritischen Phase kein fremdes Männchen zur Stelle, das von außen her in die nun sehr leicht zu erobernde Sozietät eindringt, dann setzt sich von den b-Männchen, also den Kronprinzen, dasjenige an die Spitze, dessen Sekretproduktion und Markieraktivität am schnellsten auf das entstandene Duftvakuum reagiert und es zu füllen vermag. Ich habe in Neuguinea eine Nestgemeinschaft gefunden, in der eine solche Entwicklung sehr wahrscheinlich eingetreten ist, während sonst ja gewöhnlich das a-Männchen von außen her in die Gruppe eindringt. In Gefangenschaft stammt das a-Männchen ja immer aus der eigenen Gruppe. Manchmal teilen sich hier zwei Männchen in die a-Stellung. Ich vermute, daß in solchen Fällen mehr als eines auf das Fehlen des bisher hemmenden a-Duftes angesprochen hat, keines von beiden aber seiner Konstitution nach in der Lage war, so viel Duft zu verbreiten, daß es sich allein gegenüber den anderen durchzusetzen vermochte. Allerdings bestand immer zwischen Männchen, die sich in eine a-Position teilten, ein prozentuales Gefälle insofern, als eines aktiver als das andere war.
Mich beschäftigte auch die Frage, ob *der Vorgang des Rangaufstiegs reversibel ist,* d. h., ob das neue Männchen a in seine b-Stellung zurückfällt, wenn ich das isoliert untergebrachte bisherige a-Männchen wieder in seine Nestgemeinschaft zurückversetzte. Ich konnte so verfahren, wenn ich die Frist nicht überschritt, nach der die Kommunalisierung an die eigene Gruppe verlorengegangen war. Die Ergebnisse sind auch hier eindeutig: Solange das frühere

a-Männchen noch als volles Mitglied der Gruppe identifiziert wird, maximal nach etwa 5–7 Tagen, übernimmt es wieder seine alte Position, und bei seinem Stellvertreter verschwinden nach einigen Tagen wieder die Anzeichen seiner temporär behaupteten Stellung, die erhöhte Patrouillier- und Markieraktivität sowie die erhöhte Aggressivität, die sich in Angriffen gegenüber Käfignachbarn äußerte. Auch diese Rückstufung erfolgte nicht durch Kämpfe, sondern lediglich durch Verbreitung des Individualduftes, der nach Übertragung auf die Umgebung und Nestgenossen zum Hauptbestandteil des Gruppenduftes wird. Natürlich fragt man sich, warum das rückgeführte Männchen nicht durch den Duft des inzwischen aufgestiegenen Männchens selbst sozial gehemmt wird. Ich nehme an, daß mehrere Gründe dafür verantwortlich sind: einerseits der kurze Zeitraum, in dem das aufgestiegene Männchen seine neue Position ausfüllte, in dem die langsam ablaufenden, mit dem Aufstieg verbundenen Prozesse noch nicht zum Abschluß gelangt sind. Andrerseits blieb das herausgenommene Männchen immer in seiner a-Position, da es in seiner Isolierung keinem hemmenden Dufteinfluß ausgesetzt war. Als es zurückgesetzt wurde, verhielt es sich demnach genauso wie früher und vermochte wohl in sehr kurzer Zeit seinen Duft wieder zu verbreiten, noch ehe der inzwischen dominante Duft seines Stellvertreters es hemmend beeinflussen konnte.

Wir haben hier ein Modell vor uns, wie die eigenen sozialen Potenzen, obwohl sie von Individuum zu Individuum gestuft sind, von einem überindividuellen Faktor – dem Gruppenduft – so stark beeinflußt werden, daß die tatsächliche Rangstellung nicht allein vom eigenen Vermögen, sondern auch von der historischen Konstellation in der Sozietät abhängt, also davon, wer bereits regiert. Es ist ferner auffällig, daß nur Männchen der eigenen Sozietät einen solchen Einfluß auszuüben vermögen, genauer, *daß nur Gruppenduft, an den man selbst voll kommunalisiert ist, sich hemmend auf die eigenen sozialen Eigenschaften auszuwirken vermag.* Dieses Phänomen gehört deshalb zum Bild des Friedens bei den Flughörnchen. Im Gegensatz dazu wirkt gruppenfremder Duft unter bestimmter sozialer Konstellation auf die gleichen sozialen Eigenschaften *stimulierend*, zum Beispiel auf das Markierverhalten. Ähnliche Erscheinungen vermute ich auch bei anderen kommunalen Arten und dem Menschen. Ich meine damit nicht allein die psychische Unterdrükkung von Mitmenschen, die sich in subalterner Haltung und in psychischer Unterentwicklung und Störungen des Sozialverhaltens äußert, sondern auch physiologische Einwirkungen auf den Organismus, vergleichbar mit denen, die bei meinen Versuchstieren Größe und Tätigkeit der Duftdrüsen und das Körpergewicht beeinflussen. Es handelt sich hierbei um *langfristig wirksame* Einflüsse auf den Organismus, die man nach einem Vorschlag des Amerikaners O. E. WILSON »primer effects« nennt. Man kann auch *kurzfristig wirksame* Veränderungen im Bereich des Verhaltens und in der Aktivierung der eigenen Leistungskraft erkennen (»releaser effect«). Ich möchte hier ein Ver-

gleichsbeispiel geben. Eine Gruppe etwa gleich erfahrener Wanderer gerät im Gebirge durch einen Wetterumsturz in Gefahr. Einer setzt sich an die Spitze, und dieser Führer hebt sich nicht nur aufgrund seiner Funktion hervor, sondern in seinem Organismus herrscht nun ein viel stärker aktivierter Ablauf von physiologischen Prozessen als in den übrigen. Durch seine Führertätigkeit ist eine soziale Konstellation in der Gruppe geschaffen, nach der bei anderen Teilnehmern, die ebenso fähig wären, ein vergleichsweise viel niedrigerer Stand von sozialen Aktivitäten und allgemeinen körperlichen Leistungen gegeben ist. Wechselt aber nach einiger Zeit die Führerrolle, so hebt sich der neue Führer aus der Gruppe, und der bisherige fällt auf den Stand der übrigen zurück. In etwa mag dieser Vergleich erklären, was ich unter kurzfristig wirksamen Einflüssen und den physiologischen Reaktionen darauf verstehe.
Bei Weibchen ist die Rangstufung viel weniger deutlich ausgeprägt. Sehr alte Weibchen sind aber z. B. wesentlich aggressiver gegen Fremde als junge Tiere. Sie markieren auch ebenso wie die Männchen die Umgebung, allerdings sind sie dabei wesentlich weniger aktiv als diese. Sie verbreiten beim Markieren ihre eigenen Analduftstoffe und Sekrete, die sie von Männchen übernommen haben. Der Hemmeffekt des Männchens a ist auf Weibchen offenbar nicht wirksam. Eine sozial hemmende Wirkung von Sexualfaktoren konnte ich nicht finden. Wohl aber beeinflußt der Duft des dominanten Männchens die Begattungsbereitschaft der übrigen Männchen der Sozietät.
Ich bin auch der Frage nachgegangen, ob bei den Flughörnchen mit dem Aufstieg zur a-Stellung eine Änderung der Duftqualität verbunden ist, ob es also nicht die Duftmenge ist, die als Hauptbestandteil des Gruppenduftes nun die Sozietät beherrscht, sondern eine neue Duftnote, die charakteristisch für a-Männchen ist. Ich konnte nur einen indirekten Nachweis führen, daß die Wirkung nicht auf Unterschieden qualitativer Art beruht. Es scheint also die Menge und Verbreitung in der Sozietät zu sein, die den Gruppenduft in seiner Funktion bestimmen. Ich schließe dies aus den Beobachtungen an einer dreifach *übervölkerten Gruppe* im Laboratorium. In dieser Gemeinschaft fand ich kein Männchen, das auf Grund seiner sozialen Merkmale wie Aggressivität, Markier- und Patrouillieraktivität, Dufterzeugung, Paarungsbereitschaft und Körpergewicht klar als a-Männchen anzusprechen war. Hier gab es nur eine »Masse« einander sehr ähnlicher Männchen, die äußerlich Weibchen nahestanden. Nahm ich aber eine Anzahl dieser Männchen heraus – die Zahl der Weibchen blieb dabei unverändert –, so erfolgte ebenso eine Aktivierung der sozialen Merkmale in bestimmten Männchen, wie ich sie oben beschrieben habe, als ich das Männchen a entfernte. Ich schließe daraus, daß die Männchenzahl so hoch war, daß die ja auch von diesen mit b vergleichbaren Tieren ständig in kleinen Mengen abgegebenen Individualdüfte *in der Summe* so wirkten, wie sonst der Individualduft des a-Männchens. Als in dieser anfangs normal starken Gruppe die Individuenzahl durch Geburten auf das

Dreifache gewachsen war, geriet deren a-Männchen offenbar unter den Einfluß der summierten Düfte der b-Männchen, und dies bewirkte, daß es nun seinerseits auch sozial gehemmt wurde. Erst als ich die Individuenzahl wieder senkte, verschwand diese hohe Konzentration von summierten Individualdüften, und einer aus der Gemeinschaft, der die beste Veranlagung dazu hatte, begann das entstandene Vakuum auszufüllen und entwickelte sich zum a-Männchen. Nahm ich auch dieses Männchen heraus, so wiederholte sich der Vorgang in einem anderen.

Doch kehren wir zurück zu den Verhältnissen in voll kommunalisierten Kleinverbänden ohne Übervölkerungsdruck. Wenn ein Weibchen im Östrus ist, streiten sich meist mehrere Männchen darum, wer es begatten darf. Das a-Männchen ist dabei wegen seiner größeren Aktivität und Körperkraft erfolgreicher als die übrigen. Da das Weibchen aber mehrere Tage im Östrus bleibt, kopulieren in diesem Zeitraum normalerweise alle Männchen mit ihm. Ich habe bereits betont, daß diese tripolaren Auseinandersetzungen sehr harmlos verlaufen und lediglich darum gehen, den anderen aus der Kopulationsstellung zu verdrängen. Mit großer Wahrscheinlichkeit hinterlassen solche Streitigkeiten keinen nachhaltigen Einfluß auf künftige Beziehungen zwischen den Männchen. Ihr Verlauf und Ausgang wirken sich nicht auf die Aufstellung einer Rangordnung aus, sondern sie sind Ausdruck einer bereits festgelegten Hierarchie. *Aufbau und Einhaltung einer Rangordnung müssen in ihrer Kausalität deutlich unterschieden werden.* Vom Aufbau war bereits ausführlich die Rede. Die Ordnung wird *eingehalten,* indem das a-Männchen kontinuierlich eine bestimmte Menge Individualduft erzeugt und verbreitet.

Die menschliche Kommunalstruktur ist komplexer – auch in der Kleinsozietät. Entgegen der verbreiteten Auffassung, daß Aggressionen bei der Aufstellung von Rangordnungen die beherrschende Rolle spielen, möchte ich die Wirkung von Individualsignalen in den Vordergrund stellen.

Ich nehme weiterhin an, daß bei der Festlegung der eigenen Ranghöhe auch in der menschlichen Kleinsozietät die drei Größen: eigene Veranlagung und deren Ausbau, ihre Relativierung zu denen der übrigen Gruppenmitglieder gleichen Geschlechts und die historische Konstellation, also wer bereits eine dominante Stellung einnimmt, die entscheidende Rolle spielen. Allerdings darf man nicht übersehen, daß die Verhältnisse differenzierter sind. Z.B. wird die geistige Veranlagung wesentlich stärker mit einbezogen, und zur Ablösung eines bereits in hoher Stellung Etablierten stehen dem Menschen eine ganze Reihe von Mitteln zur Verfügung.

Es ist allerdings die Frage, inwieweit überhaupt die Tendenz besteht, über die eigene Stellung im Mittelfeld hinauszustreben. Die Flughörnchen der Klasse b sind keineswegs bestrebt, noch in der Lage, ihre gehemmten Talente zu entfalten, solange sie das Männchen a daran hindert. Dadurch wird ein hoher Grad von Stabilität in der Hierarchie erreicht. In der primitiven menschlichen

Sozietät scheint ebenfalls wenig Tendenz zu bestehen, Hochrangige aus ihrer Position zu verdrängen. Man richtet sich nach dem eigenen Status aus. Anders werden die Verhältnisse erst mit dem Übergang zur Organisationsstufe größerer, primär überindividuell gebundener Kommunaleinheiten. Mit dem Schwinden der gegenseitigen Kommunalisierung geht zumindest bei den Flughörnchen auch der hemmende Einfluß des Ranghohen zurück, der ja nur von voll Kommunalisierten in ganzer Stärke ausgeübt wird.
Ein wichtiger Teilaspekt der hierarchischen Ordnung in der Sozietät ist der Einfluß des Männchens a auf die Aggressivität seiner Nestgenossen gleichen Geschlechts, also auf die physiologische Grundlage, die bei Empfang des Auslösers zu agonistischem Verhalten gegenüber gruppenfremden Artgenossen führt. In unserem Modell auf S.77 habe ich angenommen, daß ein niedriger Pegel von Aggressivität defensives agonistisches Verhalten oder Flucht und ein hoher Pegel aggressives Verhalten bewirkt. Ein a-Männchen äußert sowohl in Freiheit als auch in Gefangenschaft Angriffsverhalten, vorausgesetzt, es hält sich im eigenen Territorium auf. Männchen der b-Klasse sind wesentlich stärker defensiv und greifen einen Fremden auch im eigenen Territorium oder Käfig nur selten an. *Der Duft des a-Männchens erniedrigt demnach die Aggressivität anderer Männchen, die daran kommunalisiert sind.* Ich möchte hier daran erinnern, daß diese Aggressivität nur dem bipolaren agonistischen Verhalten, nicht aber den tripolar ausgerichteten Streitigkeiten innerhalb der Sozietät zugrunde liegt. Bei modellhafter Übertragung dieser Verhältnisse auf den Menschen wäre in der Kleinsozietät ein rangtiefer Mann aus entsprechenden Gründen weniger aggressiv als ein ranghoher. Dann wäre aber auch in der Großsozietät, insbesondere in der Massengesellschaft, die Aggressivität generell sehr niedrig, wenn wir die Verhältnisse in der übervölkerten Flughörnchengruppe zugrunde legen.
Dem steht aber scheinbar die Tatsache gegenüber, daß in dieser Gesellschaftsform »Aggressionen« besonders häufig vorkommen. Doch nur scheinbar, denn die Vergrößerung des Verbandes geht zwangsläufig, wie wir bereits wissen, mit einem Absinken der gegenseitigen Kommunalisierung einher. Dies wiederum führt zu einer Zunahme der tripolaren und auch zum Auftreten von bipolaren Auseinandersetzungen innerhalb des Verbandes, abgesehen von den hier noch unberücksichtigten neurotisch bedingten Aggressionen, die erst im zweiten Buchteil diskutiert werden. Trifft unsere Vorstellung von der Gültigkeit der gegenseitigen sozialen Hemmung auch beim Menschen zu, dann wird das damit bewirkte generelle Absinken der Aggressivität – die sich in ausweichendem und defensivem Verhalten gegenüber nicht oder schwach kommunisierten Artgenossen äußert – mehr als wettgemacht durch die Folgen des graduellen Schwindens der kommunalen Bindung. Und noch eins: durch das Nachlassen der Kommunalisierung wird ja auch die dran gekoppelte soziale Hemmwirkung schwächer und damit die Senkung des Aggressivitätspegels geringer. Auch hier tritt wieder die große

Bedeutung der Kommunalisierung an Individual- und Gruppensignale vor Augen, und es wird dringend Zeit, daß sich die Verhaltensforschung am Menschen gründlicher mit diesen Problemen auseinanderzusetzen beginnt.

Das Wirkungsgefüge echter Tradition

Die friedliche Kleinsozietät als biologisches Spannungsfeld ist damit in Umrissen deutlich geworden. Zum Gesicht des Friedens, also des spezifischen Verhältnisses zwischen gegenseitig kommunalisierten Artgenossen, gehört aber beim Menschen noch ein ganz wesentlicher Zug: das Wirkungsgefüge der Tradition.

Noch bis vor 25 Jahren hielten Anthropologen und Zoologen den Aufbau von Traditionen für ein Privileg des Menschen. Bis dann japanische Forscher auf der kleinen Insel Koshima eine aufsehenerregende Entdeckung machten. Die Erfindung eines Makakenweibchens – einer mit den Pavianen verwandten Affenart –, seine schmutzigen Patatenknollen vor dem Essen im Wasser abzuwaschen, wurde von Spielgefährten, der eigenen Mutter, anderen Müttern und deren Kindern und schließlich von fast allen Mitgliedern des eigenen Sozialverbandes übernommen. Das Waschen wurde somit Bestandteil des üblichen Verhaltensinventars dieser Gemeinschaft. In anderen Makakentrupps fanden die Japaner weitere Traditionen, z.B. Eigenheiten in den Eßgewohnheiten und sehr wahrscheinlich sogar in der Sozialstruktur. Solche nicht genetisch fixierten Verhaltensmerkmale können sich nur innerhalb von Sozietäten bilden, denn zur Übergabe auf den Nächsten, bzw. zur Übernahme des Musters, *bedarf es sehr enger individueller Kontakte.* Dafür spricht auch, daß in dem Affentrupp auf Koshima die nur locker mit der Kommunaleinheit verbundenen älteren Männchen das Waschen nicht oder sehr spät annahmen und fremde Trupps andere Traditionen entwickeln.

Um eine Erfindung, z.B. das Patatenwaschen, von einem Gruppenmitglied zu übernehmen, bedarf es des mehrmaligen Zusammenseins aus anderen sozialen Gründen mit diesem Tier, während es seine Erfindung praktiziert, also z.B. Pataten wäscht. Das gleiche gilt für die weitere Verbreitung des übernommenen Verhaltensmusters, also den Aufbau einer Tradition. Auch individuelle Unterschiede in der Begabung spielen bei der Übernahme eine Rolle: sechs der insgesamt sieben Kinder eines bestimmten Weibchens erwiesen sich als geistig minderbegabt und lernten das Waschen nicht.

Da Traditionen nicht genetisch fixiert sind, ist lediglich die allgemeine geistige Fähigkeit, eine Erfindung zu machen und darauf eine Tradition aufzubauen, Bestandteil des Erbgutes der Art. Deswegen reißt eine Traditionskette ab, wenn keine *Kontinuität* der engen kommunalen Kontakte mehr gegeben ist, die als Voraussetzung für die Demonstration des tradierten Musters am Objekt erforderlich ist, oder wenn durch Veränderungen in der Umwelt entweder das Objekt ausbleibt, also in unserem Beispiel die Pataten, oder das

Waschen für längere Zeit nicht möglich ist. Andrerseits setzen sich vorteilhafte Verhaltensneuerungen, die auf Tradition beruhen, innerhalb der Sozietät viel schneller durch, als dies auf dem Wege der Selektion von Mutationen im Erbgut auch nur annähernd vergleichbar möglich wäre.

Für kommunale Arten mit der Begabung zu nützlichen Erfindungen und der Fähigkeit zur Übernahme solcher individuell erfundener Verhaltensmuster sind also Traditionen ein sehr wesentlicher Faktor bei der raschen Anpassung an spezifische Umweltverhältnisse. Übernommen wird hier, was dem Individuum in der Gemeinschaft selbst Spaß macht oder ihm Vorteile in der Auseinandersetzung mit seiner Umwelt bringt. *Die selektive Basis ist also hier das Einzeltier in der Gruppe,* während bei dem durch Mutationsschritte vorgezeichneten Selektionsweg die Art, also die rein überindividuelle Einheit, als Bezugsgröße gilt, verkörpert in der Population. Eine Erfindung zieht häufig andere Erfindungen nach sich. Auch dafür haben die japanischen Makaken Beispiele geliefert: Aus dem Waschen der Patatenknollen und anderen Verhaltensweisen am Wasser wurde die Beziehung zu diesem Milieu allgemein beeinflußt, und viele Tiere lernten schwimmen und sogar ausgezeichnet tauchen.

Wie nun unterscheiden sich diese tierischen Traditionen von denen des Menschen auf der Stufe der primär individuell gebundenen Sozietäten? Natürlich fällt zunächst die Vielfalt von Traditionen auf, es bestehen also deutliche quantitative Unterschiede zu den nichtmenschlichen Primaten. Sodann gehen diese Traditionen auf Erfindungen und Erlebnisse zurück, die zum Teil wesentlich höhere geistige Fähigkeiten zur Einsicht und Abstraktion erfordern. Es fällt aber noch etwas sehr Wesentliches auf: Menschliche Traditionen können weitergereicht werden, ohne daß der Raum-Zeit-Zwang besteht, wie ich ihn eben von den Makaken beschrieben habe. Der Traditionsempfänger muß nicht mit eigenen Augen sehen, wie ein bestimmter Handgriff gemacht wird, er müßte also nicht dabeisein, wenn seine Mutter Kartoffeln wäscht, um es ebenso machen und diese Technik seinerseits den Nachkommen weiterreichen zu können. Menschen haben die Möglichkeit, einen Vorgang zu schildern und Begriffe zu bilden. Sie können auch einen Verhaltensvorgang schriftlich fixieren. Es besteht die Möglichkeit, Traditionsmuster über eine oder mehrere Generationen, die sie nicht praktizieren, hinweg weiterzureichen. Beim Menschen läßt sich auch deutlich erkennen, daß die Weitergabe von Traditionen nicht allein auf der aktiven Übernahme durch den Traditionsempfänger beruht, sondern daß auch der Traditionsvermittler gezielte und bewußte Anstrengungen unternimmt, die Traditionskette nicht abreißen zu lassen, indem er seine Nachkommen und allgemein den Nächsten unterweist.

Der *Begriff Tradition* läßt sich demnach so fassen: Die meist zu Komplexen zusammengefaßten Traditionen gehen auf Erfindungen und Erfahrungen von Individuen zurück, die nach dem Häufigkeitsmuster und der Qualität individueller Beziehungen zwischen Kommunalisierten in der friedlichen Sozietät sehr rasch ausgebreitet werden können und im Laufe der Weitergabe durch die Generationen den sich ändernden äußeren Lebensbedingungen auf Grund der Erfahrungen des einzelnen angepaßt werden. Tradition hat als Zeitdimension die Größenordnung von mehr als zwei Generationen und als Raumdimension ursprünglich die Mehrzahl der männlichen und (oder) weiblichen Mitglieder (einer Altersgruppe) der geschlossenen Sozietät. Ihre Kausalität liegt in der demonstrativ praktizierten nützlichen Erfindung oder Erfahrung eines Individuums in der Gruppe – soweit das Muster nicht aus einer anderen Kommunaleinheit übernommen wurde – und in der Fähigkeit und Bereitschaft des Nächsten, diese zu übernehmen und weiterzugeben. Ihre Kontinuität über mehrere Generationen hin, die sich u. a. in einer Anhäufung von Traditionskomplexen äußert, beruht einerseits auf der Traditionsbereitschaft, andrerseits auf der Zweckmäßigkeit dieses Verhaltens in der örtlichen Umwelt der Sozietät. Nicht mit einbezogen ist hier die geschichtliche Überlieferung, die nicht Bestandteil des Verhaltensinventars geworden und lediglich Datenmaterial z. B. über den Hergang eines Krieges weitergibt. Auf die Funktion der Überlieferung gemeinsamer Geschichte bei der Stärkung der inneren Verbundenheit einer Gruppe bin ich bereits im Kapitel über die *Kausalität des Friedens* eingegangen.

Eine revolutionäre nützliche Erfindung vermag sich innerhalb einer friedlichen Einheit sehr rasch auszubreiten. Dagegen setzen sich Abwandlungen eines bereits zur Tradition gewordenen Musters weniger leicht durch, da dieses bereits von einer Vielzahl von Individuen als Bestandteil des friedlichen Zusammenlebens getragen wird. Wenn sich Änderungen herkömmlicher Verhaltensmuster schrittweise durchsetzen, so geschieht dies in der Regel aus gesammelten Erfahrungen heraus, also zur optimalen Angleichung des Musters an die bestehenden Erfordernisse, oder wegen eines Wandels in den äußeren Lebensverhältnissen und Verschiebungen in den Bedürfnissen der Gruppe. Kleinsozietäten, deren Traditionen eine besonders günstige, langfristige Nutzung der Umwelt und ein besonders harmonisch organisiertes Zusammenleben der Einzelglieder ermöglichen, sind in der Auseinandersetzung mit anderen Gruppen im Vorteil. Eine solche Stellung ergibt sich z. B. aus einer Selbstbeschränkung bei der Nutzung von Naturgütern, in der nicht der Vorteil des einzelnen auf kurze Frist, sondern die Erhaltung der Lebensgrundlage für die Gesamtheit der Sozietät über viele Generationen hin bestimmend wirkt. Die Vorrangstellung des Gruppenvorteils ist allerdings nur bei vollständiger gegenseitiger Kommunalisierung möglich. Als Maß für die Selbstbeschränkung dient die Reaktion der Umwelt, die als Erfahrung gesammelt wird und sich in der Folgezeit korrigierend auf die traditionelle Art der Nutzung auswirkt.

Zur *Kultur* wird ein menschlicher Traditionskomplex erst, wenn ein weiteres Element hinzutritt. Ich habe eben Traditionen als Kontinuum durch die Generationen hindurch in ihrer Umweltbezogenheit dargestellt. Kulturtraditionen dagegen beinhalten zusätzlich ästhetisch-geistige Werte, deren Fortbestehen in der Gruppe in keinem Kausalzusammenhang mit der Bewährung in einer naturgegebenen Umwelt steht. Dies darf nicht so verstanden werden, daß Kultur keine Beziehung zur Umwelt aufweist. Im Gegenteil, man kann von der traditionellen Kultur der Kleinsozietät geradezu als der *»ökologischen Kultur«* sprechen, weil in ihren Traditionskomplexen eine enge Verflechtung von Umweltbezogenheit und menschlicher, ästhetisch-geistiger Differenzierung verwirklicht ist. Die Vielfalt von Kulturformen, die uns in den traditionsverbundenen Volksgruppen entgegentritt, ist auch dort gegeben, wo annähernd gleiche ökologische Bedingungen keine Erklärung für die Differenzierung bieten. In Tiersozietäten mögen sich zwar vereinzelt Verhaltensmuster als Traditionen erhalten, auch wenn sie keine für uns erkennbaren Vorteile in der Lebensweise bringen, sondern vielmehr in ihrer Auswirkung neutral sind, doch kenne ich keinen Fall, wo z. B. das ästhetische Empfinden von Menschenaffen in eine Traditon eingebaut wäre, die in natürlichen Populationen Bestand hat. Nur der Mensch besitzt Traditionen, wie sie uns als Religionen, Kunststile, Geistesströmungen und andere geläufig sind.

Wir sehen hier wieder die hervorragende Bedeutung der Fähigkeit, sich an Individuen der eigenen Art zu kommunalisieren. Nur in der friedlichen Gemeinschaft ist das Entstehen auch von Kulturtraditionen möglich, denn nur in diesem Rahmen erlaubt die soziale Konstellation die Ausbreitung der Muster, nur hier ist die Bereitschaft entwickelt, Eigenarten des Nächsten, der älteren wie der eigenen Generation, zu übernehmen und sich von denen der Fremden, also der außerhalb der Sozietät Stehenden, zu distanzieren. In der ursprünglichen, primär individuell zusammengehaltenen Sozietät ist es vor allem das persönliche friedliche Verhältnis, das die Bereitschaft zur Übernahme des Traditionsgutes bestimmt.
Ich möchte in diesem Zusammenhang auch kurz auf die *Stellung der Ahnen* in der Gesellschaft eingehen. Es fällt auf, daß gerade in den ursprünglichen Gesellschaftsordnungen die Ahnen eine wichtige Rolle spielen. Ich interpretiere dies als Folge der hohen Kommunalisierung, die auch über den Tod hinaus bestehenbleibt und sich in zweierlei Erscheinungsformen äußert: einmal im Festhalten an dem Traditionsreichtum der Alten, und zum anderen im Ahnenkult, also in einem eigenen Kulturkomplex, der die Verehrung und Einbeziehung in die Gegenwart der verstorbenen Mitglieder der Gemeinschaft zum Inhalt hat. Eine solche aus der Kleinsozietät geborene Traditionskette ist z. B. in Japan bis in das späte Stadium der Hochkultur erhalten geblieben.

Bekanntlich werden in der echt traditionellen Gesellschaft auch Muster aus fremden Sozietäten übernommen. Es besteht also nicht nur eine Distanzierung, sondern auch eine Attraktion ihnen gegenüber, die sich offenbar nicht allein nach dem Nutzwert richtet, sondern wiederum kommunal bestimmt ist.

Obwohl die Begründung einer Tradition vom Individuum ausgeht, wird sie doch nach ihrer vollen Ausbreitung in der Sozietät von deren Mitgliedern getragen und damit zur überindividuellen Größe, der sich die einzelnen unterstellen. Tradition bedeutet somit auch Norm und Einordnung des einzelnen in das hergebrachte System friedlicher Beziehungen. Durch Bewahren des Bewährten erhält die traditionell geprägte Sozietät stark konservative Züge, und Änderungen vermögen sich aus den weiter oben genannten Gründen nur schwer durchzusetzen. Es führt zu Fehlentwicklungen, wenn die Korrekturmechanismen nicht mehr hinreichend funktionieren, vor allem dann, wenn der ursprünglich geschlossene Rahmen der individualisierten Gesellschaft verlassen wird. Mit der Fortentwicklung der menschlichen Gesellschaft kommen zu der persönlichen Bindung auf Grund der starken gegenseitigen Kommunalisierung zunehmend überindividuelle Faktoren hinzu, die den friedlichen Zusammenhalt größerer Gruppen ermöglichen. Bei diesen bindenden Faktoren handelt es sich zu einem erheblichen Prozentsatz um Kulturtraditionen selbst, z. B. um gemeinsame Sprache, Kleidung, Bräuche und anderes. Und erst durch die Fähigkeit, solche stark differenzierten Traditionen aufzubauen, die sich nicht allein an der Nützlichkeit in der naturgegebenen Umwelt ausrichten, kommt es auch zu der Vielfalt von menschlichen kommunalen Organisationsstrukturen und zu den Größenordnungen der Kommunalverbände, die den vom Individuum überschaubaren Rahmen bei weitem sprengen. Durch diese Vergrößerung und die damit abnehmende gegenseitige Kommunalisierung und Bedeutung des Individuums werden auch die Mechanismen berührt, die die Traditionskontinuität aufrechterhalten. Ich meine hier vor allem die Bereitschaft einerseits und Unumgänglichkeit andrerseits, Traditionsmuster von denen zu übernehmen, *an die man stark kommunalisiert ist.* Mit der Lockerung der kommunalen Bindung lösen sich diese Bande, und es kann sich ein neuer Individualismus durchsetzen, der qualitativ und funktionell vom ursprünglichen in der voll kommunalisierten Kleinsozietät abweicht. Dieser neue Individualismus wird jedoch erst im Schlußkapitel, *Die solitäre Gesellschaft*, diskutiert werden.
Zum Gesicht des Friedens gehören zwei weitere Züge, da sie ursprünglich nur innerhalb von Sozietäten verwirklicht waren: die Gemeinschaftsarbeit und die allmählich wachsende Arbeitsteilung. Auch dadurch wurden Leistungen möglich, die erhebliche selektive Vorteile gegenüber nichtkommunalen Arten erbringen. Dadurch wurden aber auch Kulturleistungen möglich, die weit über das hinausgehen, was das Individuum an Traditionen zu tragen vermag.

Die kommunale Funktion der Ehe

Abschließend noch einige Worte über die Ehe als Institution innerhalb der Sozietät. Bei meinen Flughörnchen fand ich volle Vermischung der Geschlechter sowohl bei der Paarung als auch der räumlichen Gruppierung im Nest. Auf der Stufe der gegenwärtig zu den ursprünglichsten Menschen gehörenden Sammler, Jäger und Gartenbauern am Mt. Bosavi in Neuguinea besteht die Ehe als feste Einrichtung. Allerdings ist in Neuguinea nicht wie bei uns die Einehe die Norm, sondern jeder erwachsene Mann kann sich so viele Frauen nehmen, wie er wirtschaftlich verkraften kann. Er muß – meist mit Unterstützung seiner nächsten Anverwandten – die Frau von ihrer Familie loskaufen, und die mit diesem Brautkauf verbundenen wirtschaftlichen Aufwendungen setzen der Zahl seiner Frauen meist sehr enge Grenzen. Natürlich spielt auch das Geschlechtsverhältnis insgesamt eine Rolle dabei, wie viele Frauen sich ein Mann nehmen kann. Die eheliche Gemeinschaft hat ihre wohl größte *kommunale Funktion in der Eingliederung des Nachwuchses in die Sozietät.* Ich habe im zweiten Kapitel eingehend den Ablauf des Kommunalisierungsprozesses während der Jugendentwicklung geschildert. Die Kommunalisierung erfolgt zunächst an die engere Familie, und erst aus dieser Konstellation heraus kann sich die Kommunalisierung zu den übrigen Mitgliedern der Sozietät vollziehen. Dies ist möglich, weil die Familie bereits zu dieser Gemeinschaft gehört und deshalb die zum Aufbau der gegenseitigen Kommunalisierung mit der Sozietät erforderlichen Kontakte und wohl auch die Bereitschaft der anderen zur Kommunalisierung auf Grund der gedanklichen Assoziation mit Mutter und Vater vorhanden sind.

Gewöhnlich wird ein anderer Funktionsbereich in den Vordergrund gestellt: die Verstärkung des Zusammenhalts der Gesamtsozietät auf Grund der sehr engen kommunalen Kontakte zwischen den Ehepartnern. Doch scheint mir dies viel eher eine Konstellation zu sein, die die Gefahr einer Aufsplitterung in Untergruppen in sich birgt. Die Vorrangstellung der Einheit der Gesamtsozietät gegenüber der engeren Familie wird bei den Bosavis sehr deutlich: hier bewohnt im Hordenhaus, wie erwähnt, nicht jede Familie eine Abteilung für sich, sondern die Geschlechter leben in zwei getrennten Teilen des Hauses, ganz gleich, ob sie verheiratet sind oder nicht.

Zu der kommunalen Funktion der Ehe treten die auch bei nichtkommunalen Arten gegebenen Bereiche der Fortpflanzung und Aufzucht des Nachwuchses. Neben Eheschließung trägt Arbeitsteilung den Ansatz in sich, daß es zur Untergruppierung in der Sozietät kommt. Solange aber die Sozietät primär individuell gebunden ist, also die räumliche Anlage der Siedlungsgemeinschaft und andere traditionell entwickelte Konstellationen zu häufiger persönlicher Begegnung und Gemeinsamkeit, wie z. B. Festen, Ratsversammlungen, Jagd- und Kriegszügen führen, ist diese Tendenz ausgeglichen. Es ist aber bereits in der beschriebenen Struktur der Kleinsozietät der Beginn dazu gelegt, daß es in größeren, primär überindividuell zusammenhaltenden Verbänden zu der vielschichtigen *Untergruppierung* kommt, wie sie uns deutlich in der Großgesellschaft gegenübertritt.

Ich habe das Bild des Friedens gezeichnet, soweit es in wesentlichen Zügen mit dem Thema biologischer Determinierung in Zusammenhang steht. Für den Leser mag es ungewohnt sein, den Frieden auch als Feld von Spannungen zu sehen, die ganz spezifisch für diesen Zustand sind. Ich meine hier die tripolar bezogenen Streitigkeiten und die Hemmwirkung auf Gruppenmitglieder. Im zweiten Teil des Buches werde ich alle hier gelegten Fäden wiederaufnehmen. Doch kann dies erst geschehen, sobald ich das Füreinander, Gegeneinander und Nebeneinander der friedlichen Sozietäten in der Population, also der Lebensgemeinschaft korrespondierender Gruppen derselben Art analysiert habe. Erst auf der Ebene dieses Spannungsfeldes, das die Population darstellt, wird uns die Funktion des friedlichen Zusammenschlusses in Sozietäten ganz verständlich, erst hier kann der volle selektive Wert der kommunalen Lebensweise zutage treten.

Sechstes Kapitel

Spannungsfeld Population

Die territoriale Behauptung

Für Weiße kaum erkennbar, zog sich der schmale Fußpfad durch den tropischen Urwald nördlich des Mt. Bosavi. Ihre Nase dicht am Boden, suchte unsere Papuahündin Sobi den Weg und führte uns über flache Höhenrücken, durch morastige, mit Sagopalmen bestandene Senken und über kleine, klare Bäche, die zwischen dunklem Lavagestein und den bloßgespülten Wurzeln mächtiger Feigenbäume zum nahen Libano River strömen.
Wir wollten einen neu auf einer Rodungslichtung angelegten Pflanzgarten aufsuchen. Über uns war das Dach des Waldes geschlossen, und es verbreitete sich nur schwaches Dämmerlicht und modrig-heiße Atmosphäre. Selten stießen wir auf Wild, eine einzelne Krontaube, die sich mit schwerem Flügelschlag vom Boden erhob, Fruchttauben und gelegentlich Loripapageien, die sich in Flügen kreischend aus dem Wipfel eines Baumes lösten. Als Sobi die Rückenhaare sträubte und leise zu knurren begann, bemerkte ich einen Bosavimann, der sich scheu abseits in das Unterholz gedrückt hatte. Zwei Jungen versuchten sich hinter ihm zu verbergen. Zurufe brachten uns aber bald näher, und es dauerte nicht lange, bis wir uns miteinander ein wenig verständigen konnten. Der Mann gehörte zu den *Kaluli*, auf deren Boden wir uns befanden. Er trug außer seinem immer mitgeführten Netzsack, in dem Rauchrohr, Tabak, Sago als Wegzehrung und kleinere Geräte in Blätter eingehüllt lagen, ein großes Bambusrohr, das mit zähflüssigem, stark duftendem Baumöl gefüllt war. Dieses Öl, das aus tiefen, in die Rinde eines bestimmten Baumes geschlagenen Einschnitten rinnt und in Blattgefäßen aufgefangen wird, ist ein wertvoller Handelsartikel. Die Papuagruppen im zentralen Hochland reiben damit ihren Körper ein. Der Mann und seine beiden Söhne waren gerade unterwegs ins Hochland, zu den Huli-Leuten, um von dort im Tausch Salz und Tabak einzuhandeln. Eine solche Reise, die sich über viele Tage hinzieht, geht durch feindliches Land, denn zwischen den Kaluli und den Hochländern siedeln die Waragu-Leute, mit denen die Kaluli zwar sprachlich verwandt sind, die aber zu einer getrennten Kommunaleinheit gehören. Es wurde mir aber versichert, daß diese Handelsbeziehungen auch schon vor der australischen Kontrolle über das Land bestanden haben. Früher wurden hauptsächlich Steinbeilklingen aus dem Hochland eingehandelt, im Austausch gegen Paradiesvogelfedern, Baumöl, Schnäbel von Nashorn-

vögeln und anderem. Es bestand hier eine begrenzte wirtschaftliche Abhängigkeit. Männer, die den Warenaustausch durchführten, behandelte man trotz des ständigen Feindverhältnisses zwischen den Gruppen als neutrale Personen. Dies galt auch für Kaluli, wenn sie auf ihrem Weg ins Huli-Gebiet durch Waragu-Territorium zogen. Aus anderen Gegenden Neuguineas kenne ich Berichte, die entsprechende Verhältnisse schildern.

Das Raumverhalten der Kaluli-Papuas

Die Pflanzgärten und die dazugehörigen Hordenhäuser der Kaluli liegen weit verstreut in der grünen Wildnis auf kleinen Lichtungen, jedes Haus nach Möglichkeit auf dem Rücken eines kleinen Höhenzuges (Bild 2, S. 26/27). Ein bis eineinhalb Stunden angestrengten Fußmarsches muß man bewältigen, um von einem Hordenhaus aus das nächste zu erreichen. Die Gemeinschaft jedes dieser Großen Häuser umfaßt etwa 60 bis 70 Männer, Frauen und Kinder. Sie gehören zwei oder drei vaterrechtlichen Sippen an. Das Hordenhaus liegt in einem Territorium, das durch Bachläufe und andere Landmarken vom Territorium der Nachbargemeinschaft abgegrenzt ist. Innerhalb der Sprachgruppe der Kaluli gibt es mehrere solcher Territorien, und es besteht auch ein lockerer Zusammenhalt zwischen ihnen, wie er – unter anderen ökologischen Verhältnissen – zwischen Horden der Kalahari-Buschmänner von dem Forscher H. J. HEINZ beobachtet worden ist. Heinz nennt ein solches lockeres Gefüge benachbarter Horden einen *Nexus*. Jedes Hordenhaus der Kaluli trägt einen Eigennamen, entweder nach der vorherrschenden Sippe in der Hausgemeinschaft oder nach dem Ort, an dem es errichtet ist. Schon nach zwei bis drei Jahren verfällt das Haus durch Klimaeinwirkungen, und es wird ein neues an einem anderen Standort gebaut; der Standort wird nach der Lage der zu der Zeit ertragreichsten Sagogründe und der Gärten ausgewählt. In dem sehr regenreichen Tropenklima der Bosaviregion bleibt ein Garten nur ein bis zwei Jahre ergiebig. Schon nach so kurzer Zeit muß ein neuer an anderer Stelle angelegt werden. Und erst nach etwa fünf Jahren kann das inzwischen mit dichtem Sekundärwald überwucherte ehemalige Gartenland erneut genutzt werden. Die Männer schlagen dann die Bäume, setzen aber – falls es sich um Bananengärten handelt – zunächst die Stecklinge ein. So stürzt das Astwerk auf die jungen Pflanzen und schützt den Boden eine Zeitlang vor zu starker Auswachsung.

Jede Horde verlegt ihr Großes Haus nur innerhalb des eigenen Territoriums. Hier werden auch vier bis sechs kleinere Häuser gebaut, in denen für begrenzte Zeit ein oder mehrere Familien der Sozietät wohnen, um Sago zu gewinnen, andere wildwachsende Pflanzen zu sammeln, zu jagen oder den Garten zu bestellen. Gelegentlich werden auf der Jagd und an abseits gelegenen Sagoplätzen einfache Regendächer errichtet. Innerhalb des Hordenterritoriums wird den einzelnen Männern Land zugeteilt. Dort können sie mit ihren

Familien Gartenpflanzungen anlegen, wobei sich Befreundete gegenseitig helfen. Im Garten ist das Land so aufgeteilt, daß jeder, auch die älteren Kinder, ein eigenes Stück erhalten. Wegen der Sammel- und Gartenarbeit, den ausgedehnten Jagdexkursionen und Handelsreisen über das engere Wohngebiet hinaus sind die Familien oder einzelne Personen häufig längere Zeit vom Hordenhaus abwesend. Ich habe im Kapitel über die *Kontinuität des Friedens* bereits auf die Bedeutung von Verhaltensmustern wie des Umarmungsgrußes hingewiesen, als deren primäre Funktion ich die Überbrückung dieser Trennungsperioden sehe. In früherer Zeit war das Große Haus nur bei Gefahr vor feindlichen Überfällen und zu Festen voll belegt, sonst lebten hier wenige Familien zur gleichen Zeit, oder das Haus wurde für Wochen ganz verschlossen.

Zwischen getrennten Horden (bzw. Sippen) einer Sprachgruppe erfolgt ein Austausch von Frauen zur Heirat. Damit ist die Geschlossenheit der Sozietät unterbrochen, bis die Frau in die Horde des Mannes kommunal integriert ist. Der Brautkauf erfolgt aber nur innerhalb des eigenen Nexus, die Frau stammt also aus einer der locker verbundenen Hausgemeinschaften der Kaluli-Sprachgruppe. Obwohl auch innerhalb des Nexus gelegentlich Überfälle auf benachbarte Hordenhäuser vorkommen, liegt das eigentliche Feindesland außerhalb dieses Bereiches. In den Jahren vor dem Eindringen der Weißen lagen die Kaluli vor allem mit ihren nördlichen Nachbarn, den Waragu, aber auch mit den anderen Gruppen ringsum in Krieg. Die übliche Taktik war der Überraschungsangriff auf das Haus, wobei sich häufig mehrere Hausgemeinschaften eines Nexus miteinander verbündeten. Die dabei getöteten Feinde wurden mitgetragen und zu Hause verzehrt.

Land als kommunale Größe

Vor fünf Jahren machte sich der amerikanische Anthropologe R. KELLY auf, um bei den westlichen Nachbarn der Kaluli, die zur Etoro-Sprachgruppe zusammengefaßt werden, die Gründe für kriegerische Auseinandersetzungen zu erforschen. Er nahm die Hypothese mit ins Gelände, daß die Kämpfe tripolar ausgerichtet seien und *um Land* geführt würden. Ein Kollege Kellys erzählte mir später, daß dieser sehr enttäuscht gewesen sei, als er feststellen mußte, daß sich für die Richtigkeit seiner Ansicht aus den Aussagen der Etoro keinerlei Hinweise ergaben. Mich interessierte dieses Ergebnis – weitere sind mir nicht bekannt geworden – vor allem deshalb, weil ich von der biologischen Betrachtung her nicht erwartet hatte, daß Stammeskriege ursprünglich tatsächlich um Land gehen, obwohl die Verhältnisse häufig diesen Eindruck erwecken. So wandte sich auch der sehr erfahrene Professor für Völkerkunde an der Papua-Universität in Port Moresby zunächst im Gespräch sehr entschieden gegen meine Ansicht, daß Land als Grund für das feindliche Verhältnis zwischen benachbarten, kommunal getrennten Gruppen ausscheide. Erst als ich ihm mein Modell von der bipolaren und tripolaren Aggression vortrug, wonach das agonistische Verhältnis zwischen Kommunaleinheiten seine Ursache nicht in der Beziehung auf etwas Drittes hat, sondern vom Gegenüber direkt ausgelöst wird – über die Auslöser habe ich ja im zweiten und dritten Kapitel ausführlich geschrieben –, begann er seinen Standpunkt zu ändern. Denn ich betonte in dem Gespräch gleichzeitig, daß dem Land in Form des eigenen und des fremden *Territoriums* sehr wohl eine Funktion bei der kriegerischen Auseinandersetzung zukomme, nicht aber in dem Sinne, daß darin die *Ursache* für das agonistische Verhältnis und für die daraus resultierenden Tätlichkeiten zu sehen wäre. Ich möchte im folgenden die Zusammenhänge darlegen:

Die Territorien der einzelnen Horden im Bosavigebiet sind unterschiedlich groß. Die Horde Bono z.B. besitzt ein etwa 4 qkm großes Areal, die benachbarte Horde Kasumisi jenseits des Isawa Rivers dagegen ein Gebiet, das etwa 10 qkm umfaßt*. Von der Stärke der Gruppen her ergibt sich keine Erklärung für diese Unterschiede in der Ausdehnung des Landbesitzes. Historische, topographische, ökologische oder kommunale Gründe mögen dafür verantwortlich sein. Jedes der Territorien ist groß genug und ertragreich genug, um als engerer Lebensraum die Ansprüche seiner menschlichen Bewohner an die Umwelt zu erfüllen. Wäre dem nicht so, d.h. wären die Umweltverhältnisse zu ungünstig oder zu eng bemessen, so hätte sich die Gruppe gar nicht hier halten können, sie wäre im Laufe der Generationen verschwunden bzw. gar nicht erst als eigenständige Kommunaleinheit hier in diesem Bereich entstanden. Die ökologischen Verhältnisse im Bosavigebiet sind allgemein nicht sehr günstig und lassen als Regulativ keine dichte Besiedlung zu. (Ein Ausweichen in anliegendes Land ist nicht möglich.) Andererseits konnte die einmal aufgebaute Bevölkerungsverteilung in dem Raum um den Mt. Bosavi bestehenbleiben, da die Bevölkerungsdichte so reguliert und die Nutzungsmethoden der Umwelt so angepaßt waren, daß auch *langfristig* keine Schäden im Ökosystem zum Nachteil des Menschen auftraten. Weder wurde der Boden zu intensiv bestellt, noch kam es zu Erosion oder dem Niedergang genutzter Tierarten. Es herrschte das ausgewogene Gleichgewicht zwischen dem Lebensraum und der ihn besetzenden Kommunaleinheit, wie ich es im vorhergegangenen Kapitel für die »ökologische Kultur« kurz umrissen habe. Dies hat sich erst mit dem Eindringen weißen Einflusses geändert.

Wenn kommunal getrennte Gruppen über viele Generationen hin als Nachbarn bestehen konnten, so ist dies Anzeichen für ein ausgewogenes Kräfteverhältnis zwischen ihnen. Denn da die Beziehungen zwischen Kleinsozietäten u.a. durch das agonistische Verhalten gekennzeichnet sind, werden Gruppen verdrängt, mit denen sich die Nachbarn nicht in einem hierarchischen Gleichgewicht befinden. In der Zeit vor der weißen Kontrolle bestand, soweit wir wissen, zwischen den Kaluli und den Waragu ein kontinuierliches

* Ich verdanke diese Angaben dem Völkerkundler Edward Schieffelin.

Feindverhältnis; ebenso zwischen vergleichbar stark getrennten, benachbarten Gruppen anderswo in Neuguinea. Es sei denn, daß starke gegenseitige wirtschaftliche Abhängigkeit oder andere Muster das biologische agonistische Verhältnis überdeckten. So sehe ich in der aus Kleinsozietäten zusammengesetzten Population das Verdrängen schwacher Kommunaleinheiten entsprechend dem früher entwickelten Modell *als Kausalfolge der bipolar ausgerichteten, agonistischen Beziehungen zwischen den Gliedern an, nicht jedoch als einen Kampf um Land.*

Welche Funktion kommt nun aber dem Land bei diesen bipolaren Auseinandersetzungen zu? *Land als ökologische Größe* hat insofern eine Bedeutung, als häufig das bessere Land von den stärksten Gruppen besetzt wird. Gruppen, die in besonders günstigem Gebiet siedeln, sind andererseits auch verstärktem Druck von außen ausgesetzt. Handelt es sich hier nicht doch um einen Kampf um Land? Ich sehe in der Qualität der Umwelt nur einen quantitativen Faktor in der agonistischen Auseinandersetzung zwischen nicht Kommunalisierten, einen Grund für verstärktes Drängen und vermehrtes Zusammentreffen wegen der besonderen ökologischen Attraktivität. Die Bewohner begegnen den Nachbarn oder Wandergruppen aber feindlich, weil sie keine innere Bereitschaft besitzen, sich als mit ihnen zusammengehörig zu identifizieren, auch wenn das Gebiet eine dichtere Bevölkerung zuließe.

Land ist jedoch nicht nur eine ökologische, sondern auch eine *kommunale Größe.* Als Territorium wird der engere Wohnbereich von der Sozietät behauptet, und auf Grund dieser territorialen Behauptung ist von zwei etwa gleichstarken Gruppen jeweils diejenige im kämpferischen Vorteil, die sich auf dem eigenen Boden befindet. Aufenthalt im eigenen Territorium erhöht nach meiner im folgenden weiterentwickelten Vorstellung die Aggressivität gegenüber dem Mittelwert. So herrscht zwischen solchen etwa gleichstarken Gruppen ein recht stabiles Grenzverhältnis, denn es bedürfte schon eines erheblichen Kräftegefälles, um den Nachbarn aus seinem Gebiet zu vertreiben. Auch Land als kommunale Größe ist nicht Grund der Feindschaft. Es beeinflußt aber Häufigkeit und Verlauf der aus dem agonistischen Verhältnis entspringenden Auseinandersetzungen.

So verhindert das hierarchische Gleichgewicht zwischen territorialen Nachbarn auch, daß zwischen ihren Angehörigen ständig Feindseligkeiten ausgetauscht werden, ständig Krieg geführt wird. Ich habe früher bereits gesagt, daß das, was wir heute gemeinhin als äußeren Frieden bezeichnen, in den Verhältnissen zwischen kommunal ganz getrennten Sozietäten ein *Nicht-Krieg* auf Grund des agonistischen Verhältnisses darstellt. Zu Tätlichkeiten kommt es nur dann, wenn Zwischenfälle die Balance zwischen den Gruppen stören. Wenn z. B. Angehörige einer Gruppe ein Stück Land für ihren Garten bearbeiten, das nicht eindeutig innerhalb der territorialen Grenzen einer der beiden Anlieger gehört, so mag dies Anlaß zu einer kriegerischen Auseinandersetzung sein, nur der *Anlaß* jedoch und nicht der Grund für die Feindschaft selbst. Ebenso mögen verbale Provokationen über die Grenze hinweg Anlaß sein, zu den Waffen zu greifen. Trotz des Gleichgewichts zwischen den Gruppen als Einheiten ist natürlich eine Schar Männer dem einzelnen der Gegenseite überlegen. So kommt es nach unseren Nachforschungen immer wieder vor, daß sich eine Partie auf fremdes Territorium vorwagt und dort aus dem Hinterhalt einen oder mehrere, z. B. aus Rache, tötet. Auch dies ist dann Anlaß einer Störung der feindlich-kampflosen Beziehungen. So gibt es noch viele mögliche Kriegsanlässe, und man müßte noch genau untersuchen, ob nicht durch die Emotionen, die der Anlaß, also z. B. der Überfall aus dem Hinterhalt, mit sich bringt, bei den Betroffenen die Aggressivität *für befristete Zeit* so hochschaukelt, daß sich daraus ein für den Gegner gefährliches Gefälle zur eigenen Aggressivität ergibt, das also den Angreifer zunächst tatsächlich überlegen macht.

Analyse der territorialen Behauptung

Die Funktion des Territoriums im menschlichen Kommunalleben zu verstehen ist nur dem möglich, der sich vergleichend auch mit dem Sozialleben von Tieren beschäftigt hat. Denn nur am Tier lassen sich durch Experimente und Beobachtungen unter kontrollierten Bedingungen Ergebnisse gewinnen, die die Kausalität und Bedeutung der territorialen Behauptung zu erhellen vermögen. So komme ich ein letztes Mal ausführlich auf meine Untersuchungen an Flughörnchen zu sprechen.

Was bedeutet der Terminus »*territoriale Behauptung*«? Ich verstehe darunter agonistische Überlegenheit im eigenen Gebiet, nicht nur gegenüber schwächeren Artgenossen außerhalb der eigenen Nestgemeinschaft, sondern auch gegenüber potentiell gleichstarken. Den Grund für diese Überlegenheit zu finden war eines meiner Forschungsziele bei den Flughörnchen. Zunächst analysierte ich das auffällige *Markieren mit Duftstoffen im Nest und seiner Umgebung*. Die Duftstoffe stammen aus den Stirn- und Sternaldrüsen der Männchen und aus dem Harn. Weibchen sieht man nur selten markieren, die mit Abstand höchste Markieraktivität besitzt das Männchen a der Nestgemeinschaft. Dieses setzt Harntropfen mit den darin enthaltenen Duftstoffen an Ästen und anderen Objekten im Käfig ab. Es benagt Holz und benetzt dann die Nagestellen mit Speichel, der auch Riechstoffe enthält. Es wischt mit den Fußsohlen und Körperflanken an Einrichtungsgegenständen und streift dabei ebenfalls Duftstoffe ab, nimmt andererseits dabei auch Düfte, die dieser Umgebung anhaften, auf.

Insgesamt lassen sich sechs verschiedene Verhaltensmuster beim Territorialmarkieren unterscheiden; schon daraus wird die Bedeutung dieses Verhaltens erkennbar. Auch die Körperoberfläche der Nestpartner wird – wie bereits früher erwähnt – aktiv duftmarkiert: Das Männchen ergreift mit den Händen die Flanken des Weibchens und reibt dann seine Stirndrüse an des-

sen Brustfell ab (Bild 19, S. 115). Dabei entsteht eine auch optisch erkennbare Sekretspur am Fell. Ebenso verfahren Weibchen; sie reiben ihre Stirnpartie an der Brust eines Männchens. In diesem Falle werden die Duftstoffe von der männlichen Sternaldrüse auf die Stirn des Weibchens übertragen. Auch bei dieser Partnermarkierung werden hauptsächlich die Individualdüfte des Männchens a verbreitet.
Die Funktion des durch Markieren im eigenen Nest, seiner Umgebung und an den Nestgenossen verteilten Gruppenduftes bei der Aufstellung und Einhaltung der Rangordnung sowie für den Zusammenhalt der Nestgemeinschaft habe ich bereits diskutiert. Welche Bedeutung hat die Markierung der Umwelt jedoch für die Beziehungen zu benachbarten Sozietäten, bzw. zu deren einzelnen Mitgliedern? Zur Klärung dieser Frage konstruierte ich zusammen mit meinem Mitarbeiter BERNHARD BRAUN einen Nistkasten aus abwaschbarem Plastikmaterial. Durch ein von oben einschiebbares Gitter war der Kasten in zwei gleichgroße Abteile unterteilbar. An der Vorderseite hatten wir eine Plexiglasscheibe angebracht, um die Vorgänge im Inneren beobachten zu können. In jede Abteilung führte von der Seite her ein verschließbarer Zugang. Diesen Kasten stellten wir ohne eingeschobene Trennwand in einen großen Käfig und ließen ihn von den darin lebenden Tieren eine Zeitlang als Schlafnest benutzen.
Nachdem sich die Gruppe an das Nest gewöhnt hatte und es deutlich erkennbar mit Duftstoffen markiert war, machten wir den ersten Versuch: Wir schoben die Trennwand ein und setzten in jede der Abteilungen des Kastens ein hochrangiges Männchen, in die eine Abteilung ein Männchen aus der Gruppe, die den Kasten bis unmittelbar zuvor als Nest benutzt hatte, und in die andere Abteilung ein Männchen aus einem benachbarten Käfig. Wie würde sich die vorhandene Territorialmarkierung im Nest auf das agonistische Verhalten der beiden auswirken? Das Ergebnis war eindeutig: durch das Trenngitter griff mehrmals und ausschließlich das Männchen aus der Gruppe an, die den Kasten bewohnt hatte. Das andere Männchen verhielt sich defensiv und versuchte, aus dem Kasten zu entkommen. Zur Kontrolle führten wir dieselbe Versuchsserie noch einmal durch, mit dem Unterschied allerdings, daß der Kasten diesmal vor Versuchsbeginn im Nachbarkäfig als Schlafnest stand, in dem auch das Männchen wohnte, das sich im ersten Versuch ausweichend verhalten hatte. Die Rollen waren jetzt vertauscht, der frühere Angreifer äußerte Abwehrverhalten, und die Angriffe des anderen Männchens waren so heftig wie die seinen zuvor.
Als Ursache dieser erhöhten Aggressivität des Territoriumsinhabers kamen zwei Faktoren in Betracht, einmal eine Vertrautheit mit der räumlichen Umgebung, in unserem Falle mit dem Plastikkasten, und zum anderen die Markierung mit gruppeneigenen Duftstoffen. Zur Klärung stellten wir wiederum den Plastikkasten wie bei der ersten Versuchsserie als Nest in einen Käfig, reinigten jedoch vor dem Einsetzen der beiden Versuchsmännchen zum

Kampftest das Plastikmaterial sehr gründlich mit einem Spülmittel und heißem Wasser. Keines der Männchen griff an. Beide verhielten sich jetzt ausweichend und bewiesen damit die wichtige Funktion der Duftmarkierung für die territoriale Behauptung.

Ich wollte nun noch zusätzlich herausfinden, ob nicht doch auch das Vertrautsein mit der Beschaffenheit der Umgebung ohne arteigene Komponenten bei der territorialen Behauptung der Flughörnchen eine Rolle spielt. Dazu setzten wir zwei Männchen aus getrennten Gruppen in den Plastikkasten, von denen keines zuvor darin gewohnt hatte. Jedes verhielt sich gegenüber dem anderen ausweichend, so wie in fremdbedufteter Umgebung. Nun aber legten wir in die Abteilung eines der Männchen ein Brettchen, das aus dem gewohnten Nest des Tieres stammte und stark nach Duftsekreten roch. Anschließend begann dieses das andere Männchen durch das Trenngitter hindurch anzugreifen, offensichtlich, da jetzt sein eigener Gruppenduft anwesend war. Allerdings erfolgten die Angriffe nicht sehr heftig und unterschieden sich in der Stärke deutlich von denen, die dasselbe Männchen unternommen hatte, als es zusätzlich zum Duft auch mit der räumlichen Umgebung des Kastens vertraut war. *Wichtigster Faktor bei der territorialen Behauptung der Flughörnchen ist demnach die Anwesenheit gruppeneigener Markierung, ein Vertrautsein mit der räumlichen Umgebung spielt aber darüber hinaus eine Rolle.* Versuche mit Weibchen erbrachten entsprechende Ergebnisse.

Versetzt man ein altes Männchen in eine fremde Gruppe, also in einen fremdbedufteten Käfig, so verhält es sich dort entsprechend dem eben Gesagten gegenüber allen ausweichend und bei Angriff defensiv. Doch in mehreren Fällen änderte sich bereits nach wenigen Tagen dieses Verhalten, vorausgesetzt, die Angriffe der Käfigbewohner waren nicht so heftig gewesen, daß ich es entfernen mußte. Die Aggressivität stieg trotz der anfänglichen Verfolgungen und Beißereien in diesem kurzen Zeitraum so stark an, daß nunmehr das fremde Männchen die Alteingesessenen verfolgte. Hier war also eine *Aggressionsumkehr* eingetreten.

Ich erwähne diese Beobachtungen, weil der *Zeitfaktor* in der Frage der Territorialbehauptung bisher unberücksichtigt geblieben ist. Gelingt es in der natürlichen Umwelt einem einzelstehenden Männchen, sich eine Zeitlang im Nestbaum einer fremden Sozietät zu halten, wird es also nicht sofort vom Männchen a vertrieben, so könnte auch in ihm allmählich eine solche sehr deutliche Erhöhung der Aggressivität erfolgen, so daß es dann alle Männchen der Sozietät zu vertreiben vermag. Um sich aber so lange halten zu können, bis die Aggressionsumkehr eintritt, muß es potentiell stärker als das ansässige a-Männchen sein, da zunächst die fremde Territorialmarkierung als »releaser effect« erniedrigend auf den Aggressivitätspegel einwirkt.

Ich habe 1966 im Freiland mehrere Versuchsserien durchgeführt, um die unter Laborbedingungen beobachtete Wirkung fremden Territoriums auch untei natürlichen Gegebenheiten zu prüfen. In einem Versuch versetzte ich frischgefangene Männchen in fremde Nestbäume. Gleichgültig, ob die Nestbäume von den dort ansässigen Tieren gerade besetzt waren oder nicht, verließen die versetzten Tiere diese Umgebung meist fluchtartig, während sie sich nach Versetzen in Bäume, die kein Nest trugen, im Blattwerk der Krone versteckt hielten.
Daß es bei Zusammentreffen in Nestnähe auch in Freiheit zu heftigen Kämpfen kommen kann, habe ich bereits früher festgestellt. Wie aber verhalten sich Männchen oder Weibchen aus getrennten Sozietäten, die sich außerhalb des näheren Nestbereichs, also im weiten Aktionsraum bei der Nahrungssuche begegnen? Diese Frage war weit schwerer zu beantworten. Wir mußten zunächst ein erwachsenes Männchen und ein Weibchen einfangen. Nachts, zur Aktivitätszeit der Flughörnchen, ging ich dann mit den Tieren in einen Teil des Geländes, der mit Sicherheit nicht zum näheren Lebensraum der beiden Gefangenen gehörte. Hier hielt ich mit einer starken Taschenlampe Ausschau nach einem freilebenden Tier. Endlich entdeckte ich die rote Augenreflexion eines Flughörnchens hoch oben im Blattwerk einer Palme. Ich ließ nun schnell meine beiden gefangenen Tiere an diesem Stamm hochlaufen und wartete gespannt ab, was sich ereignen würde, nachdem alle drei in der Palmkrone versammelt waren. Da ich nicht wissen konnte, ob das wildlebende Tier ein Männchen oder ein Weibchen war und sich ja nur Flughörnchen gleichen Geschlechts bekämpfen, mußte ich sowohl ein Männchen als auch ein Weibchen freilassen. Ich hatte Glück und konnte in diesem und einem weiteren Versuch mehrere Begegnungen zwischen den Tieren beobachten: Jedesmal gingen sie sich dabei aus dem Wege und verhielten sich demnach so, wie es auf Grund der vorhergegangenen Versuche zu erwarten war. Da in Freiheit wahrscheinlich nur der Nestbaum und seine nähere Umgebung intensiv mit Düften markiert werden, ist der größte Teil des Lebensraums neutrales Gebiet – der »*Aktionsraum*«, in dem sich Angehörige verschiedener Sozietäten bewegen und Nahrung suchen. Nur innerhalb des eigenen Territoriums sind Flughörnchen hoher Rangstellung – dies ist eine andere Vorbedingung – aggressiv. Außer es gelingt einem Eindringling, sich mehr als ein bis zwei Tage in einem fremden Territorium zu halten; dann kann auch ein Fremder aggressiv werden.
Die Gemeinschaftsnester der Flughörnchen liegen oft nur wenige Bäume voneinander entfernt; auch dies zeigt, daß nur ein enger Bereich um das Nest behauptetes Gebiet ist. In der Kokosplantage an der Südküste Neugineas erfaßte ich die Lage der Nester zueinander, und trug sie in einer Karte ein. Neben den Hauptnestern zeichnete ich auch viele Nebennester ein, in denen sich einzelne Individuen der Gemeinschaft zeitweise aufhalten. Sie kehren aber zwischendurch wieder zum Hauptnest zurück, in dem das Männchen a mit

der Mehrzahl der Mitglieder den Tag ruhend verbringt. Bei Störung im Hauptnest zieht die gesamte Sozietät in ein Nebennest um. Daneben gibt es noch Nester, in denen einzelne Tiere ohne Zugehörigkeit zu einer Sozietät wohnen, kurzfristig oder über längere Zeit hin: solitäre jüngere Männchen, die beim a-Wechsel das Geburtsnest verlassen mußten, ehemalige Männchen a, die im »Ruhestand« leben, und einzelne Weibchen mit Kontakt zu Männchen benachbarter Sozietäten.

Auf der Karte zeigte sich deutlich, daß *die Hauptnester in Gruppen beisammenliegen,* vor allem an der Peripherie der Plantage. Dort werden als Standorte alleinstehende Bäume bevorzugt. Besonders exponiert lagen zwei Nester einer Kategorie, die ich als Durchgangsnester bezeichnen möchte. In jedem fingen wir nacheinander Tiere, die nicht zur gleichen Sozietät gehörten, in der Hauptsache junge, wohl allein lebende Männchen, die hier temporär Quartier genommen hatten. Solche jungen Männchen sind, wie unsere Fangaktionen zeigten, sehr unstet. Dagegen scheinen sehr alte, alleinstehende Männchen mit Kennzeichen von a, die offensichtlich aus einer Sozietät vertrieben worden sind, an einem Standort festzuhalten.

Die attraktive Wirkung des Fremden und des Vertrauten

Ich habe beschrieben, wie junge solitär lebende Männchen ihre sozialen Anlagen voll entwickeln können, weil sie nicht durch Kommunalisierung an die Düfte eines a-Männchens darin gehemmt werden. Was veranlaßt nun ein solches Tier, in eine bestehende Sozietät einzudringen und sich mit deren Männchen anzulegen? Aufenthalt in fremdem Territorium bewirkt ja zunächst kurzfristig eine Verminderung der eigenen Aggressivität, und es ist somit schwer zu verstehen, warum das Männchen trotzdem einzudringen versucht. Die Antwort ist einfach und experimentell abgesichert: *Fremder Gruppenduft, also auch fremde Territorialmarkierung wirkt anziehend.* Fremd bedeutet hier »nicht zur eigenen Sozietät gehörig«. Auch der Duft eines Nachbarn, den man kennt, ist somit fremd.

Diese anziehende Wirkung gibt es auch bei nicht kommunal lebenden Verwandten der Flughörnchen. Wenn ich einem einzeln in einem Käfig lebenden Individuum der Arten Federschwanzbeutler, Mausbeutler oder Streifenbeutler zusätzlich zu seinem eigenen Nistkasten einen ebenso gebauten, aber bisher von einem fremden Artgenossen bewohnten Kasten bot, so zog das Tier sogleich in diese fremd beduftete Umgebung um. Es zog nicht um, wenn ich einen ganz neuen, bisher unbedufteten Nistkasten anbot. Die hier beobachtete attraktive Wirkung fremder Nestmarkierung war unabhängig von Geschlechtsfaktoren. Es hatte demnach keinen Einfluß, ob der fremde Duft von einem Tier des gleichen oder des entgegengesetzten Geschlechts stammte. Bei den Flughörnchen liegen die Verhältnisse nicht anders. Auch bei ihnen wirkt Individualduft und ebenso Gruppenduft einer anderen Sozietät an-

ziehend, und Nistkästen solcher Gruppen wurden in den Versuchen den eigenen vorgezogen, nachdem sie zunächst vorsichtig inspiziert worden waren. Fremde Territorialmarkierung hat außerdem den Effekt, die eigene Markieraktivität enorm zu steigern. So löste fremder Stirndrüsenduft, auf Filterpapier im eigenen Käfig angeboten, mehr als 50mal höhere Markieraktivität als normal in einer Versuchszeit von fünf Minuten aus.
Da die Duftmarken im Territorium eine anziehende Wirkung auf nicht daran kommunalisierte Artgenossen ausüben, läßt sich andrerseits schwer verstehen, wie der Zusammenhalt innerhalb einer Sozietät gewährleistet wird. Denn es läge doch nahe, daß Territorialnachbarn, insbesondere die a-Männchen, ständig versuchen würden, sich gegenseitig aus dem Hauptnest zu verdrängen. Dies ist dadurch ausgeschlossen, daß auch *zwischen gegenseitig voll kommunalisierten Tieren eine Anziehung und eine Bindung an das vertraut beduftete Territorium bestehen.* Diese attraktive Wirkung scheint der überlegen zu sein, die vom Duft einer anderen Sozietät ausgeht. Der Prozeß der Kommunalisierung an die Individualdüfte, der gegenseitig abläuft, und an den Gruppenduft der eigenen Sozietät hat offenbar zur Folge, daß auch ein räumlicher Zusammenhalt besteht. Wahrscheinlich hat vor allem der Individualduft des Männchens a, also die Hauptkomponente des Gruppenduftes, diese attraktive Funktion. Denn die Mehrzahl der Gruppenmitglieder ruht in dem Nest, in dem sich auch das Männchen a aufhält. Wird es durch Störung von dort vertrieben, sammelt sich die Mehrzahl der Gruppenmitglieder in dem Nebennest, in das das a-Männchen umgezogen ist. Wird es nochmals vertrieben, so geschieht dasselbe und so fort. Inwieweit auch der räumlichen Struktur des eigenen Hauptnestes und den anderen Sozietätsmitgliedern über das Männchen a hinaus eine attraktive Wirkung zukommt, ist noch unbekannt. Insbesondere muß die bindende Rolle der Weibchen geklärt werden.
Vertreibt nun ein fremdes Männchen das a-Männchen und mit ihm alle von der Mutter unabhängigen Männchen einer Nestgemeinschaft, so zerstreuen sich diese. Die Kommunalisierung an die frühere Sozietät schwindet und damit auch die davon abhängige attraktive Wirkung. Fortan hat nach meiner Vorstellung die attraktive Wirkung fremden Gruppenduftes das Übergewicht. Es wäre somit verständlich, warum bestehende Sozietäten zusammenhalten, einzelne, an keine Sozietät gebundene Männchen aber versuchen, in eine solche einzudringen. Das enge Nebeneinander der Territorien in der Kokosplantage weist aber darauf hin, daß auch zwischen bestehenden Sozietäten eine Attraktion vorhanden ist. Es scheint ein ausgewogenes Verhältnis zwischen der Attraktion zur eigenen Sozietät und der zu den Nachbarsozietäten zu herrschen. Daneben steht das hierarchische Verhältnis territorialer Nachbarn zueinander, und ich habe ja bereits betont, daß ein Gleichgewicht der agonistischen Kräfte zwischen ihnen bestehen muß, damit nicht die eine die andere verdrängt.

Die beiden Arten kommunaler Attraktion – zur eigenen Sozietät und zu fremden – einerseits und die agonistische Abstoßung andererseits ergeben das *Spannungsfeld der Population.* Es ist ein fein abgestimmtes Gefüge, in dem Mechanismen wirksam sind, die selektive Vorteile für die Erhaltung der Art insgesamt bringen. Das Territorium spielt dabei eine äußerst wichtige Rolle; ohne Territorium gäbe es keine agonistische Aggression, aber auch keine kommunale Existenz und kein dauerhaftes Nebeneinander kommunaler Einheiten im Raum. Der Männchenkreislauf von der Geburtssozietät über das solitäre Stadium bis zur a-Stellung in einer anderen Sozietät hin wäre ohne Territorium nicht denkbar. Gerade er aber scheint für die Auslese der besten Genträger von besonderer Bedeutung zu sein.

In der solitären Phase nämlich, in der das Männchen herumwandert, ist es verstärkt Gefahren ausgesetzt. In der Tat besteht ein männlicher Geburtenüberschuß, während unter den Erwachsenen die Weibchen in der Überzahl sind. Von den überlebenden Männchen vermögen nur die eine a-Stellung zu erobern, die eine besonders ausgeprägte soziale Veranlagung mitbringen, insbesonders hohe Aggressivität, die gewöhnlich mit hoher Ausprägung wichtiger anderer sozialer Merkmale von selektivem Vorteil gekoppelt ist. Weitere eingehende Feld- und Laboruntersuchungen müssen diese bisher an wenig Datenmaterial erarbeiteten Ergebnisse erhärten.

Es war hier fast ausschließlich von den Männchen die Rede. Das liegt nicht daran, daß ich das weibliche Geschlecht aus den Untersuchungen ausgeklammert habe. Doch sind die Männchen zweifellos die treibende Kraft im kommunalen Geschehen. Sie erzeugen den Sippenduft, bauen das Territorium auf und äußern die Aggression, die zum Eindringen neuen Genmaterials in die bestehende Sozietät führt. Auch scheint ja der Selektionsdruck – während der solitären Phase – in erster Linie auf ihnen zu liegen. Die erwachsenen Weibchen sind dagegen mehr der ruhende, konservative Bestandteil der Art. Zwar vermögen Weibchen alle auch an Männchen beobachteten kommunalen Verhaltensmuster, z.B. des Markierens, auszuführen, doch tun sie es nur selten, nachweislich in Gefangenschaft, wo einzelne sehr alte Weibchen sich von den Gruppenmitgliedern abheben, indem sie wie Männchen manchmal die Grenzen kontrollieren und mit Harn und anderen ihnen anhaftenden Duftstoffen markieren. In der Population haben Weibchen zwei besonders wichtige Funktionen: sie setzen das Erbgut der durch die Mechanismen der Selektion erfolgreich hindurchgekommenen Männchen in Nachkommen um und halten die kommunale Einheit beim Männchenwechsel aufrecht, denn nur sie und ihre unselbständigen Jungen bleiben zurück, wenn ein fremdes Männchen von außen die Sozietät erobert.

Fassen wir nochmals die *Funktionen des Territoriums* bei der agonistischen Auseinandersetzung zwischen Männchen modellhaft zusammen: Ein solitäres Männchen, das also an keine Sozietät gebunden ist, wird von einem Territorium, genauer der örtlich konzentrierten Markierung mit Gruppenduft, an den es nicht kommunalisiert ist, angezogen. Dadurch trifft es mit hoher Wahrscheinlichkeit mit dem Männchen a der Sozietät zusammen, das viel in seinem Areal patrouilliert. Bei der Begegnung kommt es zum Kampf, der sich mehrere Tage in Etappen hinziehen kann. Offenbar ist in dieser Situation die attraktive Wirkung des Territoriums so stark und die potentielle Aggressivität des Eindringlings so hoch, daß die Angriffe des Männchens a nicht mit Flucht beantwortet werden. Die Gefangenschaftsversuche im Plastikkasten ergeben hier ein abweichendes Bild, da hier die soziale Gesamtsituation anders liegt: im Versuch sind beide Männchen Mitglieder von Gruppen, und die Versuchszeit beträgt jeweils nur fünf Minuten. Auch in fremde Nester versetzte Tiere verließen diese fluchtartig. Wie wichtig der Zeitfaktor ist, haben die Versuche gezeigt, in denen sich ein zugesetztes fremdes Männchen zunächst defensiv verhielt, dann aber seinerseits die bisherigen Käfigbewohner angriff.

Bei dem Kampf zwischen Eindringling und dem Männchen a handelt es sich um bipolar ausgerichtetes, agonistisches Verhalten. Auslöser des Kampfes ist nicht ein dritter Grund, etwa das Territorium oder die Weibchen der Gruppe, sondern sind die drei beschriebenen Komponenten des Auslösers, die direkt vom Gegenüber ausgehen: Erkennen der Zugehörigkeit zur gleichen Art, individuelle oder gruppenspezifische Differenzierung und Gegenwart eines Sozialpartners, auf den die ersten beiden Signale bezogen werden können. Das Territorium hat dabei lediglich die Funktionen, daß es die Gegner zusammenführt und daß es den Verlauf des Kampfes bestimmt, durch unterschiedliche Beeinflussung des Aggressivitätspegels, die von der vorhandenen bzw. fehlenden Kommunalisierung an die Territorialmarkierung abhängt. Zwei benachbarte Sozietäten, jede im Besitz eines Territoriums, üben aufgrund der Attraktionswirkung fremden Territoriums ständigen Druck aufeinander aus, dem die Attraktivität des eigenen Territoriums inklusive der Gruppenmitglieder einerseits und zum anderen die agonistische Abstoßung des Nachbarn entgegenwirkt. Auf Dauer können beide nur deswegen nebeneinander bestehen, weil jede ihr eigenes Territorium besitzt. Das Territorium besteht seinerseits aus mehreren Komponenten: aus einer räumlichen Struktur und den darin und an den Bewohnern angebrachten Markierungen. Es ist primär eine kommunale Größe, nicht identisch mit dem Lebensraum. Bei den Flughörnchen ist der Aktionsraum um ein Vielfaches größer als das Territorium.

Das Gruppenterritorium der Kleinsozietät

Ich gehe davon aus, daß das ursprüngliche Territorium beim Menschen ebenso wie bei den Flughörnchen ein *Gruppenterritorium* ist. Das bedeutet, im Zentrum des Wohnbereichs der Sozietät, z. B. im Gemeinschaftshaus, fühlt sich jedes Mitglied unter ursprünglichen Verhältnissen gleich stark zu Hause. Nun nehmen aber z. B. die Mitglieder einer Kalulihorde im Großen Haus individuelle Schlaf-, Eß- und Kochplätze ein, halten eine *Individualdistanz* ein, und auch das Gartenland ist an einzelne vergeben. Ich betrachte diese Nischen der Individuen nicht als Territorien. Als charakteristisch für Territorien betrachte ich die eben diskutierten attraktiven Wirkungen und die Beeinflussung des Aggressivitätspegels. Da die Mitglieder der Hausgemeinschaft gegenseitig voll kommunalisiert sind, besteht weder ein agonistisches Verhältnis zwischen ihnen, noch treffen die eben genannten Funktionsbereiche des Territoriums für die Beziehungen zwischen Individuen im Gemeinschaftshaus zu. Zwar fühlt sich jeder von seiner Nische im Haus angezogen, doch ist diese Attraktion in Funktion und Kausalität von der des gruppeneigenen Territoriums unterschieden. Und auch die Beeinflussung des Aggressivitätspegels ist innerhalb des Gruppenterritoriums lediglich quantitativ abgestuft, doch ändert sich niemals das Vorzeichen, wie es für einen Übertritt in fremdes Territorium bezeichnend ist. Das heißt, innerhalb des eigenen Gruppenterritoriums ist lediglich die Erhöhung des Pegels beim einzelnen verschieden stark und am stärksten wohl in der eigenen Nische, gemessen an seinem mittleren Aggressivitätspegel. In zahlenmäßig größeren Verbänden mit Abnahme der gegenseitigen Kommunalisierung wird diese biologisch determinierte Trennung zwischen Territorium und Individual- bzw. dem hinzukommenden Untergruppenbereich zunehmend abgebaut.

Das Territorium einer Kalulihorde in Neuguinea umfaßt den größten Teil des Lebensbereiches, beschränkt sich also nicht auf das engere Wohngebiet wie bei den Flughörnchen. Sicherlich besteht ein Gefälle der territorialen Ausprägung zu den nachbarlichen Grenzen hin; die Aggressivität ist wahrscheinlich am höchsten bei Aufenthalt im Zentrum, also im großen Gemeinschaftshaus, ausgebildet. Dies schließe ich nicht analog aus meinen Versuchen mit Tieren, sondern aus den Angaben der Leute selbst, die aussagten, daß sie sich zu Hause am sichersten und stärksten fühlten. Als neutrales Gebiet außerhalb jeden Territoriums gilt der Vulkanberg Bosavi, ein unbewohntes Gelände, das nur im Bereich der tieferen Lagen zur Jagd aufgesucht wird.

Natürlich erfolgt die Markierung des menschlichen Gruppenterritoriums nicht auf dieselbe Weise wie bei den Flughörnchen und anderen kommunalen Tierarten. An Stelle von Duftmarken treten optische Markierungen und verbale und schriftliche Traditionen über die Ausdehnung des Territoriums. Auch Bestandteile der bodenständigen Kultur können territoriale Merkmale sein. Ähnlich wie bei den Flughörnchen die Mitglieder der Sozietät mit dem Gruppenduft markiert und damit zum Bestandteil des Territoriums werden, können gruppenspezifische Merkmale auch beim Menschen territoriale Funktion haben: Uniformen, aber ebenso andere tradierte Kulturmuster, die sich deutlich von den entsprechenden der Nachbarn abheben. Die Vielfalt kultureller Erscheinungsformen benachbarter Gruppen auf kleinem Raum,

Bild 23: Augenbrauengruß eines Huli-Mannes. Zentrales Hochland Neuguineas (Foto Verfasser, 1966).

Bild 24: Auch wenn die Kinder schon laufen können, werden sie noch im Netzsack getragen. Für die gegenseitige Kommunalisierung hat dieses Verhaltensmuster besondere Bedeutung. Kaluli-Sprachgruppe im Bosavigebiet Neuguineas (Foto Verfasser, 1966).

Bild 25: Stolz präsentiert die Kaluli-Frau Susu ihren Sohn Aria auf der Veranda des Hordenhauses Didessa. In diesem Entwicklungsstadium ist die gegenseitige Bindung bereits gefestigt und auf einen weiteren Personenkreis in der Horde ausgedehnt (Foto Verfasser, 1966).

Bild 26: Der eigenartige Hand-zu-Hand-Gruß der Papuas nördlich des Mt. Bosavi. Er schließt mit einem deutlichen Fingerschnalzen ab (Foto Verfasser, 1966).

Bild 27 (links): Gegenseitige Umarmung zweier Kaluli-Männer nach längerer Abwesenheit des einen. Die Aufnahme ist nicht gestellt. Die Partner verharrten kurz in dieser Position und gingen dann ohne Dialog auseinander (Foto Verfasser, 1966).
Bild 28 (rechts): *Kanana*, das Ritual zum Finden des richtigen Ehepartners bei den Hochländern um den Mt. Hagen, Zentral-Neuguinea (Foto Alfred A. Vogel, 1950).

deren Umwelt gleichartig ist, z. B. in der Tracht, im Hausbau, in der Sprache u. a., hat sich möglicherweise deshalb entwickelt, um eine territoriale Distanzierung, neben der Identität innerhalb der Gruppe, darzustellen.

Das Verteilungsmuster der Sozietäten

Ich habe betont, daß im Spannungsfeld der Population, also in dem zusammenhängenden System von Einzelsozietäten, jede dieser territorialen Einheiten nur bestehen kann, wenn sie ein *Kräftegleichgewicht* mit ihren unmittelbaren Nachbarn aufrechterhält. Eine Volksgruppe der Papuas, die dem nachbarlichen agonistischen Druck nicht standhalten konnte, wurde schnell oder allmählich verdrängt und mußte entweder eine neue Heimat suchen oder gänzlich verschwinden. Unruhe kam in das System vor allem, wenn eine Einwanderungswelle von außen her das Populationsareal erreichte. Wir wissen noch wenig über die mehrmals in der Geschichte Neuguineas erfolgten Einwanderungen, können aber annehmen, daß jüngere Einwanderer alteingesessene Volksgruppen ganz ausgelöscht oder in ökologisch weniger günstiges Gebiet verdrängt haben. So scheinen die Bosavi-Papuas und ihre Nachbarn am Südabfall des Zentralgebirges zu den altertümlichen Kulturgruppen zu gehören, die vor stärkeren Gruppen hierher ausgewichen sind, während im zentralen Hochland mit seinen fruchtbaren Tälern eine jüngere Bevölkerungsschicht ansässig ist, z. B. die bereits mehrfach erwähnten Mbowamb. Als Gründe für eine Störung des agonistischen Gleichgewichts zwischen benachbarten Gruppen kommen Änderungen in Betracht, die einseitige Überlegenheit verursachen: ökologische Faktoren wie z. B. Dürre oder Überschwemmung, Ausbleiben des Jagdwildes u. a., die nicht alle Sozietäten der Population betreffen. Auch Revolutionen oder langsam sich vollziehende Veränderungen in der Tradition vermögen einseitigen Vorteil zu bringen, kulturelle Fehlentwicklungen einerseits und andrerseits Erfindungen zur besseren Nutzung der Umwelt, vorteilhaftes Abweichen von der bisherigen Sozialstruktur, Verbesserung der Kampfwaffen oder aber psychologisch wirksame Faktoren, die den Pegel der Aggressivität über die bisherige Norm ansteigen lassen, wie z. B. Erziehungseinflüsse oder »Volksbeeinflussung« durch einzelne Persönlichkeiten. Solche Veränderungen können sich in einer nachhaltigen Verminderung bzw. Verstärkung des agonistischen Drucks auf Nachbarsozietäten auswirken. Je stärker die Druckzunahme ist, um so rascher vermag sich der Prozeß der Verdrängung zu vollziehen, der wiederum aus einer Summe einzelner kriegerischer Akte besteht. Im Gegensatz zu diesen langfristigen Veränderungen steht das kurzfristige Aufwallen der Emotionen z. B. auf Grund eines vom Gegner provozierten Vorfalls – ich habe den Überfall aus dem Hinterhalt genannt –, das zu ganz kurzfristigem Anschwellen der Aggressivität auf einer Seite führen und somit Anlaß für einen zeitlich befristeten Kriegsakt in den feindlichen Beziehungen sein kann.

Zu nachhaltigen Verschiebungen des Kräftegleichgewichts zwischen zwei Nachbarsozietäten können auch Veränderungen in einer dritten Sozietät führen, die sich nur auf eine oder nicht auf beide in gleicher Weise auswirken. *In Wirklichkeit sind die Spannungsverhältnisse in der Population noch viel komplexer*; ich habe z. B. auf den lockeren Zusammenschluß von Kalulihorden zu einem Nexus hingewiesen, Verschiebungen der kommunalen Bindungen zwischen den Nexusmitgliedern wirken sich auch auf das Kräftepotential gegenüber der benachbarten Sprachgruppe Waragu aus, und da die kommunale Bindung im Nexus nur locker ist, kommt es hier auch zu agonistischen Auseinandersetzungen zwischen Horden, die früher verbündet waren. Ich erfuhr von mehreren solchen Kriegsfällen.
Die in der Population wirksamen Mechanismen führen zu einem *Verteilungsmuster der Sozietäten und größeren Verbände in der bewohnbaren Umwelt.* Ich sagte schon, daß starke Gruppen häufig die besseren Lebensräume behaupten. Zwar sind sie wegen dieser günstigen Existenzbedingungen verhältnismäßig starkem, agonistischem Druck von außen ausgesetzt, doch kommt zu ihrer anfänglichen Überlegenheit noch der Vorteil hinzu, daß sie auf Grund der Umweltverhältnisse das Kräftegefälle stetig zu ihren Gunsten weiter zu vergrößern vermögen.
Das Schicksal einer Volksgruppe, deren Nachbarn aus einem der vielen Gründe ein Übergewicht der Kräfte erlangt hatten, hing sehr von der Beschaffenheit der Umwelt ab, z. B. davon, ob sich die Gruppe in bisher unbesiedeltes, ökologisch ärmeres Gebiet zurückziehen konnte, oder ob sie ringsum von bewohntem Areal umschlossen war. Besonders schwer war es für solche Gruppen, deren Nachbarn das Töten in ihre Kulturtradition eingebaut hatten. Eine Volksgruppe am Lake Murray in Süd-Neuguinea hat sich aus uns unbekannten Gründen westwärts bis in das Küstengebiet im heutigen West-Irian ausgebreitet. Die kommunalen Bande zu den Leuten am Lake Murray lösten sich nach und nach. Die Küstenleute, die sich jetzt Marind Anim nannten, wurden zu den gefürchtetsten Kopfjägern weitum. Auch am Lake Murray bestand die Tradition, Köpfe getöteter Feinde zu präparieren und aufzubewahren. Doch die Marind entwickelten eine Tradition, nach der sie ihren Kindern nur dann Namen geben konnten, wenn sie zuvor einen Kopf erbeutet hatten. So unternahmen sie ausgedehnte Jagdzüge in die Territorien der benachbarten Papuagruppen, die ihnen keinen ernstlichen Widerstand entgegenzusetzen vermochten. Hier herrschte ein äußerst starkes Kräftegefälle, und wenn nicht die britische Kolonialverwaltung zu Beginn unseres Jahrhunderts dem Töten der Marind ein gewaltsames Ende gesetzt hätte, so wären die Nachbargruppen mit Sicherheit ausgerottet worden.
Die Gründe für das Auswandern von ganzen Gruppen oder Volksteilen aus dem angestammten Wohngebiet kennen wir nicht im einzelnen. Ökologische Faktoren, die die Lebensbedingungen verschlechterten, mögen dafür ebenso verantwortlich sein wie im Gegenteil sehr günstige Umweltverhältnisse oder

Änderungen im Traditionsgefüge. Solche vorteilhaften Konstellationen führten in vielen Fällen zu Bevölkerungswachstum, und möglicherweise ist es letztlich die zu hohe Bevölkerungsdichte gewesen, die zu dem Exodus führte, entweder, weil die Enge des Raums und die Verminderung der Nahrungsreserven es erforderten, oder weil im Gefolge der zahlenmäßigen Erweiterung der Sozietät die kommunale Bindung nachließ, das friedliche Verhältnis gestört wurde, Zwist ausbrach und sich Untergruppen absetzten. Das friedliche Verhältnis konnte so stark gestört sein, daß es zu agonistischen Auseinandersetzungen im ehemaligen Verband kam und Untergruppen auswichen bzw. ausbrachen (Kapitel *Die Kopfjäger*).

Nirgendwo auf der Welt findet man heute noch menschliche Kommunaleinheiten, die dem Modell von der ursprünglichen Sozietät voll entsprechen. Fünf Millionen Jahre sind im Laufe der Evolution menschlichen Verhaltens vergangen. Über die einzelnen Stadien können wir nur Vermutungen anstellen. Zwar blieben noch vereinzelte Volksgruppen auf der Stufe der primitiven Sammler, Jäger und Gartenbauern vor dem Ansturm weißen Einflusses weitgehend verschont, und in den Horden dieser Menschen ist die gegenseitige Kommunalisierung an Individual- und Gruppenmerkmale noch vollständig. Doch ist die Abgrenzung gegenüber den Nachbarn auch bei ihnen keineswegs immer so scharf, wie im Modell zwischen kommunal völlig getrennten Kleinsozietäten. Mehrere Horden können sich in einem Nexus locker zusammenschließen, und regional wurden Traditionen entwickelt, die einen äußeren Frieden gewährleisten.

Ich möchte im zweiten Teil des Buches der Entwicklung nachgehen, die vom biologischen Friedensmodell zu dem modernen Friedenskonzept führt, wie er heute in der Großgesellschaft allgemein gültig ist. Auch die sozialen Folgeerscheinungen dieses Wandels möchte ich zu erfassen suchen. Ich lege den Ausgangspunkt zu meinem Entwicklungsbogen einige Jahrhunderte weit zurück in die Geschichte Neuguineas, als eine kleine Gruppe von Männern und Frauen, wohl auch Kindern, von der Mündung des Fly River nach Osten aufbrach. Sie ließen ihre alte Heimat für immer hinter sich und paddelten in Kanus entlang der Küste und durch Flußdeltas in ein neues Land, unbekannt und eben erst aus dem Meere geboren.

Zweiter Teil

Das moderne Friedenskonzept

Siebentes Kapitel

Die Kopfjäger

Frieden und Kampf in der primitiven Gesellschaft

Während der Regenzeit schiebt der Südostpassat Woge um Woge aufgewühlten, schlammigbraunen Wassers gegen den schwarzen Sandstrand des Papuagolfes. Weißer Gischt schlägt gegen die Wurzelstöcke angeschwemmter Urwaldbäume, Mangroven und Nipapalmen, und bevor sich die nächste Woge überschlagend auf das Land wirft, rinnt mit dem abfließenden Wasser feiner Sand und loser Schwemmboden ins Meer. So geht Tag für Tag Stück um Stück festen Landes verloren. Die mächtigen Ströme des Golfgebietes, im Mündungsbereich unüberschaubar breit, tragen als ständige Last Tonnen losgeschwemmten Bodens mit sich.
Ich habe am Anfang des Buches erzählt, wie ich 1959 zum erstenmal in diese Urlandschaft kam, die sich über 300 km der Küste entlangzieht und bis zu 30 km ins Landesinnere reicht. Seither verfolge ich, wie das Land aus Sumpf, Morast und Sandbänken immer mehr zurückweicht, wie viele der ungezählten großen und kleinen Inseln zwischen den Wasserläufen abgetragen werden, Landzungen sich auflösen, andererseits neue Sand- und Schlammbänke durch Verschiebung der Strömungen entstehen, um kurz darauf wieder fortgeschwemmt zu werden. Das Wasser beherrscht das Land, bedeckt es bei Flut bis tief ins Innere des Sumpfwaldes, und auch die Golfpapuas stehen ständig unter seinem Einfluß. Der Lebensraum schwindet ihnen unter den Füßen, ein harter Lebensraum, schwer zu ertragen für den, der nicht hier geboren und dem diese Umwelt nicht zum Selbstverständnis geworden ist.

Die Einwanderung der Golfpapuas

Eines Tages war ich mit dem Kanu hinaus zur äußersten Landspitze des Golfes gefahren, wo ringsum weite gleißende Einsamkeit über dem Meer liegt, das tiefliegende Land des Golfes nur mehr als schwärzlicher, von Flußläufen unterbrochener Streifen am Horizont erkennbar ist und das Reich der Pelikane und Seeschwalben beginnt. Mehr als einen halben Tag war ich gefahren, zunächst auf verschlungenen Kanälen zwischen den grünen Wänden des Sumpfwaldes, dann auf immer breiter werdenden Strömen und schließlich am Rande des offenen Meeres. Ich wollte Abstand gewinnen von der Gegenwart, hier draußen in der kaum vorstellbaren Weite und Abgeschiedenheit den Blick zurückwenden in die Vergangenheit.

Am Tag zuvor hatte ich in einer fast verfallenen Buschhütte eine uralte Schnitzerei in Händen gehalten, mehrmals gebrochen und an den Bruchstellen wieder sorgfältig mit Lianenschnur aneinandergefügt. Mit Ehrfurcht hatten die alten Männer im Dorf seinen Namen genannt: es sei Máreakape, das erste Kanu, das hierherkam in den Golf. In ihm war die kleine Gruppe der ersten Siedler von der Insel Parama nahe der Mündung des Fly River, ihrer aller Urheimat, nach Osten aufgebrochen, um neues Land zu suchen. Im Andenken an diese historische Fahrt, bei der der Einbaum auf offener See beinahe von Brechern zertrümmert worden wäre, bewahrten sie ein Stück davon auf; sie betrachteten das Gefährt selbst als ein lebendiges Wesen, einen Sippengeist, und kerbten in das Holz sein Gesicht ein (Bild 8, S. 53). Nun stand ich hier draußen, tief beeindruckt von den Erzählungen, die ich bis spät in die Nacht hinein hatte hören dürfen, und schaute nach Westen, dorthin, wo hinter dem blinkenden Licht des fortgeschrittenen Tages auf dem Meere, weit unter dem Horizont Parama und die Mündung des Fly liegen mußten. Dieses Licht, die Meeresgeräusche, akustisch gefangen in der Glocke der mit Wasserdampf vollgeladenen Atmosphäre um mich her, die schwere Hitze, die die Sinne und den ganzen Körper in einem Höchstmaß in Aktivität versetzen, diese fast gegenstandslose Umwelt lösten mich ganz aus der Gegenwart. Ich sah sie nun kommen, Ubo, Gabai, Augi und die übrigen Männer, aufrecht im Kanu stehend, die Frauen auf dem Boden des Bootes hockend, unter kleinen Palmblattdächern die Kinder, Sagovorräte, Gerätschaft und Regenmatten. In gleichmäßigem Rhythmus schnitten ihre Paddel in das tanzende Wasser, unter sich ständig wiederholendem Schaben entlang der Bordwand zogen sie kraftvoll die Paddelstangen nach rückwärts, holten neu aus, wobei die nassen, glatten Paddelflächen aufblitzten.

Was mochte diese Pioniere veranlaßt haben, ihre alte Heimat zu verlassen und in ein Land aufzubrechen, das keiner von ihnen jemals gesehen hatte? Vielleicht vermag uns eine alte Mythe der Kiwai am Fly River, aus der Urheimat der Golfpapuas einen Hinweis zu geben: Ein Mann und seine Frau gingen mit ihren Kindern zum Fischen. Da wollten die Kinder Früchte von einem bestimmten Baum essen. Der Mann sagte zu seiner Frau, sie solle hinaufsteigen, um die Früchte zu pflücken, doch diese erwiderte, daß das Männersache sei. Sie bekamen Streit, schließlich stieg die Frau hinauf. Der Mann sah ihr nach, und da sein Blick unter ihre Schamschürze fiel, überkam ihn Verlangen nach ihr. Er stieg ihr in den Baum nach und vereinigte sich mit ihr. Da begannen die Kinder, die sahen, was vor sich ging, laut zu schreien. Plötzlich tauchte ein Ungeheuer aus dem Fluß auf. Es packte die Kinder und zog sie in sein Reich. Rasch stiegen Mann und Frau wieder vom Baum herab; sie konnten ihre Kinder deutlich unter Wasser erkennen. Nun berieten sie, was zu tun sei, und holten schließlich die Leute des Dorfes zusammen. Alle hielten nun Rat und begannen dann, einen Erddamm im Wasser zu bauen. So wollten sie die Stelle, wo sie die Kinder am Grunde sahen, trockenlegen. Als der Damm fertig war, sah einer der Männer, der im Wasser stand, daß sein Haus von den steigenden Fluten auf der anderen Seite des Dammes bedeckt wurde. Da schnitzte er einen Fisch und sandte ihn aus, zu erforschen, woher das Wasser käme. Doch der Fisch kehrte nicht zurück. Da schnitzte er einen Schlammspringer-Fisch, der sich sehr schnell fortbewegen kann. Dieser raste mit seinem Kopf gegen den Damm und durchbohrte ihn. Da stürzte das Wasser hervor und riß alle Leute mit sich fort. Die einen wurden in die Gope-Gegend getragen, andere an den Turama River. So kam es, daß die Kiwai-Leute über den Golf verstreut wurden. Seither schnitzen die Menschen die Öffnung ihrer Handtrommeln in Form des aufgerissenen Mauls des Ungeheuers.

Die erste Station nach dem Aufbruch von Parama soll die Insel Morigi im Mündungstrichter des Turama gewesen sein, heute von beiden Ufern durch mehr als 7 km Wasserfläche getrennt. Doch damals war die Verteilung von Land und Wasser noch eine ganz andere. Nach der Überlieferung, die ich über viele Monate hin aus einem Mosaik von Einzeldaten zusammensetzen konnte, war Morigi Island zu der Zeit »gerade erst« aus dem Meer emporgetaucht. Weiter im Osten, also dort, wo heute das eigentliche Golfgebiet liegt, gab es damals noch kein Land. Aber schon bald tauchte auch in diesem Bereich Land aus den Fluten auf. Wir dürfen annehmen, daß das gesamte Flachland des Golfes geologisch äußerst jung ist und seine Entstehung einer sehr rasch erfolgten Hebung der Küste verdankt. Hinweise für eine solche Hebung in der jüngsten erdgeschichtlichen Vergangenheit erhielt ich unabhängig von den Überlieferungen aus den geologischen Forschungen der Australasian Petroleum Company, die seit fast dreißig Jahren im Golf nach Öl und Erdgas sucht.
Ich muß gestehen, daß mich der Kontakt mit der Vergangenheit hier draußen am Meer und eigentlich ständig bei meinen Reisen im Golf tief bewegt hat. Denn ein Vergleich der vom allgemeinen Niedergang gekennzeichneten Gegenwart mit dieser Pionierzeit und den nachfolgenden Perioden dynamischer Ausbreitung und kultureller Entfaltung im Golf ist erschütternd (Bild 13, S. 72). Jedes Volk ist auf seine eigene geschichtliche Überlieferung angewiesen, es braucht sie, muß stolz darauf sein, um sich gegenüber der heute ringsum geöffneten Welt abgrenzen zu können. Wie aber können die Leute im Golf stolz auf eine Vergangenheit sein, die von den Weißen durch Begriffe wie Steinzeit und Heidentum gebrandmarkt und lediglich unter Aspekten wie Kopfjagd und Menschenfresserei gesehen wird. In dem Kapitel über Variationen menschlicher Aggression, dem ich den Titel *Kolonialpolitik* gegeben habe, komme ich darauf zurück.
Von Morigi Island ging die Wanderung bald weiter nach Osten. Vor der Mündung des Omati River liegt heute Goarebari Island. Dahin steuerten die Männer, und irgendwo auf diesem damals sicherlich noch ganz anders gestalteten Stück Land, an einem kleinen versteckten Wasserarm, landeten sie. Die

Nipapalmen und Mangroven wurden mit Steinbeilen und scharfkantigen, schweren Holzkeulen umgeschlagen, und über dem Morast entstanden zwei langgestreckte Gemeinschaftshäuser, Gewo und Ubogewo, die Keimzellen der künftigen Golfkultur. Der Platz, an dem die Siedlung entstand, erhielt den Namen O'uri. Mehrere Gewährsleute behaupteten mir gegenüber unabhängig voneinader, daß die Kanus nach O'uri direkt von Parama gekommen seien und daß Morigi erst nachher besiedelt worden sei.
Alle waren sich aber darin einig, daß O'uri und nicht Morigi die zentrale Ursiedlung ihrer aller Vorfahren gewesen sei. Bald gab man der Siedlung den Namen *Otoia*, nach der Tochter Ubos, einem der ersten Siedler. Erstaunlich ist die genaue Überlieferung über Landzusammenhänge zur damaligen Zeit. Die Flüsse, so erzählten meine Gewährsleute, seien am Anfang noch ganz schmal gewesen und das Land noch viel zusammenhängender als heute. Ströme, deren Lauf sich so geweitet hat, daß das jenseitige Ufer hinter dem Horizont liegt, habe man damals noch in kleinen Einbäumen – einige sagen auch mit Flößen – überqueren können, und etwas weiter flußaufwärts sei die Überquerung sogar zu Fuß möglich gewesen. Auf dem Wanderweg weiter nach Osten hätten die Männer Bäume als Brücken über Wasserläufe geschlagen, die heute viele Meilen breit sind. Von den Alten des Dorfes Tovei erhielt ich Bruchstücke eines solchen Brückenbaumes aus der Pionierzeit, die als ehrwürdiger Familienbesitz durch die Generationen weitergereicht worden sind. Das beweist, wie bedeutsam für die Menschen damals so ein Brückenschlag in neues Land war.

Ausbreitung und Aufspaltung

Die Ursiedlung Otoia ist allerdings längst verschwunden; braune Wasser quirlen heute über dem Ort. Ich möchte im folgenden den Aufstieg Otoias, die von hier ausgegangene Expansion, das Wachsen und Auseinanderbrechen ihrer kommunalen Einheit kurz schildern. In jedem der beiden Langhäuser lebten mehrere Sippen, deren Namen uns überliefert sind. Sie alle bildeten – das dürfen wir mit Sicherheit annehmen, in der Anfangszeit eine Sozietät gegenseitig voll kommunalisierter Individuen. Aus der Sprache der Gründergeneration, die sie von der Urheimat Mabudavane westlich des Fly River mitgebracht hatte, entwickelte sich ein eigener Dialekt, allmählich sogar eine neue Sprache, das Kerewo.
Es scheint, als wäre mit der Lösung der kommunalen Bindung zu den Leuten am Fly ein Impuls zur Begründung einer ganzen Reihe neuer Kulturtraditionen geschaffen worden: neue Tänze, neue Kultfeste, neue Typen von Masken und hölzernen Kultobjekten wurden in den Langhäusern von Otoia geboren. Ahgi, ein Angehöriger der Gründergeneration, soll z. B. mehrere neue Tänze eingeführt haben, die dann zur Tradition wurden. Einzelne der uralten Kultobjekte aus der Anfangszeit sind erhalten geblieben. In den alten Überliefe-

rungen wird besonders betont, daß damals in Otoia noch nicht gekämpft wurde, daß Frieden herrschte, und es gibt auch keinen Hinweis dafür, daß die Kopfjagd in der ersten Zeit schon ausgeübt wurde.
Im Hinterland des Golfes lebten damals sehr wahrscheinlich bereits die Kairi-Papuas, eine altertümliche Bevölkerungsgruppe ohne besondere Populationsdynamik, die den Neuankömmlingen defensiv gegenüberstand. Wir dürfen annehmen, daß die Kairi von den Golfleuten von Anfang an feindlich behandelt worden sind. In den Überlieferungen ist nicht von ihnen die Rede. Man betrachtete sie als etwas Außenstehendes. Wenn in den Erzählungen das friedliche Verhältnis in der Anfangszeit betont wird, so sind damit ausschließlich die inneren Beziehungen in der vom Fly River herstammenden Volkseinheit gemeint.
Ich konnte nicht in Erfahrung bringen, wie lange Otoia die einzige Siedlung im Golf östlich des Turama River blieb. Sicher ist jedenfalls, daß sich die Menschen dort sehr stark vermehrten und daß Tochtersiedlungen an den Flüssen der Umgebung bis zum Kikori River hin entstanden. Eine Gruppe allerdings zog weiter nach Osten zum heutigen Damaibari Island und gründete dort eine Siedlung namens *O'a*. Damit zerbrach die kommunale Einheit. Denn während sich die von Otoia abgezweigten Siedlungen und deren eigene Ableger zwischen Turama River und Damaibari Island bis heute als zusammengehörige Gruppe – die Kerewo-Oubi – verstehen, mit Otoia als ihrem geistigen Zentrum, mit gemeinsamer Sprache und einer ganzen Reihe nur ihnen eigener Traditionen, entstand mit der Siedlung O'a ein zweites Kommunalzentrum, das seinerseits auszustrahlen begann. Auch in O'a wurden viele neue Kulturtraditionen begründet. O'a soll schließlich verlassen worden sein, weil ein riesiges Krokodil das Dorf ständig bedrohte. Einige zogen nur in die Nachbarschaft, doch von ihnen hoben sich Gruppen ab, die die Siedlung Mure und andere Niederlassungen nordöstlich von O'a gründeten. Diese wurden zum Ausgangspunkt der Gope-Dörfer, die sich bis heute als Spracheinheit und zusammengehörig betrachten. Auch die Era-Kibaia-Dörfer noch weiter im Nordosten bis zum Pie River hin sind von ihnen bzw. noch früher direkt von O'a ausgegangen. Sie bilden eine weitere Spracheinheit, die – ebenso wie die Gope – auch Kulturelemente von den Koriki-Papuas annahm, die sich jenseits des Pie River als Volksgruppe mit anderer Herkunft angesiedelt hatte. Die meisten der alten Siedlungen sind längst aufgelöst, aber ihre Geschichte stirbt erst jetzt mit dem Untergang der Golfkulturen aus – mit Ausnahme des wenigen, das inzwischen schriftlich fixiert werden konnte. Da ich zusammen mit meiner Frau in eine Sippe der Kerewo aufgenommen worden bin – meine Frau trägt den Namen Otoia nach jener Frau, die der ersten Siedlung ihren Namen gab, und ich heiße nach deren Mann Namaiani –, nachdem wir also als Mitglieder der Gemeinschaft angesehen werden, durften wir auch die geheimsten Überlieferungen erfahren.
Von O'a, dessen Lokalität bis heute als Buschplatz erhalten geblieben ist, zog

auch eine Gruppe nach dem heutigen Urama Island im Osten. Wir sind über diese Wanderetappe besonders gut unterrichtet:
Es waren zwei Kanus, die von O'a aufbrachen, Gobimare und Moabu, angeführt von den Männern Ninigi und Ainau. Der zunächst gewählte Siedlungsplatz am Rande von Urama wurde sehr schnell wieder verlassen, und die Leute zogen weiter bis ins Zentrum der heutigen Insel, wo sie dicht nebeneinander die Siedlungen Kinomere und Tovei gründeten. Besonders Ninigi tat sich als Schöpfer neuer Kultformen hervor. Uns sind aus dieser Zeit sowohl Fragmente des Kanus Gobimare als auch der ersten Maske des neuen Typs Kanipu und eine Anzahl weiterer Kultobjekte erhalten geblieben. Das Urdorf Kinomere, von dem die Mehrzahl der heutigen Dörfer auf Urama Island ausging, wechselte bis heute seinen Standort nicht (Bild 10, 12, S. 54, 71). Durch die im Lauf der Jahre angehäuften Abfälle von Haus- und Kanubau und anderen Kulturresten bildete sich ein flacher Hügel, auf dem die Häuser sicher vor Überschwemmungen stehen. Für archäologische Grabungen wird Kinomere das lohnendste Ziel sein, um den Zeitpunkt der Wanderung hierher zu bestimmen. Auch auf Urama bildete sich eine eigene Spracheinheit heraus.

Kriege, Kopfjagd und Kannibalismus

Mit der Aufspaltung in getrennte Kommunaleinheiten kam der *Krieg* in das Land am Papuagolf. Meine Informanten beschrieben, daß damit auch die *Kopfjagd* einzog. Zur Aufbewahrung der Schädeltrophäen dienten zwei grundlegend verschiedene Vorrichtungen: Im Kerewogebiet mit dem Zentrum Otoia hängte man die dekorierten Schädel mit Rotangschlingen an *agibi*-Figuren, wie ich in der Einleitung bereits beschrieben habe. In den drei von O'a ausgegangenen Kommunaleinheiten Gope, Era-Kibaia und Urama errichteten die Krieger in den Langhäusern, die hier nur ausnahmsweise von Frauen betreten werden durften, Gestelle mit vielen kleinen Nischen, in die die sehr sorgfältig modellierten und am Stirnbein beschnitzten Schädeltrophäen gelegt wurden (Bild 10, 12, S. 54, 71). Die Körper der getöteten Feinde wurden nach der Rückkehr ins Dorf verzehrt.
Diese Kriege waren äußerst grausam, und da sich meist eine Übermacht zusammenschloß, um ohne großes Risiko ein feindliches Dorf zu überfallen, wurde manchmal bei einem Kriegszug ein Dorf gänzlich ausgerottet. Allerdings tötete man nicht alle Feinde, sondern schleppte auch einige der Kinder mit nach Hause, um sie zu adoptieren. Es bekriegten sich die Kerewo und Gope, Kerewo und Urama, Gope und Urama, diese und die Era-Kibaia und deren Nachbarn im Osten, die Koriki jenseits des Pie River. Manchmal halfen aber auch Urama- und Gope-Dörfer zusammen, um eine Era-Kibaia-Siedlung oder ein Dorf der weiter im Inland entstandenen Gruppe der Arigibi zu überfallen. Die Langhäuser des Golfes füllten sich mit Hunderten von

Schädeltrophäen; kein wichtiges Kultfest konnte vollzogen werden, ohne daß nicht zuvor ein Kriegszug Erfolg gebracht hätte.
So berichtet ALFRED C. HADDON von den Eingeborenen des Kérewa-Gebietes (= Kerewo), daß, wenn sie ein neues Kriegskanu angefertigt hatten (Bild 8, S. 53), die Männer sich in ein feindliches Dorf im Innern begaben, um dort einen Menschen zu töten. Das Fleisch wurde gegessen und der Schädel dem *agibi*-Schrein einverleibt. In Ubuo, einer Siedlung desselben Gebietes, pflegte man mit dem Blut der enthaupteten Person den Bug des neuen Kanus zu bemalen. In Dubumubu wurde Haddon ebendasselbe berichtet. »Hatte man eine feindliche Person erbeutet, so wurde der Körper stets zerteilt und gegessen bis auf Augen, Ohren, Nase und Genitalien sowie die Eingeweide, welche weggeworfen bzw. den Schweinen und Hunden überlassen wurden. An den Kannibalenmahlzeiten beteiligte sich sozusagen jedermann, und verfuhr man nicht anders, als wenn man ein Schwein oder sonst ein Tier erbeutet hatte.« (Zitiert nach P. WIRZ).
Wir haben hier ein eindrucksvolles Beispiel vor uns, wie aus einer kleinen, kommunal festgefügten Gruppe – den von Parama nach Otoia gekommenen Siedlern – Schritt für Schritt mehrere *kommunal getrennte Volkseinheiten* entstanden sind. In groben Zügen konnten wir verfolgen, wie sich diese Aufsplitterung vollzogen hat, Ober- und Unterzentren innerhalb jeder Einheit gebildet und im Gefolge der kommunalen Divergenz neue Kulturtraditionen geschaffen worden sind. Das durch das Fehlen der Kommunalisierung bedingte agonistische Verhältnis zwischen den einzelnen Volkseinheiten äußerte sich am Golf von Papua besonders auffällig in der Kopfjagd, einem Traditionsmuster, das an mehreren Stellen der Erde wiederkehrt und sich von der Kriegführung z.B. der Hochlandstämme Neuguineas stark unterscheidet.
Ich möchte zunächst einen Bericht des Schweizer Forschers PAUL WIRZ wiedergeben, der den Golf 1930 – etwa zwei Jahrzehnte nach Beendigung der Kopfjagd durch die Kolonialmacht – bereist hat: »Über den eigentlichen Verlauf einer Kopfjagd wurde mir am Turama folgendes berichtet: Wenn die Absicht bestand, eine Kopfjagd zu unternehmen, schickten die *avádubu* (großen Männer) Aufforderungen nach den benachbarten Siedlungen, auf daß sie sich am geplanten Vorhaben beteiligen möchten. Botenstäbe wurden angefertigt in Form von Palmblattabschnitten mit kurzgeschnittenen Seitenrippen, deren Anzahl andeuten sollte, wie groß die Zahl der Teilnehmer sei. Man traf sich an einer vereinbarten Stelle auf dem Wege nach dem Gebiet oder Dorf, wo der Überfall stattfinden sollte, worauf alles Weitere besprochen wurde. Einige der Männer wurden beauftragt, bei den Frauen und Kindern zurückzubleiben.
Nachdem alle Vorbereitungen getroffen waren, brach man auf. Den Jugendlichen fiel die Aufgabe zu, die Waffen zu tragen, unterwegs Hütten zu bauen und nötigenfalls Sago zu bereiten. Sobald man in bewohntes Gebiet kam,

wurde orientiert, hierauf der Überfall geplant, der in der Regel in den frühen Morgenstunden ausgeführt wurde, da dann alles noch im Dorf war. So kam es meist zu einem regelrechten Gefecht, allein man achtete stets darauf, daß ein Überfall nur dann unternommen wurde, wenn man seiner Sache sicher war und die numerische Überzahl hatte. Eine andere Taktik bestand darin, daß einzelne Personen, die in den Pflanzungen arbeiteten oder auf dem Fischfang begriffen waren, aus dem Hinterhalt niedergemacht wurden. Ein Überfall auf ein ganzes Dorf mußte natürlich möglichst rasch geschehen, worauf man ebenso rasch wieder das Feld räumte wegen der Gefahr eines Gegenangriffs von seiten benachbarter Dörfer.

Die erbeuteten Köpfe wurden so rasch wie möglich nach dem Biwak geschafft, und wenn man genügend Zeit hatte, auch die Körper der Gefallenen zerteilt und mitgenommen, oder aber es wurden die ganzen Körper, falls man sich an einem Fluß befand und die Kanus in der Nähe hatte, mitgenommen. Auch was man an Hausrat, Geräten, Schmuckstücken und Waffen fand, ließ man mitgehen.

Im Biwak angelangt, händigte ein jeder, der einen Kopf erbeutet hatte, die Trophäe seinem *narádubu* (älterem Bruder in klassifikatorischem Sinne) aus, dessen Aufgabe es war, den Kopf als Trophäe herzurichten. War man etliche Tage von seinem Dorf entfernt, so schritt man sogleich zu dieser Arbeit, andernfalls man sie aber aufschob, bis man wieder zu Hause war. Im heimatlichen Dorf angelangt, legte der *narádubu* die Trophäe auf ein Blatt des Brotfruchtbaumes und brachte sie samt diesem nach dem *daimo* (= Langhaus). Sodann wurden sämtliche Weichteile vom Schädel entfernt und auch das Gehirn aus der Schädelkapsel geholt, ohne daß der Schädel selbst irgendwie beschädigt wurde. Auf diese Weise wurde also der Schädel vollkommen rein gemacht, worauf man dazu überging, mit Kitt ein neues Gesicht zu modellieren. Nachdem sämtliche Trophäen in dieser Weise hergerichtet worden waren, errichtete man vor dem Gemeindehaus eine kleine Plattform, auf welcher die Trophäen niedergelegt und somit zur Schau gestellt wurden. Hierauf brachte man sie wieder nach dem *daimo* und steckte eine jede Trophäe auf einen Stock, der vor der Schlafkammer des Eigentümers der Trophäe festgebunden wurde.

An einem der folgenden Tage rüstete man zum Fest. Aus dem Busch wurden eine Anzahl Sagoblattrippen nach dem *daimo* gebracht, bemalt und an den Hauptpfosten des Hauses im *gabuó* (= Mittelgang) festgebunden. Die kleinen Knaben schossen nach Aufforderung der ältern Männer Pfeilchen nach ihnen, die in den Blattrippen steckenblieben. Der sogenannte *mipa*-Tanz begann in den späten Abendstunden, nachdem man die Mahlzeit eingenommen und auch den Trophäen Speisen vorgesetzt hatte. Die Männer liefen trommelnd im *gabuó* auf und nieder, ihnen schlossen sich die gefeierten Helden an, ein jeder seine Trophäe tragend, und zuletzt gesellten sich auch die Jugend sowie die Frauen und Mädchen hinzu. Man tanzte mit kurzen Unterbrechungen bis zum Anbruch des Morgens, worauf die Trophäen nach dem *agibe*-Schrein gebracht und hier endgültig verwahrt wurden.«

Von den Namau am Purari River (Bild 30, S. 193) – ich habe die Koriki als eine ihrer Untergruppen bereits erwähnt – berichtet J. H. HOLMES (zitiert nach P. Wirz), »daß feindliche Angriffe und Überfälle sich in der Regel auf dem Wasser abspielten, wenn sich die Parteien in ihren Kanus begegneten (Bild 8, S. 53). Die Feindseligkeiten begannen meist mit Abschießen von Pfeilen aus größerer Entfernung. Die anderen Männer manövrierten in geschickter Weise die Boote, bis man schließlich aufeinanderstieß und es somit zu einem regelrechten Handgemenge kam, wobei man von den Lanzen, Keulen und Knochendolchen Gebrauch machte. War es einmal so weit gekommen, so wurde der Kampf mit voller Erbitterung fortgesetzt, bis auf beiden Seiten Blut floß und die Ältesten das Zeichen zum Einstellen der Feindseligkeiten gaben. Schauplatz der Kämpfe bildeten in der Regel die Grenzgebiete zweier verschiedener Lokalgruppen.

Erschlagene Feinde wurden, wenn möglich, ins Kanu geschleppt und nach dem heimatlichen Dorf gebracht, um daselbst aufgefressen zu werden. War es zu einem offenen Gefecht gekommen, so suchte man, wenn immer möglich, auch die eigenen Toten und Verwundeten wieder in die Hände zu bekommen, um sie zu Hause zu bestatten. Personen, die lebend in die Hände der Feinde fielen, wurden mitgenommen, um zu Hause bei einer späteren Gelegenheit getötet und aufgefressen zu werden.

Das Fließen von Blut auf beiden Seiten wurde also in der Regel als Zeichen zum Einstellen der Feindseligkeiten angesehen, eine Sitte, die man auch im holländischen Gebiet (= West-Neuguinea) zu beachten pflegte. Indessen mußten die alten Männer erst ihr Gutachten abgeben, oder es wurden auch die Frauen aufgefordert, die Toten und Verwundeten zu schauen, um eventuell späterhin als Zeugen aufgerufen zu werden. Die Sitte, Gefangene zu machen und als Geiseln mitzuführen, scheint allgemein üblich gewesen zu sein. Manchmal aber, schreibt HOLMES, ließ man auch eine ältere Frau darüber entscheiden, ob eine gefangengenommene Person am Leben gelassen oder getötet werden sollte. Wie im holländischen Gebiet, so hatte auch hier eine jede Siedlungsgruppe ihr ganz bestimmtes Kopfjagdgebiet. In der Regel wählte man nur solche Gebiete, die weit genug entfernt waren, so daß man von deren Bewohnern keinen Gegenangriff zu erwarten hatte. So unternahmen z. B. die Kérewa-(= Kerewo-)Leute ihre Mordzüge zu den Buschbewohnern des Omáti und der benachbarten Flußgebiete, die meisten Überfälle wurden jedoch im Hügelland des Sirebi-Flusses unternommen.«

Diese von HOLMES genannten Buschbewohner am Omati und Sirebi gehören zu den von mir weiter oben angeführten Kairi-Papuas, deren Kampfkraft nicht ausgereicht hätte, ihrerseits gegen die Golfgruppen Krieg zu führen. Es herrschten aber zwischen den Kairi- und den Kerewo-, Gope- und Urama-Dörfern auch Handelsbeziehungen. So wurden Krabben und Salz von der

Küste gegen Tabak und Steinklingen aus dem Inneren eingetauscht, ja die Kairi lieferten sogar menschliche Schädel an die Golfleute, die sie im Kampf gegen ihnen benachbarte Inlandgruppen erbeutet hatten.

Über den Ursprung der Kopfjagd in Neuguinea und anderswo auf der Erde gibt es verschiedene Ansichten. Nach E. BAXTER RILEY, einem der ersten Missionare am Fly River, sollen die Kiwai-Papuas für die Kopfjagd folgende Motive angegeben haben: 1. Rache für verübte Diebstähle in den Pflanzungen und Überfälle auf einzelne Personen aus dem Hinterhalt; 2. den feindlichen Stämmen eine Lektion zu erteilen und sich der eigenen Macht und Tapferkeit zu versichern; 3. das Erbeuten von Trophäen, deren Besitz das Ansehen der Person erhöht.
All diese Gründe sind aber wohl nur vordergründiger Art; die Kausalität liegt sicherlich einerseits im agonistischen Verhalten und andererseits darin, daß der Mensch das biologisch determinierte agonistische Verhalten in traditionellen Mustern abwandelt, die auf eine Steigerung kämpferischen Handelns hinauslaufen. Entsprechendes nehme ich auch für den Kannibalismus an. Für dessen Entstehen werden im Schrifttum hauptsächlich drei Gründe angeführt: 1. die Aneignung der Kräfte des Getöteten durch Verzehren von Teilen seines Körpers, in denen diese Kräfte wohnen; 2. der kultische Nachvollzug eines mythischen Schöpfungsaktes der Menschheit und 3. Fleischhunger, also Mangel an animalischer Kost.
Sicherlich haben solche Motive Gültigkeit, doch fragt man sich auch in diesem Zusammenhang, ob nicht auch hinter diesen Erklärungen eine ursprünglich biologisch bestimmte Ursache steht. Ich stieß auf diese Frage beim Aufenthalt im Bosavigebiet, wo Kannibalismus bis in die jüngste Vergangenheit praktiziert worden ist. Die Kaluli und Waragu trugen im Kampf getötete Feinde nach Möglichkeit mit in ihre Gemeinschaftshäuser und verzehrten Teile davon, vermischten das Hirn mit Sago, hüllten es in grüne Blätter und dünsteten es an der Glut. Nur erwachsene Männer und alte Frauen – einige davon waren eigens aus anderen Horden des Nexus eingeladen – nahmen an diesen Mahlzeiten teil. An den Schilderungen der Kaluli fiel mir auf, daß jüngere Männer aus eigenem Entschluß nicht daran teilnahmen, weil sie »erschrocken« darüber gewesen seien, Menschenfleisch zu essen. Dies könnte dafür sprechen, daß es sich um ein sekundär angeeignetes Verhaltensmuster traditioneller Art handelt. Daß jedoch seine Wurzel bis in den Bereich des agonistischen Verhaltens zurückreicht, entnehme ich der Antwort eines jüngeren Kalulimannes, den ich fragte, warum die Kaluli Menschenfleisch äßen: Der Zorn gegen die Feinde, so antwortete er, sei so groß, daß er nur beseitigt werden könne, wenn man die getöteten Gegner auch aufesse. Solche traditionellen Sonderentwicklungen des agonistischen Verhaltens – wie ich sie sehe – führen im Extrem zu Ausartungen, wie sie uns von den Marind Anim überliefert sind, die, wie erwähnt, ihren Kindern nur dann einen Namen geben konn-

ten, wenn sie zuvor einen Kopf erbeutet hatten, oder wie man sie aus dem östlichen Golfgebiet kennt, wo die Bewohner des Dorfes Ukiaravi nahe dem Purari River die Leute von Moropai weiter im Inland nur mehr als ihre Fleischlieferanten betrachteten (vgl. Bild 33, S. 211).
Dem kriegerischen Verhältnis zwischen den kommunal geschiedenen Gruppen im Golfgebiet stand der feste friedliche Zusammenhalt in der Dorf- und der weiteren Siedlungsgemeinschaft gegenüber. Das blühende kultische Leben, in dessen Mittelpunkt die Schädeltrophäen standen, war Ausdruck der engen kommunalen Verbundenheit einerseits und der territorialen Distanzierung gegenüber den Nachbargruppen. Dabei wurde die innere Verbundenheit durch das agonistische Verhältnis nach außen hin noch verstärkt. So wirken Krieg und Frieden als Mechanismen zur kulturellen Entfaltung, als deren Zeugnisse wir heute vor allem die von Gruppe zu Gruppe unterschiedlichen, äußerst eindrucksvoll gestalteten Holzbildnisse von Geisterwesen vor uns haben, die bei der Kopfjagd die wichtigste Funktion besaßen (Bild 10, 12, S. 54, 71). Denn sie nahmen unsichtbar an den Kriegszügen teil, warnten vor Hinterhalt, schwächten die Kampfeskraft der Feinde und vermochten sogar selbst zu töten.

Trotz der hohen Tötungsrate in jener vorkolonialen Zeit waren die Dörfer des Golfes dicht bevölkert: als die ersten Weißen ins Land kamen, schwärmten Hunderte von Kriegern mit Pfeil und Bogen bewaffnet aus den Langhäusern. Allein die Kerewo-Gruppe muß damals um die Jahrhundertwende etwa zehntausend Männer, Frauen und Kinder umfaßt haben. Heute sind es knapp 1500, und die Zahl geht ständig weiter zurück. Regierung und Mission machen eingeschleppte Krankheiten wie Grippe, Masern und Geschlechtskrankheiten für den Bevölkerungsrückgang verantwortlich. Doch bezweifle ich, ob damit die Ursachen vollständig erfaßt sind. Diese Krankheiten haben sicherlich eine Rolle gespielt, doch hätte sich das Volk bestimmt auch von diesen meist nur kurzfristigen Einbrüchen in ihre Bevölkerungszahl zu erholen vermocht; man braucht nur an das eindrucksvolle Wachstum während der Ausbreitungszeit im Golf zu denken.
Ich betrachte die Zerstörung der Kultur als den eigentlichen Faktor, der die Lebenskraft der Menschen im Golf gebrochen hat, im Grunde also das Verbot der Kopfjagd, die mit unseren ethischen Auffassungen unvereinbar ist. Man braucht nicht die Kopfjagd hochleben zu lassen, um zu der nüchternen Einstellung zu gelangen, daß die Volksgruppen im Golfgebiet nicht an Kopfjagd und Kannibalismus, sondern unter anderem am – allerdings unumgänglichen – Verbot dieser Bräuche zugrunde gehen.

ACHTES KAPITEL

Die Hochländer
Differenzierung der Gesellschaft

Als im Jahre 1933 eine Junkers-Maschine im Innern Neuguineas über die Randberge hinaus unvermittelt in das weite, mehr als 60 Meilen lange Wahgital vorstieß, rief einer der Australier in der Maschine voll Begeisterung: »Gold, Gold!« Und der Pilot schrie gegen das Dröhnen der Motoren zurück: »Nein! – Rinder, Rinder!« Es war das erste Mal, daß Weiße über dieser verschlossenen Welt erschienen, und es war von Anfang an keine Frage für sie, ob das Tal schon von anderen Menschen besiedelt sei oder nicht; man dachte nur an die eigene Nutzung. – Unter dem Flugzeug erstreckten sich offene, grasige Hänge mit wenigen Inseln höherer Vegetation, im Talgrund und stellenweise weit hinauf an den Berghängen breitete sich ein schachbrettartiges Muster von Feldern aus, dazwischen Gruppen länglicher, grasgedeckter Hütten und weitere Anzeichen einer bis dahin gänzlich unbekannten, sehr dichten Papua-Bevölkerung. Die Erschließung und gleichzeitig der Wandel einer der landschaftlich schönsten, wirtschaftlich reichsten und völkerkundlich faszinierendsten Gebiete Neuguineas nahmen damit ihren Anfang.
Schon im selben Jahr erreichte die erste Expedition von Goldprospektoren das Wahgital zu Fuß. Dichte Scharen von Papuas kamen ihnen allerorts entgegen, mit Speeren, Pfeilen und Bogen bewaffnet und mit Federbüschen von Paradiesvögeln, Muscheln und roter Erdfarbe grotesk geschmückt. Die ersten Kontakte verliefen kampflos, wenngleich Überfälle manchmal nur knapp vermieden werden konnten. Der Menschentyp hier oben in über 1000 m Meereshöhe erschien den Goldsuchern stark von dem des Tieflandes abzuweichen. Sie trafen athletisch gebaute, bärtige Männer mit Gesichtern semitischer Prägung. 1934/35 erreichten die ersten Missionare der Steyler Mission und der Lutherischen Mission das Gebiet und ließen sich nahe dem Mt. Hagen nieder, der nach dem deutschen Arzt und Naturforscher Dr. B. HAGEN benannt ist.

Die differenzierte Gesellschaftsstruktur der Mbowamb

Wir verdanken einem der lutherischen deutschen Missionare, G. F. VICEDOM, eine dreibändige Monographie über die Papuas am Mt. Hagen, die Mbowamb, von denen schon mehrmals in diesem Buch die Rede war. Mitverfasser des Werkes ist der hamburgische Völkerkundler HERBERT TISCH-

NER. In ihrer Gesellschaftsstruktur ist bereits eine weit fortgeschrittene Differenzierung erkennbar, die ich im folgenden auf Grund der Berichte VICEDOMS untersuchen möchte. Es geht mir dabei besonders um die Abwandlung des biologischen Friedensmodells durch Erweiterung und Untergruppierung der Gesellschaft und durch Verstärkung der Beziehungen zu benachbarten Gruppen. Ich habe die Mbowamb zweimal selbst besucht, jedoch zu kurz für gründliche Studien. Deshalb stütze ich mich ganz auf die Forschungen des Missionars und gebe seine Ergebnisse weitgehend im Wortlaut wieder, um sie nicht durch Umformulierung zu verfälschen.

Die vor dem Zweiten Weltkrieg etwa 15000 Personen starke Bevölkerung der Mbowamb spricht eine gemeinsame Sprache und weist große Einheitlichkeit auch in den übrigen Kulturmustern auf. Darin äußert sich ein gewisses Gefühl der Zusammengehörigkeit, das auch in dem einheitlichen Namen für alle diese am Fuße des Hagenberges siedelnden Menschen zum Ausdruck kommt. *Mbo* heißt übersetzt »der Wurzelstock«, und als *wamb* werden »die Menschen« bezeichnet. Die Nachbarn der Mbowamb sind nicht stark in ihren Kulturtraditionen abgesetzt, unterscheiden sich aber erkennbar in Tracht, Schmuck und sprachlichen Eigenheiten. Die rassische Struktur der Mbowamb ist nicht einheitlich; jüngere Einwandererwellen haben sich offensichtlich – so berichten es auch Mythen – mit den Resten einer Urbevölkerung vermischt, wobei diese alte Bevölkerungsschicht heute in der sozialen Hierarchie sehr tief steht, jedoch nicht territorial von den übrigen getrennt lebt, sondern Bestandteil der Gesellschaft geworden ist.

Für die wirtschaftlichen Beziehungen unter den Mbowamb ist das sogenannte *moka* charakteristisch. Es ist das öffentliche Ausleihen einer Anzahl von Perlmuscheln gegen Schweine und andere Wertstücke nach Art des Kreditwesens. Der Empfänger gibt für die erhaltenen Muscheln eine Anzahl Schweine als Bürgschaft, die er bei Rückgabe an den Gläubiger wieder zurückerhält. Für die Muscheln kann er sich Gegenstände oder eine Frau kaufen, oder er bezahlt damit Schulden an einen Dritten. So wandert das *moka* in einem Kreis miteinander befreundeter Männer von einem zum andern, und es entstehen komplizierte wirtschaftliche Abhängigkeiten zwischen den Mitgliedern einer *moka*-Gemeinschaft, aber auch zwischen den Gemeinschaften, da manche Männer mehreren von diesen angehören. Wichtig ist, daß der Leihgeber die gleiche Zahl von Wertstücken nach bestimmter Zeit anstandslos wieder zurückerhält. Bei den *moka*-Festen werden große Mengen von Perlmuscheln öffentlich verliehen und somit der Reichtum ganzer Sippen demonstriert.

Die Mbowamb sind in Stämme und diese in Sippen aufgegliedert. Jeder Stamm hat einen Eigennamen, der ihn als Person ausweist, und der Stammesname wird auch grammatikalisch als Personenname behandelt. VICEDOM beschreibt den *Stamm als Zusammenhalt mehrerer Sippen auf Grund gemeinsamer Abstammung* von einem berühmten Vorfahren bzw. Totem. Die totemistische Struktur ist heute weitgehend verwaschen. Die *Aufspaltung* in Sippen erfolgte hauptsächlich auf Grund tripolarer Auseinandersetzungen, insbesondere wegen Streitigkeiten um Besitz. Im Stammesverband liegt kein organisatorischer Zusammenschluß vor, sondern ein *organischer*, da sich die darin vereinten Sippen als nahe verwandt zueinander betrachten und sich deshalb zu ihm bekennen und für gemeinsame Aufgaben bereitstehen. Es gibt weder eine Organisation im Stamm, die den Sippen einen besonderen funktionellen Platz im Verband zuweist, noch gibt es eine Führungsspitze, von der die Sippen gemeinsam regiert werden. Gelegentlich wird allerdings ein besonders befähigter Sippenhäuptling der Hauptsprecher des ganzen Stammes. Die Verbundenheit durch gemeinsame Abstammung, also die Blutsbande, können nach Auffassung der Leute nie gänzlich zerreißen. So trauern beim Tod eines Sippenhäuptlings nicht nur die Mitglieder dieser Gemeinschaft, sondern alle Sippen des Stammes.

Das *Stammesleben* äußert sich in gemeinsamen Versammlungen auf einem Tanzplatz, in denen die Männer der einzelnen Sippen über Feste, Beziehungen zu anderen Stämmen, insbesondere Kriege und andere wichtige Angelegenheiten, beraten und Beschlüsse fassen. Auf diesen öffentlichen Versammlungen werden auch Rechtsangelegenheiten behandelt, vor allem Eigentumsfragen und Frauenangelegenheiten, die bei den Mbowamb eine große Rolle spielen. Hier hat jedermann Redefreiheit, jedoch geben die einflußreichen, wohlhabenden Männer den Ton an. Arme haben meist keine Chance, eine Klage gegen Reiche vorzubringen und Recht zu bekommen. Die wichtigsten Entscheidungen und Geheimbeschlüsse, z. B. über heimlich auszuführende Tötungen, werden in Versammlungen am Geisterplatz getroffen, zu denen nur die Sippenführer Zutritt haben.

Zwischen den Stämmen der Mbowamb bestehen vielfältige Beziehungen. So werden auf Grund der exogamen Ehevorschriften die Frauen immer aus anderen Stämmen genommen. Auf Grund der vaterrechtlichen Erbfolge der Mbowamb gilt nur die Blutslinie des Mannes, und die Kinder sind allein mit der Sippe des Vaters, nicht aber mit der der Mutter blutsverwandt. Doch wird die Ehefrau von der Sippe ihres Vaters aus – also aus der Sicht des anderen Stammes – weiterhin als zugehörig angesehen. Dadurch ergeben sich je nach dem Ausgangspunkt der Betrachtung zwei Linien der Verwandtschaft. Vielfach siedeln mit der Frau auch einzelne oder mehrere ihrer Angehörigen, z. B. ihre Eltern, mit auf das Land des Mannes um, wodurch sich weitere Beziehungen zwischen Stämmen ergeben. Auch die *moka*-Gemeinschaften gehen über Stammesgrenzen hinweg, so daß vielfältige *wirtschaftliche Verflechtungen* bestehen. Besonders enge Verbindungen, die sich in Handel, Heirat und gegenseitigem Beistand im Alltag äußern, gibt es zwischen benachbarten Siedlungen zweier Stämme.

Eine Vorstellung von der Größe eines Stammes vermittelt zum Beispiel der Stamm Ndika, der nach den Zählungen VICEDOMS 3395 Personen umfaßte, die in 27 Siedlungen lebten. Dabei war die Bevölkerung einer Siedlung 38 bis 395 Personen stark.

Die eigentliche Gruppe ist jedoch nicht der Stamm oder die Siedlungsgemeinschaft, sondern *die Sippe*. Wie bei allen Zusammenschlüssen sozialer Art bei den Mbowamb ist das Kriterium der Abstammung bestimmend. Alle Mitglieder einer Sippe betrachten sich als zusammengehörig auf Grund gemeinsamer Abstammung von einem individuell benannten Vorfahren. VICEDOM hat die Stammbäume mehrerer Sippen aufgezeichnet und dabei festgestellt, daß sich im allgemeinen in jeder Generation weitere Sippen abspalten. Am Anfang stand eine Sippe, deren Begründer mit Beginn der Aufspaltung als Stammesahne angesehen wurde. So wächst die Sippenzahl, einem Baum gleich, aus gemeinsamer Wurzel bis hin zu immer feineren Verzweigungen. Die größeren Äste, von VICEDOM als »Klans« bezeichnet und aus mehreren Sippen zusammengesetzt, spielen im Sozialleben eine wesentlich geringere Rolle als die Sippen selbst.

Die Mbowamb leben in Streusiedlungen, deren einzelne Gehöfte in einiger Entfernung voneinander inmitten der Süßkartoffelfelder liegen. Es gibt Dörfer, in denen nur Mitglieder einer Sippe wohnen. Die Regel ist aber, daß Angehörige mehrerer Sippen eine Dorfgemeinschaft bilden und andererseits eine Sippe über mehrere Dörfer verstreut ist. Dennoch betrachten sich in erster Linie nur die Sippenangehörigen als Einheit, auch über die Siedlungsgrenzen hinweg. So wird gemeinschaftliches Handeln, also Zusammenarbeit, konsequent nur innerhalb der Sippe ausgeführt.

Die Moralgebote der Mbowamb und ihre Rechtsvorstellungen

Als oberstes Sippengesetz gilt das Handeln zum Vorteil der eigenen Sippe. Das wird zum Beispiel in den Ermahnungen deutlich, die der Vater einem jungen Mann gab, der wiederholt andere Sippen bestahl und deren Frauen verführte: »Wenn du das unter uns tust, werden wir kein Wohlgefallen an dir haben, machst du es aber bei den anderen Leuten, dann werden wir dich loben und zufrieden sein.« Somit ist das wichtigste Gebot jeder Moral: Tue nichts, was deine Sippe schädigt; *das ist böse!** Schädige dagegen andere Sippen und Stämme als deine Rivalen, denn dadurch stärkst du deine eigene Sippe! Danach handelt mehr oder weniger jeder, es sei denn, seine eigene Sippe ist so schwach, daß sie eine Auseinandersetzung mit den Waffen nicht riskieren kann.

»Die Mbowamb«, schreibt VICEDOM, »kennen sehr wohl den Unterschied von Gut und Böse, sie wissen um die Unantastbarkeit des Lebens und des Eigentums, aber dieses Gesetz bezieht sich nur auf die eigene Sippe und etwas erweitert auf den eigenen Stamm. Nur in bezug auf die eigene Sippe hat man

* Der Kursivdruck hier und in den anderen Zitatstellen ist nicht im Original enthalten.

ein Gewissen. *Anderen Sippen und Stämmen gegenüber kann man sich verhalten, wie man will, solange durch dieses Verhalten nicht die eigene Sippe in Gefahr gebracht wird.* ... Vergehen innerhalb der Sippe betrachtet man als die größte Schande. Das schlimmste Vergehen sind Übergriffe auf Frauen und Mädchen, die in der eigenen Sippe geboren worden sind. Eigentumsdelikte werden geringer eingeschätzt. Leistet der Verbrecher nicht Sühne, indem er Besitzgüter an die geschädigte Familie verteilt, so greift man zu Stökken und schlägt ihn. *Dabei darf aber niemand getötet werden!* Ist trotzdem ein Totschlag geschehen, dann kommen auch die entfernteren Mitglieder der Sippe zusammen und sagen: ›Der Mann hat seinen Bruder getötet, obwohl er genau wußte, daß er sein Bruder war. Wenn wir nun auch einen Lebenden töten, dann wird eine andere Hand von uns verwesen. Diese soll aber nicht verwesen.‹« Gewöhnlich wird der Fall beigelegt, indem der Täter nach einiger Zeit Sühnegeschenke an die Hinterbliebenen gibt. Aus diesem und anderen Beispielen wird deutlich, daß die Mbowamb große Abscheu vor dem Töten eines Sippenmitgliedes empfinden.

In der Beurteilung von Vergehen und Verbrechen wird sehr deutlich zwischen *Absicht und Zufall* unterschieden, wobei der Zufall sehr milde beurteilt wird:

»In Jamka brachte einmal ein Mann während eines Spieles einem anderen eine ganz empfindliche Wunde mit dem Speer bei. Es entstand darüber nicht einmal eine Aufregung. Der Mann hatte es ja nicht tun wollen. Tötet jemand das Schwein eines anderen aus Versehen, so entsteht deswegen kein Rechtshandel, sondern die beiden Männer verständigen sich sofort auf gütlichem Wege. Sogar ein Totschlag aus Zufall wird sehr milde beurteilt. Als Zeichen, daß man niemanden töten, sondern nur strafen wollte, z. B. einen auf frischer Tat ertappten Dieb, gilt die Benutzung des Stockes als Waffe. Wird eine andere Waffe gebraucht, so fällt es jedermann schwer, sich herauszureden, daß er den Mann nicht töten wollte. Wurde jedoch jemand mit dem Stock getötet, so trifft den Täter fast kein Vorwurf. Jedermann sagt dann, er hat ihn ja nicht töten wollen, sie haben sich ja nur an den Haaren gerauft und mit dem Stock geschlagen. Diese milde Beurteilung entsteht aus zwei Gedankengängen: 1. Der Getötete wurde auf frischer Tat ertappt, und eine Strafe war gerechtfertigt. 2. Die Tötung des Mannes lag nicht in der Absicht des Täters, sonst hätte er eine Kriegswaffe gebraucht und nicht die Waffe der Notwehr. Bei solchen Fällen brauchen auch keine weiteren Versöhnungsfeierlichkeiten stattfinden.«

Innerhalb des Rechts der Mbowamb gibt es *keine Rechtsansprüche und auch keine Rechtfertigung der Einzelpersönlichkeit*. Diese hat sich in allen Fällen der Sippe unterzuordnen.

»Nun gibt es aber Fälle, wo das der Einzelpersönlichkeit nicht nur schwerfällt, sondern wo es ihrem Ehrempfinden widerspricht. Kann sich nun der einzelne gegen die Sippe wehren oder ihr gegenüber sein Recht suchen?

Nein, auch wenn er mit den Beschlüssen der Sippe nicht einverstanden ist, hat er keine andere Wahl, als sich zu fügen, denn er ist vollständig in der Hand der Sippe und von ihr abhängig. Für ihn gibt es nur ein Mittel, gegen die Sippe anzugehen und sie zu strafen, den *Selbstmord.* Der Selbstmord ist unter der Bevölkerung ziemlich häufig. Er wird aus zwei Gründen vollzogen. 1. Aus Schmerz und Trauer. Man will einem Abgeschiedenen ins Totenreich nachfolgen. Dieser Selbstmord ist ein Akt der Treue. 2. Als Strafe und Rache an der Sippe. Wir werden dabei auf Gedankengänge geführt, welche für uns nicht so ganz leicht zu verstehen sind.
Für die Eingeborenen ist das eigene Leben, sosehr sie daran hängen, nicht das Höchste, sondern das Wohl der Sippe. Verliert die Sippe eines ihrer Glieder, so wird sie dadurch empfindlich geschwächt und hat noch dazu den Geist des Mannes oder der Frau, die den Selbstmord beging, zu fürchten. Darum vollziehen die Menschen, die sich sonst nicht durchsetzen können und ihr Recht innerhalb der eigenen Sippe nicht erlangen können, Selbstmord als Strafe und Rache. Das Motiv des Selbstmords, wie es dem Selbstmord der Kulturmenschen zugrunde liegt, ist den Mbowamb vollständig unbekannt. Nicht Verzweiflung am Leben oder Furcht vor Strafe treibt die Eingeborenen in den Tod. Das würde für sie Feigheit sein. Die Motive zum Selbstmord sind die Begriffe von Treue und Ehre in ihrem Sinne. Darum ist auch der Selbstmord unter dem weiblichen Geschlecht und unter den Männern der ärmeren Volksschicht häufig, während man ihn unter den Männern der reicheren Volksschicht kaum antrifft. Diese können sich durchsetzen, ihr Recht verteidigen, ihre Ehre wahren.«
Das Zusammengehörigkeitsgefühl innerhalb der Sippe äußert sich auch in gegenseitigem *Mitleid*. Hat sich z.B. ein Mann beim Holzschlagen mit der Axt schwer verletzt, so enthalten sich seine Sippenbrüder bestimmter Speisen, bis er wieder gesund ist. Dies soll angeblich nicht aus magischen Gründen geschehen, etwa um den Heilprozeß zu beschleunigen, sondern aus Mitgefühl gegenüber dem Nächsten, was genaugenommen ein Mitleiden darstellt.

Territorium und Eigentumsverhältnisse bei den Mbowamb

Das *territoriale Zentrum* jeder Sippe ist ihr Tanzplatz mit dem Männerhaus. Der Tanzplatz ist eine sorgfältig gepflegte Rasenfläche, mit Zierbüschen und Bäumen umstanden. Hier hält auch der Stamm seine öffentlichen Versammlungen ab, wobei meist der Tanzplatz der einflußreichsten Sippe benutzt wird. Das Sippenmännerhaus steht am Rande dieses Platzes. In ihm wohnen die Geister der Sippe. Wird ein Tanzplatz von mehreren miteinander näher verbundenen Sippen benutzt, so hat dort jede einzelne Sippe ihr eigenes Männerhaus. Auf dem Tanzplatz werden bei Festen auch die Schweine geschlachtet, und hier erfolgen die Zurschaustellung und der Austausch der *moka*-Wertstücke.

Die Mitgliederzahlen der Sippen variieren wahrscheinlich sehr stark; sie sind aber andererseits sicher so begrenzt, daß sich alle Angehörigen einer Sippe persönlich näher kennen. Die Aufnahme Neugeborener in die Sippe des Vaters erfolgt bei dem Geburtsfest, das ich bereits im Kapitel über die Jugendentwicklung genannt habe.

Wohl gibt es auch in Siedlungen, die von Teilen mehrerer Sippen bewohnt werden, einen spezifischen Zusammenhalt. Doch gilt es z.B. einen Dieb zu verfolgen oder sich auf andere Weise solidarisch zu zeigen, so halten gewöhnlich nur die Mitglieder derselben Sippe zusammen. Das Dorf wird aber mit einem eigenen Namen belegt, und wenn einer von auswärts heimkehrt, dann sagt er nicht, er gehe »zu seinem Haus«, sondern »in sein Dorf«. Da die Häuser in der Siedlung wegen ihrer Lage zu den Feldern sehr weit verstreut liegen, erscheint uns die in derartigen Redewendungen an den Tag tretende Auffassung nicht ohne weiteres selbstverständlich.

Die Mbowamb kennen *persönliches Eigentum und Kommunalbesitz*. Schweine, Wertsachen, auch die Frauen werden als persönliches Eigentum angesehen. Das Land dagegen, auf dem die Sippe siedelt, ist Kommunalbesitz und kann vom einzelnen nur für sich beansprucht werden, solange er es bearbeitet. Wenn die Nutzung aufhört, fällt es an die Sippe zurück. *Aber auch im Bereich des persönlichen Eigentums ist eine Bindung an die Sippe gegeben*, indem es zum Wohle der Gemeinschaft eingesetzt werden muß. Dies gilt auch für den Austausch der *moka*-Wertsachen. Wenn ein Sippenbruder in Not ist, wird selbstverständlich geteilt, und man borgt sich häufig Muscheln, Schweine und andere Wertgegenstände. Das Denken und Handeln der Papuas ist dabei immer ein kollektives.

Hierarchische Strukturen der Mbowamb-Gesellschaft

Sehr ausgeprägt ist die *hierarchische Stufung innerhalb der Sippe* bei den Männern. VICEDOM unterscheidet vier Klassen, wobei die Einstufung primär vom persönlichen Besitz abhängt. Die *Reichsten* sind zugleich die Führer der Sippe und besitzen auch magische Kraft. Ihre hohe Stellung im *moka*-System wird durch die vielen Bambusstäbchen angezeigt, die sie an einer Schnur übereinandergereiht auf der Brust tragen. Die Erbfolge hoher *moka*-Position geht vom Vater an die Söhne weiter. Die *Mittelklasse* besitzt noch einen gewissen gesellschaftlichen Einfluß, hat auch an der Verteilung von *moka* Anteil, doch die darunter folgende Klasse der »*Wertlosen*« besitzt nur eben so viel, um sich selbst und die Familie am Leben zu erhalten. Die niedrigste Schicht, die »*Schlechten*«, ist ganz auf die anderen angewiesen; sie hat keinen Besitz, außer, daß auch sie in mehrfacher Weise am Sippenbesitz insgesamt teilhat.

Wer zu einer der letzten beiden Klassen gehört, wird allgemein verachtet und verspottet. Doch ist das Los keineswegs so hart, wie es hier scheinen mag, denn diese Klassifizierung wird nicht sehr konsequent eingehalten. Die meisten Angehörigen der unteren Klassen stehen in einem Dienst- oder Sklavenverhältnis zu den Reichen. Gegen Bezahlung arbeiten im Haus, auf den Feldern und als Schweinehirten Männer der Urbevölkerungsschicht und Mitglieder aufgeriebener Stämme, die sich unter den Schutz eines anderen Stammes begeben haben. Diesen letzteren gibt man die Möglichkeit, sich durch Arbeit wieder sozial emporzuarbeiten. Ohne Bezahlung müssen Junggesellen arbeiten, meist körperlich zurückgebliebene, charakterlich nicht sehr hochstehende Männer, die rechtlos sind und den meisten Spott zu ertragen haben. Aber trotz dieser starken Stufung betrachten sich die Glieder einer Sippe als zusammengehörig. Die Klassenunterschiede machen sich auch nach außen bemerkbar: Wenn ein Mann einer niederen Klasse von Feinden getötet wird, so ist dies noch kein Kriegsanlaß; sein Tod wird allenfalls beim nächsten Krieg mit gerächt. Der Tod eines Reichen, insbesondere eines Sippenhäuptlings, muß aber unbedingt und sofort gerächt werden.

Der individuelle und familiäre Bereich

Innerhalb seines Gehöfts will der Mbowamb sein eigener Herr sein. Trotz der vielfältigen Besitz- und anderen gesellschaftlichen Verflechtungen mit der Sippe gibt es eine ausgesprochene *Privatsphäre*, die sich räumlich auf das Haus des Mannes und die Nebengebäude sowie die umliegenden Felder erstreckt. Solange der Mann diese Felder bestellt, kann er sie ja als sein Eigentum betrachten. VICEDOM sieht im Familienhaus die ursprüngliche Hausform der Mbowamb. Hier schlafen zwar die Geschlechter getrennt voneinander, doch benutzen alle gemeinsam den großen Aufenthaltsraum. Wenn sich ein Mann allerdings mehrere Frauen leisten kann, baut er für jede Frau ein eigenes Haus, da sich die Frauen untereinander selten so gut vertragen, daß sie in einem Haus zusammen leben wollen. Er baut sich dann ein eigenes Männerhaus, das normalerweise von den Frauen nur mit seiner Erlaubnis betreten werden darf. Ein solches Männerhaus ist Mittelpunkt der Familie. Hier schlafen die männlichen Angehörigen, und vor dem Haus kommt man abends zum gemeinsamen Mahl zusammen. Es werden dann die Arbeiten und anderen Dinge des Alltags besprochen. Auch Gäste bewirtet man hier. Zum Familienareal gehört ein kleiner Opferplatz.

Die *Familienstruktur* der Mbowamb ist nicht mit unserer eigenen vergleichbar. Dies ergibt sich sowohl aus der streng vaterrechtlichen Erbfolge als auch aus der Tatsache, daß ein Mann oft mehrere Frauen besitzt. Wegen der Polygamie kann eine Familie auf mehrere Sippen in anderen Stämmen übergreifen. Da andererseits zur Familie nicht nur die Ehepartner und ihre Kinder, sondern auch der weitere Kreis der im Gehöft ansässigen Verwandten und darüber hinaus z. B. auch die Kinder der Brüder des Mannes gezählt werden, ist die Abgrenzung zur Sippe fließend. Selbst die Bindung zwischen Mann

und Frau in der Ehe ist mehr rechtlicher Natur und kann gelöst werden. Die engste Verbundenheit besteht zwischen den Geschwistern. Bei der Erziehung kommt dem Bruder der Mutter eine besondere Aufgabe zu. Eheverwandte haben ein Recht auf gegenseitigen Schutz, und zwischen Verwandten in getrennten Siedlungen werden häufig Besuche ausgetauscht, und es bestehen enge wirtschaftliche Beziehungen.
Die Mbowamb haben auch keine eigene Bezeichnung für Familie, und im Aufbau der Gesellschaft kommt ihr keine abgegrenzte Bedeutung zu. Lediglich die Ehegemeinschaft kann, biologisch gesehen, als funktionelle Einheit innerhalb der Sippe unterschieden werden.

Das Verhältnis zu den Fremden

Die Erörterungen in diesem Kapitel haben zum Ziel, ein neues Konzept des Friedens herauszuarbeiten, nach der im Gegensatz zum biologischen Modell *auch Beziehungen zwischen Gruppen als friedlich gelten können*. Ich habe bisher die innerkommunale Struktur der Mbowamb herausgestellt und möchte nun, bevor ich das neue Friedenskonzept entwerfe und zur Diskussion stelle, Datenmaterial über die Beziehungen zwischen Sippen und Stämmen vorlegen, deren gegenseitige Kommunalisierung nicht ausreicht, um kriegerische Auseinandersetzungen zu vermeiden. Ich stütze mich wiederum auf die ausführlichen Beschreibungen VICEDOMS.
Zunächst das *Verhältnis zu Fremden*: Die Mbowamb unterscheiden außer den Weißen und Asiaten, die sie seit 1933 kennenlernten, zweierlei Fremde: Angehörige benachbarter Stämme bezeichnet man als Menschen anderer Abstammung, aber mit Sitten und Rechtsgrundsätzen, die den eigenen entsprechen.
»Nur der Umstand, daß die meisten Menschen, mit denen ein Mbowamb zusammenkommt, aus der Nachbarschaft sind, die gleichen Sitten und das gleiche Recht haben, sich durch ihren Stamm jederzeit verteidigen und rächen können, hat das Verhältnis des nachbarlichen Zusammenlebens geschaffen, wobei diese Fremden dann nicht als Feinde, sondern als Nachbarn behandelt werden. Man hat ihnen gegenüber meist ein Verhältnis der Duldsamkeit ... So können in Friedenszeiten die Glieder der verschiedenen Stämme sich dauernd besuchen und untereinander herumlaufen. Unter vielen von ihnen hat man auch *Freunde*, doch geht die Freundschaft nicht so weit, daß man sie in die Politik des eigenen Stammes hineinschauen lassen würde. Sie werden also trotzdem als Fremde behandelt, aber nicht in dem Sinne, daß sie rechtlos wären, wie das bei Menschen, die entlegenen Stämmen angehören, der Fall ist. Wollen sich »Fremde« im eigenen Stammesgebiet niederlassen, so müssen dafür erst die rechtlichen Grundlagen geschaffen werden. Man schließt sich also gegen diese Nachbarn ab und betrachtet sie als andere Menschen.«
Die wirklichen Fremden sind Mitglieder anderer Volksgruppen, die von weit

hergekommen sind und deren Kulturtraditionen sich von den eigenen unterscheiden.
»Es geschah wohl sehr selten, daß einmal ein Fremder aus einem ganz unbekannten Stamm zu Besuch kam. Wenn er kam, kam er nie allein, sondern immer in Begleitung eines bekannten und befreundeten Mannes. Der Fremde stand dann immer unter dem Schutze seines Begleiters; und um diesen nicht zu beschämen, geschah dem Fremdling kein Leid. Ein Fremder ist in einem Stamme immer schutzlos, wenn er nicht Freunde oder Verwandte dort hat. Besitzt er solche, so wird ihm um deretwillen kein Leid zugefügt. Trotzdem fühlt sich ein Eingeborener in einem fremden Stamme immer ungemütlich. Er hat ständig Mißtrauen und geht bei dem geringsten Verdacht auf und davon.«

Sippen- und Stammeskriege

Kriege werden bei den Mbowamb zwischen Stämmen und zwischen Sippen eines Stammes geführt. Dabei lassen sich drei *Kriegsarten* unterscheiden: 1. heimliche Überfälle auf einzelne Personen, gewöhnlich aus einem anderen Stamm, deren Tod zuvor die geheime Ratsversammlung beschlossen hatte; 2. den »Krieg auf den Wegen«, der sich auf einem Kampfplatz innerhalb des eigenen Gebiets abspielt; 3. den Krieg, der in feindliches Gebiet hineingetragen wird und sich deshalb hauptsächlich dort abspielt.
In jedem Fall wird unterschieden, ob es sich um einen Krieg zwischen Stämmen oder um Kampf zwischen Sippen eines Stammes handelt. Bei Innerstammeskämpfen gilt der Grundsatz, daß nur Männer in kampffähigem Alter getötet werden. »Alte Leute, Frauen und Kinder werden dabei verschont. Man wi' die Sippe, die zum gleichen Stamm gehört, nicht mehr schädigen, als notwendig ist, weil man sich ja indirekt dadurch selbst schädigt. Anders verhält man sich bei Kriegen mit anderen Stämmen. Da wird nur auf Frauen, die aus dem eigenen Stamm kommen, Rücksicht genommen.«
Kriege zwischen den Stämmen werden mit großer Grausamkeit geführt, und man versucht dabei, den Gegner möglichst empfindlich zu schwächen. Oft wird ein Krieg beschlossen, um einen anderen Stamm daran zu hindern, ein Fest, wie man es eben selbst abgehalten hat, vorzubereiten und zu feiern. Die Schwächung der Wirtschaftskraft und des Ansehens anderer Stämme ist also ein entscheidender Gesichtspunkt bei der Kriegsführung.
Allerdings sind Kriege zwischen Stämmen nicht allzuhäufig. »Die Kriege«, so schreibt VICEDOM, »die ich während der viereinhalb Jahre am Hagenberg miterlebte oder die in der Umgebung stattfanden, könnte man leicht aufzählen. Es waren dabei durchaus nicht alle Stämme während dieser Zeit in Kriege verwickelt. Häufig dagegen waren früher die einzelnen Kampfhandlungen zwischen zwei Sippen, die nichts anderes waren als Strafen. Eine solche Auseinandersetzung folgte meist nach jedem Vergehen an dem Eigentum eines

anderen. Bei ihnen mußte es nicht notwendigerweise Tote geben. Die geschädigte Partei tat dadurch ihren festen Entschluß kund, auf keinen Fall auf Entschädigung zu verzichten. So endeten diese Auseinandersetzungen gewöhnlich auch damit, daß sich die geschädigte Partei selbst half und die Schweine der anderen Partei wegnahm sowie ihre Siedlungen zerstörte.« Für die Diskussion des Grades der gegenseitigen Kommunalisierung zwischen Sippen *innerhalb eines Stammes* sind diese Angaben besonders wichtig.

Als *Kriegsanlässe* kommen in erster Linie Rechtsfälle in Betracht, hauptsächlich Eigentumsdelikte. Darunter fallen auch Vergehen gegen Frauen, da diese als Besitztum gelten. Ein Hauptkriegsanlaß ist Giftmischerei. Sterben in einem Stamm oder in einer Sippe kurz nacheinander mehrere Männer, so wird dafür ein anderer Stamm bzw. eine andere Sippe verantwortlich gemacht. Tötung eines Sippenmitgliedes durch Angehörige einer anderen Sippe oder eines anderen Stammes führt meist zum Kampf. Immer kommt es dazu, wenn der Getötete eine angesehene Persönlichkeit war. Man muß ihn sofort rächen, um nicht seinen Geist fürchten zu müssen.

Das Hauptmotiv ist aber die Schwächung der eigenen Gemeinschaft, die nun durch Schwächung der Gegenseite ausgeglichen werden muß. Es genügt dabei nicht, irgendeinen Mann zu töten, sondern es muß ein Vertreter des gleichen sozialen Ranges sein.

Neben diesen Kriegsanlässen, die von außen her an die Kommunaleinheit herangetragen werden, gibt es aber auch innerhalb der Gemeinschaft Triebkräfte zum Krieg. Sippenhäuptlinge vermögen einen Krieg zu verhindern, indem sie die Rache für einen weniger angesehenen Mann bis auf eine spätere Gelegenheit aufschieben; sie können aber auch aus politischen Erwägungen einen Krieg inszenieren. Eine der dabei angewandten Methoden ist die absichtliche Beleidigung des Stammes, mit dem man Krieg sucht. Die beste Gelegenheit dazu bietet sich, wenn in dem anderen Stamm ein angesehener Mann gestorben ist. Man veranstaltet dann ein Freudenfest, anstatt mitzutrauern, und damit ist der Kriegsanlaß gegeben. Oft brechen aber Häuptlinge Kriege auch einfach vom Zaun. Sie laden angesehene Männer des anderen Stammes zu einem Schweineessen ein, provozieren einen Streit und töten dabei einen oder mehrere der Eingeladenen. Auch dann kommt es zum Krieg zwischen den Stämmen.

»Der Krieg«, so schreibt Vicedom, »bringt eine furchtbare Änderung im Leben der Mbowamb hervor. Während in normalen Zeiten das Leben seinen Gang geht, die Menschen in ihren Feldern arbeiten, sich gegenseitig besuchen und Geschenke austauschen, hört das mit Kriegsausbruch sofort auf. Schon vorher ist die Stimmung unter der Bevölkerung mit Gewitterschwüle geladen. Jedermann redet vom Krieg, hetzt, schürt, schiebt die Schuld auf andere Stämme, daß diese aggressive Absichten hätten. Es dürfen in den Stämmen keine Tänze mehr veranstaltet werden. Auf den Aussichtspunkten werden Wachen ausgestellt. Man wacht nicht nur bei Tag, sondern auch in der

Nacht; die Männer schlafen nicht mehr. Sie sitzen an den Wegen und passen auf, daß der Feind nicht in ihre Siedlung kommt. Man glaubt sogar, daß dabei auch die Geister in Aufruhr sind und die Männer zu solchem Verhalten veranlassen ...
Aber nicht nur der am Kriege beteiligten Stämme bemächtigt sich eine solche Aufregung. Die ganze Bevölkerung ist geradezu aufgewühlt. Ein Krieg ist für alle ein großes Ereignis. Er ist sozusagen ein Sport, so daß alle daran innerlich beteiligt sind. Die verschiedensten Gerüchte, die man aufschnappt, werden weitergegeben. Hat man nicht Zeit, sie selbst weiterzutragen, ruft man sich die Nachrichten von Siedlung zu Siedlung zu.
Ist der Krieg einmal ausgebrochen, so legt sich die allgemeine Spannung etwas. Man lebt dann mehr von den Ereignissen. Jede Arbeit ruht im Gebiet. Die Männer nehmen als Zuschauer am Kriege teil. Die Hügel und Aussichtspunkte in der Nähe des Kampfplatzes sind mit Zuschauern aus anderen Stämmen besetzt. Ja die Zuschauer wagen sich oft so nahe an die kämpfenden Parteien heran, daß sie diese umsäumen und manche von ihnen getroffen werden. Jeder schneidige Angriff, ganz gleich von welcher Seite er kommt, ruft Begeisterung hervor. ... Man sieht also, die Bevölkerung hat Freude am Krieg.«
Man will etwas erleben, und um einen Krieg zu veranlassen, »vereinigen sich oft Sippen, die Häuptlingssöhne voran, gegen andere Sippen und machen mit diesen Kriegsspiele. Finden diese Kriegsspiele und Scheingefechte in der Nähe einer Stammesgrenze statt, dann nehmen daran auch Angehörige anderer Stämme teil. Diese Scheingefechte werden mit Spitzen des Schilfgrases ausgeführt, weil keine Verletzungen dabei entstehen sollen. Oft wirft man aber, wenn man einen Krieg vom Zaune brechen will, nicht nur mit diesen Spitzen, sondern auch mit zugespitzten Stöcken. Sobald jemand verletzt ist, ist die Harmlosigkeit vom Spiel genommen. Dann wird es ernst. Die Parteien holen sich dann Schilde und Waffen, und das Spiel geht in Kampf über.« ...
Ist ein Krieg beschlossen und der Termin zum Beginn da, so ist das nächste, was die Häuptlinge tun, daß sie ihre Mannschaft zum Kampfe aufrufen. Wenn es sich um einen heimlichen Überfall handelt, braucht man das nicht, weil ihn nur eine Sippe ausführt. Zum Aufruf der Mannschaft werden Boten von Siedlung zu Siedlung geschickt, welche die Botschaft der Häuptlinge ausrichten.
Einem Kriege, der von zwei Stämmen geführt wird, geht gewöhnlich eine *Kriegserklärung* voraus. Der Krieg wird erst dann erklärt, wenn der eine Stamm vollständig kampfbereit ist. Erst wenn die Mannschaft versammelt ist und unter Kriegsgeschrei loszieht, geht ein Bote zum Kampfplatz voraus und zündet dort ein Feuer an. Das ist für den anderen Stamm das Zeichen, daß die Feinde kommen. Dieser ist über den Angriff meist nicht sehr überrascht, denn unter den Eingeborenen läßt sich nicht viel verheimlichen. Eheverwandte machen sich meist Andeutungen. Der andere Stamm ist nur in bezug

auf die Zeit des Angriffs überrascht. Sobald die Männer das Feuer brennen sehen, eilen auch sie zum Kampfplatz.

Eine Anführerschaft im Krieg gibt es nicht. Die bedeutendste Rolle spielen die Häuptlinge, die den Krieg beschließen. Im Kampf selbst halten sie sich aber im Hintergrund, da sie besonders gefährdet sind. Die Kampfmannschaft besteht aus den Männern der Sippe oder des Stammes. Den Jungen steht es frei, ob sie mitkämpfen wollen oder nicht. Die Abbildungen illustrieren das Kampfgeschehen. Sie stammen allerdings nicht von den Mbowamb, sondern von der Dani-Sprachgruppe im westlichen Hochland.

»Beide Parteien stehen sich zunächst in einiger Entfernung gegenüber und rufen sich Schimpfworte zu, womit sie sich gegenseitig beleidigen und den gegenseitigen Zorn wachrufen. Dann machen sie gegenseitig den Kriegsandrohungstanz, wie er auch bei Totenklagen gemacht wird. Die Parteien stellen sich hierfür in Schlachtordnung auf, stürmen unter großem Geschrei dem Feind entgegen, lassen es aber nicht zu einer Berührung mit ihm kommen, sondern ziehen sich unter Geschrei und Gesang wieder zurück ...

Wird die gegenseitige Schimpferei zu wüst, dann reißt auf einmal einem Mann der kämpfenden Parteien die Geduld, und er stürmt zum Angriff vor. Er stimmt den Schlachtruf an und stürmt voran. Seine Partei stimmt in den Schlachtruf ein und folgt ihm. Die andere Partei wartet entweder den Angriff ab, oder sie stürmt auch mit diesem Schlachtruf dem Feind entgegen. Wenn sich die beiden Parteien in die Nähe kommen, hagelt es von Pfeilen und Speeren. Sie ziehen sich dann weiter auseinander, um den Geschoßen besser ausweichen zu können. Das Gefecht am gleichen Ort dauert nicht lange, kaum einige Minuten, dann zieht sich die eine Partei unter Deckung der Schildträger zurück. Die andere Partei folgt mit großem Geschrei und sucht ihre Geschoße anzubringen. Kaum hat sich jedoch die eine ein Stück zurückgezogen, stellt sie sich wieder und empfängt den anstürmenden Feind mit einem Hagel von Geschossen. Darauf zieht sich dieser zurück, und die andere Partei folgt ihm.

So wogt der Kampf auf dem gleichen Platz immer hin und her. Alles ist voller Leben, Gerenne, Ausweichen, Deckungsuchen, Angriff, Verfolgung und dabei das Gebrüll des Kampfrufes. So kämpfen die beiden Parteien, bis es Abend wird und sie müde werden. Dann rufen sie sich einfach zu: ›Wir wollen für heute aufhören‹, und trennen sich. Der Kampf beginnt gewöhnlich morgens gegen zehn Uhr und endet nachmittags um vier Uhr.

Bei den Gefechten herrscht eine gewisse Schlachtordnung vor. In der Mitte der Mannschaft befinden sich die Schildträger, die mit dem großen Dreizackspeer oder mit anderen Speeren kämpfen. Sie rennen auf den Feind zu und suchen einen guten Speerwurf anzubringen. Da sie sich am meisten der Gefahr aussetzen, decken sie sich mit ihrem Schild, den sie an der Seite halten. Es liegt schon in der Natur des Speerwerfens, daß ein Mann, der werfen will, nicht seine Vorderseite dem Feind zuwendet, sondern die linke Seite.

Bei dem Gefecht müssen die Speerträger immer seitlich gehen und schauen nur etwas mit dem Gesicht hinter dem Schild hervor. Die Speerträger werden flankiert von den Bogenschützen, die einen kleinen Schild tragen. Auch sie gehen mehr seitlich und decken ihre eine Seite mit dem kleinen Schild ab. An den äußeren Flanken und hinter der Linie der Schildträger befindet sich dann die Masse der Bogenschützen ohne Schild. Sie greifen durch ihre Pfeile von größerer Entfernung aus in den Kampf ein.
Auch eine gewisse Strategie kennen die Mbowamb. Ist eine Partei der anderen gegenüber in der Überzahl, so greift sie nicht den Feind geschlossen an, sondern teilt sich auf und schickt einen Trupp Krieger in den Rücken der Feinde. Während nun der Feind geschlossen mit der anderen Partei kämpft, greift der andere Trupp die Siedlungen an und tötet die anwesenden Menschen und zerstört die Siedlungen. Dadurch kommt die eine Partei in eine ganz schwierige Lage; sie ergreift die Flucht und sucht dann daheim den Feind in ihren Siedlungen zu stellen. Wenn das aussichtslos ist, gibt sie ihre Siedlungen auf und zieht sich vollständig zurück. Diese Strategie wird gewöhnlich angewandt, wenn sich eine Partei Verbündete geworben hat. Die Verbündeten vereinigen sich gewöhnlich nicht mit ihren Freunden, sondern kämpfen gesondert. Der Feind muß sich dann nach zwei Fronten verteidigen und unterliegt bald.
Bei heimlichen Überfällen hat die Gegenpartei keine Gelegenheit, sich so schnell zum Gefecht zu entwickeln. Sie muß meist nach Verlusten die eigenen Siedlungen preisgeben und hat erst die Möglichkeit, wirklich zu kämpfen, wenn sie sich gesammelt hat. Bis dahin ist aber gewöhnlich der Feind mit seinem Raub durchgegangen. War jedoch die Siedlung gewarnt, so daß die Männer bereit waren, die Angreifer zu empfangen, dann bringen sie gewöhnlich den Feinden Verluste bei und schlagen sie in die Flucht. Dabei verfolgen sie die Angreifer bis in ihr Stammesgebiet.
Eine Verfolgung des Feindes gibt es nur, wenn dieser schon mehrere Niederlagen erlitten hat und abgekämpft ist. Sobald er nicht mehr die Kraft hat, den Kampf auf dem neutralen Kampfplatz zu halten und sich zurückzieht, wird auch der Kampfplatz immer mehr verschoben, bis er im Stammesgebiet der Feinde ist. Dort ist dann jedes Mittel erlaubt, den Feind zu erledigen.
Mutwillige Verstümmelungen der Feinde kommen nur vor, wenn es sich bei dem Feind um einen Giftmischer handelt. Einen normalen Feind quält man nicht, sondern tötet ihn sofort. *Dem Feind gegenüber ist man rücksichtslos.* Man quält also nur einen Lebenden, wenn man sich persönlich an ihm rächen will. Dagegen verstümmelt man jeden Leichnam der Feinde, wenn diese ihn nicht sofort retten können. Das kann man aber nur, wenn man einzelne Feinde erwischt. Wagt sich z. B. während der Kriegszeit ein Feind zu weit in das Stammesgebiet, so wird er sofort getötet, sein Leichnam gevierteilt und die Teile ins Wasser geworfen. Fällt jemandem ein gefallener Feind auf dem Kampfplatz in die Hände, so lassen alle Krieger ihre Wut an ihm aus und zer-

stechen ihn mit ihren Waffen. Der Leichnam wird jedoch liegen gelassen, und seine Angehörigen können ihn später abholen.«
Hierbei handelt es sich um *Zwischenstammeskriege*. Dieses Verhalten erinnert an die Äußerung des junge Kaluli-Mannes, der das Aufessen der getöteten Feinde mit dem Haß gegen diese in Verbindung gebracht hat. Kannibalismus ist bei den Mbowamb zur Zeit der ersten Kontakte mit Weißen nicht üblich gewesen. Es sprechen aber mehrere Überlieferungen dafür, daß es früher auch hier im Hochland Kannibalismus in Verbindung mit kriegerischer Aggression gegeben hat, der dann vielleicht durch die Schweinefestessen abgelöst wurde. Im Gegensatz zu der hohen Tötungsrate bei den Überfällen der Kopfjäger an der Küste müssen uns die Verluste bei den Kriegen der Mbowamb als gering erscheinen: In einem Krieg zwischen zwei Stämmen, der 14 Monate dauerte und in dem auf jeder Seite etwa 600 Mann kämpften, fielen insgesamt 65 Mann.
Gewöhnlich kommt es erst dann zu einem *Abbruch der Kämpfe*, wenn die Verluste auf beiden Seiten gleich hoch sind. »Solange die Verluste nicht auf beiden Seiten gleich sind, denkt kein Mbowamb an Frieden, und wenn ein Frieden zustande käme, glaubt er nicht daran. Wenn sie Krieg führen und auf jeder Seite die gleiche Zahl von Männern getötet haben, dann sagt man: ›Laßt uns jetzt aufhören! Jetzt stehen wir gleich!‹ Dann kommen sie zusammen und *schauen sich ins Gesicht*. Hat eine Partei einen mehr getötet als die andere, sagen sie: ›Wir werden uns noch nicht ins Angesicht schauen.‹ Sie fangen dann den Krieg von neuem an. Erst wenn sie noch einen Mann getötet haben, sagen sie: ›Jetzt sind wir gleich! Jetzt wollen wir uns ins Angesicht sehen!‹ Dann kommen sie zusammen und halten Friedensbesprechungen ab. Muß aber auf jeder Seite die gleiche Zahl von Toten erreicht sein, so sind das Kriegsende und der Friedensschluß einem Zufall ausgesetzt, denn wer garantiert der einen Partei, daß sie im weiteren Kampf nicht noch mehr Verluste erleidet? Man kämpft also weiter und macht es nicht so, wie auf den Neuen Hebriden, daß die Sieger, die geringere Verluste haben, lebende Menschen dem anderen Stamm zur Verfügung stellen.«

Vermittlungsversuche der Weißen

Bevor ich auf die Friedensverhandlungen selbst näher eingehe, möchte ich die Erfahrungen VICEDOMS bei den von Weißen unternommenen Versuchen wiedergeben, einen Krieg durch Eingreifen von außen her zu beenden: »Wer als Europäer einmal den Versuch machte, auf gütlichem, dem Eingeborenenrecht entsprechenden Wege zwischen zwei kämpfenden Parteien Frieden zu stiften, der weiß, wie ungeheuer schwer das ist, ja wie es fast unmöglich erscheint. Es ist mir während meines zehnjährigen Aufenthalts in Neuguinea nur einmal gelungen, einen Frieden zu stiften, und das war am Mittel-Watut, nicht am Hagenberg. Auch am Hagenberg hatte ich öfters Anlaß und Gelegenheit, zum Frieden zu reden und mit den kämpfenden Parteien zu verhandeln, aber immer ohne Erfolg. Oft waren die Parteien mit einem Frieden einverstanden bis auf die Sippe, die noch Blutrache zu vollziehen hatte, und daran scheiterte alles. Selbst wenn man dabei die Bezahlung für die Toten anbot, machte man damit keinen Eindruck auf die Eingeborenen, ganz abgesehen davon, daß die Unbeteiligten immer davon abrieten, weil dadurch doch kein wahrer Friede zustande kommt. Wenn man bei solchen Verhandlungen mit der einen Partei redet, schiebt sie immer die Schuld auf die andere. So ist es schwer, die Wahrheit herauszufinden. Nach der Wahrheit wird bei solchen Friedensschlüssen ja auch wenig gefragt. Nicht die Schuldfrage spielt eine Rolle, sondern nur die gleiche Zahl der Toten auf jeder Seite. Ist diese erreicht, so kommt der Friede von selbst zustande. So tut man immer am besten, wenn man der Sache ihren Lauf läßt, außer man wird von einer Partei um Vermittlung des Friedens angegangen. Natürlich wäre es auch für uns ein Leichtes gewesen, mit Waffengewalt einzugreifen, genauso wie es die anderen Europäer machten. Es war ja lange Zeit keine Regierungsstation im Lande. Aber mit Waffengewalt bringt der Europäer auch keinen Frieden zustande, *sondern er verschiebt die letzte Entscheidung nur.* Der Krieg kann nur von innen heraus überwunden werden. Man darf sich also nicht von einem falschen Mitleid leiten lassen.

Bei solchen Verhandlungen bekam ich immer wieder den Eindruck, daß es eine Bezahlung von Getöteten nicht gibt. Wenn sich die Mbowamb einmal dazu herbeilassen, ist es nur eine Notmaßnahme. ... Zwischen den beiden Großsippen der Mokae Komonka und Namboka war ein Krieg ausgebrochen, weil ein Komonka-Häuptling seine Tochter an einen Ndika-Häuptling verheiratete und nicht an einen Häuptling von Namboka namens Mamb. Bei diesem Krieg verloren die Komonka gleich in den ersten Tagen fünf Tote. Sie wollten unter allen Umständen weiterkämpfen.

Da sich aber die dort anwesenden Europäer auf die Seite der Namboka stellten und den Regierungsbeamten zur Hilfe riefen, trat Waffenruhe ein. Der Regierungsbeamte ließ im ganzen Gebiet die Waffen zusammenbringen und verbrannte diese. Die wunderschönen Schilde und Speere wurden ein Raub der Flammen. Bald darauf wurde ein Regierungsbeamter stationiert, der es sehr gut mit den Eingeborenen meinte und mit aller Überredungskunst auf Grund des Eingeborenenrechts den Friedensschluß herbeiführte. Er veranlaßte die Namboka, daß sie die fünf Toten der Komonka bezahlten. Auch die Komonka gingen scheinbar auf die Friedensfeier ein, aber immer mit dem Hintergedanken, daß sich doch noch eine Gelegenheit bieten wird, einige Namboka zu töten. ...

Bei der Friedensfeier war interessant, daß nur noch die ältesten Männer das Zeremoniell der Friedensfeier wußten. Ein Zeichen, wie selten ein wirklicher Friede zustande kommt. Ist ein Stamm unterlegen und schwach, dann läßt sich der stärkere Stamm auf keine Friedensfeier ein, sondern beendet den

Krieg, wann er will. Eine Friedensfeier kann also nur zwischen zwei gleichstarken Stämmen zustande kommen. ... Da man im Krieg Männer einbüßt, die für den Stamm einen ungeheuren Wert haben, so können sie nicht bezahlt werden, sondern es müssen auch auf der anderen Seite ebenso viele Männer fallen.«

Friedensverhandlungen und Friedensschluß

VICEDOM schildert nun die Friedensverhandlungen traditioneller Art. Zunächst die Vorverhandlungen: »Ist auf jeder Seite die gleiche Zahl von Toten erreicht, dann läßt die Kriegsleidenschaft von selbst nach, und es findet kein Kampf mehr statt. Der Krieg schläft dann allmählich ein. Es tritt ein Interimszustand ein, bei dem noch ein allgemeines Mißtrauen herrscht, *und jeder Stamm führt vorläufig sein eigenes Leben.* Man wendet dann alle Energie daran, wieder Felder anzulegen und für Nahrung zu sorgen. Auch die *moka* kommen wieder auf. Die Häuptlinge machen wieder ihre Besuche bei den *moka*-Freunden.
Sicherheit herrscht während dieser Zeit zwischen den beiden Stämmen nicht. Wenn aber einige Zeit vergangen ist, ohne daß ein Zwischenfall vorkommt, dann besuchen sich allmählich die Eheverwandten der feindlichen Stämme wieder, und diese sind es auch, welche die Friedensverhandlungen anknüpfen. Es sind die Verhandler, die zur Versöhnung reden. Ist Friedenssehnsucht in den beiden Stämmen da, dann wird ein bestimmter Tag für die Vorverhandlungen ausgemacht. Diese finden an einem neutralen Platz auf der Landesgrenze der beiden Stämme statt und haben keinen anderen Zweck, als daß die beiden Parteien zusammenkommen und miteinander verhandeln können. ...
Haben die Männer aufgehört, Krieg zu führen, und sagen, daß sie nun Frieden schließen wollen, besuchen sich die Eheverwandten und machen miteinander aus, daß jetzt Friedensverhandlungen stattfinden sollen. Diese Botschaft gibt man weiter, später macht man das *koimb keta kani*, man schaut sich ins Angesicht. Wenn sie den Krieg abgebrochen haben und Frieden schließen wollen, schlachten die beiden Parteien Schweine und bringen das Fleisch zu dem Versammlungsplatz. Dort angekommen, warten sie, bis auch die andere Partei da ist, setzen sich ihr gegenüber und verhandeln. Nachdem sie verhandelt haben, tauschen sie das Fleisch aus (Bild 34, S. 211) und gehen wieder heim. Wenn sie an den Versammlungsplatz kommen, stellen sich beide Parteien gegenüber auf und halten folgendes Wechselgespräch:

Partei A: Die Vögel Towa und Kopetla sollen wieder ihre Spuren hinterlassen.
Partei B: Die Vögel Towa und Kopetla ....
....
A: Die Frauen und die Schweine sollen zwischen uns wieder hin und her laufen.
B: Die Frauen und die Schweine ....
....
A: Das zertretene Gras soll sich wieder aufrichten und alles überziehen!
B: Das zertretene Gras soll ....
....
A: So werden wir wieder friedlich miteinander verkehren!
B: So werden wir wieder ....
A: Wir werden in Frieden wohnen und uns vermehren!
B: Wir werden in Frieden ....
A: Wir werden keinen weiteren Krieg mehr miteinander führen!
B: Wir werden keinen ....

Nach dem letzten Ausruf setzen sich alle nieder und beginnen die Verhandlungen.
Wenn sie zu den Friedensverhandlungen kommen, bringen sie gekochtes Fleisch mit, und auf der Seite der einen Partei halten Männer die Speere gekreuzt. So kommen sie zusammen, und wenn sie das Friedensgelübde abgelegt haben, setzen sie sich gleichzeitig auf einen Schlag hin. Sie reden über den Krieg miteinander und tauschen das Fleisch aus.
Die Friedensverhandlungen werden also mit einem feierlichen Zeremoniell begonnen. Freilich verlaufen sie dann am Anfang recht stürmisch. Erst wenn sich gegenseitig die Stimmung Luft gemacht hat, werden sie gemütlicher. Zuletzt schließt man dann Freundschaft und teilt das Fleisch aus. Auf dieser Verhandlung wird besprochen, wie jede Partei die andere zu entschädigen hat.
Trotzdem sich die Parteien auf dieser Verhandlung geeinigt haben, bleibt zunächst noch ein allgemeines Mißtrauen zurück. Der Friede muß sich zuerst bewähren. Eine große Rolle, den Frieden herzustellen, spielen jetzt die Frauen. Sie nehmen ihre Besuche in der Heimat wieder auf, es werden wieder Geschenke ausgetauscht. Wenn den Frauen nichts geschieht, wagen es auch die Männer wieder, sich gegenseitig zu besuchen. Auch das *moka* spielt von jetzt an eine große Rolle. Meist wird es in die Friedensbedingungen aufgenommen, daß sich bestimmte Männer wieder *moka* austauschen müssen und sich so gegenseitig helfen, wieder wirtschaftlich in die Höhe zu kommen.
So entsteht allmählich ein *Friedensverhältnis.* Von einem wahren Frieden kann man jedoch nicht reden. Oft wird gerade das Fleisch, welches zur Ver-

söhnung gegeben wird, vergiftet, und wenn bald darauf ein Mann aus dem anderen Stamm stirbt, heißt es sofort, daß seine Feinde ihn vergiftet haben. Der Krieg kann jederzeit dann wieder losgehn. Solange die Toten nicht gegenseitig bezahlt sind, ist kein wahrer Friede. Die Schuldner müssen immer gewärtig sein, daß die Gegenpartei sich selbst hilft und Schweine stiehlt.«

»Der eigentliche Friede tritt erst dann ein, wenn die Toten gegenseitig bezahlt sind. Das geschieht auf die gleiche Weise, wie die Verbündeten bezahlt werden. Wie sie gegenseitig die Männer erschlagen haben, so bezahlen sie diese auch entsprechend. Es mag uns sonderbar anmuten, daß, trotzdem auf jeder Seite die gleiche Zahl von Toten da sein muß, also beide Stämme im gleichen Verhältnis stehen, diese auch nochmals bezahlt werden müssen. Für die Mbowamb ist das selbstverständlich. Sie wissen natürlich auch, daß es sich dabei nur um einen Austausch von Sachen handelt. Aber gerade in diesem Austausch liegt der Wert einer Friedensfeier. Durch diesen Austausch von Sachen wird öffentlich die Schuld annulliert und Freundschaft geschlossen. Das geht bei den Mbowamb nicht durch Besprechungen, sondern nur durch sichtbare Handlungen in der Öffentlichkeit.
Zur Bezahlung der Toten steuert der ganze Stamm oder die am Kriege beteiligten Sippen zusammen. Jeder gibt seinem sozialen Verhältnis entsprechend. Es werden durch die Bezahlung der Toten sowohl die Verwandten der Gefallenen als auch die Kämpfer entschädigt.«
Zum Zeichen des Friedensschlusses werden Gedächtnisplätze angelegt. Es werden auf diese Plätze zerbrochene Waffen gesteckt und die Öffentlichkeit so ermahnt, in Zukunft Frieden zu halten.

Die Analyse der Mbowamb-Gesellschaft

Schnell sind die Mbowamb mit den Waffen zur Hand, und einen Krieg zu entfachen fällt ihnen nicht schwer. Dagegen ist der Weg zu einem friedlichen Verhältnis zwischen den Parteien sehr beschwerlich. Aus den ausführlichen Schilderungen VICEDOMS wird der komplizierte Ablauf von der Waffenruhe über die Vorverhandlungen bis hin zum eigentlichen Friedensschluß deutlich. Es ist ein andersartiger Friede, der dabei zustande kommt, als derjenige, der das Verhältnis zwischen Individuen innerhalb der Sozietät kennzeichnet und den ich als biologischen Frieden bezeichnet habe. Ich möchte nun diesen »äußeren Frieden auf Zeit« an Hand der Feldforschungen auf seine Ursachen und seine Funktion in der Gesellschaft hin näher untersuchen.
Im Kapitel *Kausalität des Friedens* habe ich die sozialen Faktoren und Voraussetzungen dargestellt, die zu vollständiger gegenseitiger Individualbindung führen. Es ist dies insbesondere die häufige Aufnahme von Individualsignalen bei Begegnung, wahrscheinlich spielt aber auch die gedankliche Beschäftigung mit den körperlichen und geistigen Eigenschaften der Person und

ihrem Handeln eine Rolle. »Vollständig« bedeutet in meinem Modell, daß der physiologische, zentralnervöse Prozeß der Kommunalisierung bis zu einem Grad fortgeschritten ist, bei dem der Auslöser für bipolares agonistisches Verhalten seine Wirksamkeit in den gegenseitigen Kontakten verliert. Ich habe dort betont, daß der Grad der Kommunalisierung nach Erreichen dieser »Vollständigkeit« weiter ansteigen kann, das friedliche Verhältnis also zwischen den einzelnen Mitgliedern einer Kommunaleinheit gestuft sein kann. Andererseits unterschreiten einzelne Mitglieder der Gemeinschaft gelegentlich den Grad vollständiger Kommunalisierung gegenüber Nächsten, so daß es zu Störungen des friedlichen Verhältnisses kommt. Die schwerste solche Störung ist der Mord. Gruppenmerkmalen als überindividuell bindenden Faktoren kommt im biologischen Friedensmodell nur eine zweitrangige Stellung zu. Dies bedeutet zweierlei: Einmal können Gruppenmerkmale wie z.B. die Gruppendüfte bei den Flughörnchen nur entstehen, wenn zuvor ein individueller Zusammenschluß erfolgt ist, und zum anderen ist die bindende Funktion solcher Signale, entgegen den individuell differenzierten, in der Kleinsozietät bis hin zur menschlichen Horde, Langhausgemeinschaft oder Sippe noch nebensächlich.
Die Wirksamkeit der zu vollständiger Kommunalisierung an Individualmerkmale führenden sozialen Faktoren und Voraussetzungen ist auf den Rahmen der zahlenmäßig begrenzten und eng zusammen lebenden Sozietät ausgerichtet. Wird dieser Rahmen gesprengt, indem die Zahl der Verbandsmitglieder über die ursprüngliche Norm hinaus wesentlich ansteigt, so reichen die sozialen Mechanismen nicht mehr aus, um einen Grad *vollständiger* gegenseitiger Kommunalisierung aller an Individualmerkmale als Normalzustand zu erreichen. Unter Normalzustand verstehe ich hier den Mittelwert in den Beziehungen eines jeden zu jedem anderen innerhalb der Gemeinschaft. Dementsprechend ist auch die Wirksamkeit der Verhaltensmuster, die den Grad vollständiger Kommunalisierung zwischen Personen aufrechterhalten, auf die Größenordnung und Struktur der Kleinsozietät abgestimmt. Ich habe die Muster im Kapitel *Kontinuität des Friedens* diskutiert und nenne das Grußverhalten als Beispiel. Ein bereits erreichter hoher Grad von Kommunisierung geht wieder verloren, wenn die Aufnahme und zentralnervöse Verarbeitung der Signale nicht innerhalb kritischer Zeitabstände wiederholt wird. In größeren Verbänden tritt dieser Fall ein.
Die Mbowamb-Gesellschaft dient mir als Beispiel für eine von der ursprünglichen Kleinsozietät erheblich abweichende Kommunalstruktur. Sie ist eine von vielen verwirklichten menschlichen Gesellschaftsordnungen, die alle vergleichend zu schildern den Rahmen und vor allem die Zielsetzung dieses Buches sprengen würde.
Ich gehe in meiner Analyse davon aus, daß der Prozeß der Kommunalisierung an Individualsignale auch in dieser abgewandelten Kommunalstruktur noch den wichtigsten Vorgang bei der Gesellschaftsbildung darstellt. Aller-

dings ergeben sich gegenüber dem biologischen Modell der Sozietät deutliche Abweichungen, indem der Zusammenhalt auf überindividueller Ebene an Bedeutung gewinnt, die Kommunalisierung an Individualmerkmale nicht mehr zwischen allen Personen, die zusammen leben, Vollständigkeit erreicht und zudem auch die Kontinuität bereits aufgebauter Kommunalisierung häufiger durchbrochen wird. Dies gilt für die Beziehungen zwischen Angehörigen getrennter Sippen und Stämme im Gesamtsystem der Mbowamb-Gesellschaft. Ich betrachte zunächst aber die *Innenstruktur der Sippe*.

Der »biologische Friede« in der Sippe

Als Kommunaleinheit läßt sich die Mbowamb-Sippe unmittelbar mit der individuell gebundenen Kleinsozietät vergleichen. *Das Verhältnis der Menschen zueinander innerhalb der Sippengemeinschaft gilt deshalb als Frieden im Sinne des biologischen Modells.* Für die Vergleichbarkeit führe ich folgende Kriterien an: Die Verurteilung des Tötens von Mitgliedern der eigenen Sippe, die Anwendung von Stöcken und anderen harmlosen Waffen bei tripolaren Auseinandersetzungen, das Fehlen von Rangkämpfen, die Existenz eines Klassensystems, eines Gruppenterritoriums, die Aufrechterhaltung eines Kräftegleichgewichts zwischen territorialen Nachbarn und die Ausrichtung allen Handelns nach dem Vorteil der eigenen Sippe, die Attraktion zur eigenen Sippe und ihrem Boden und die Kooperation innerhalb dieser Einheit.

Der »äußere Friede auf Zeit«

Trotz dieser dem Modell entsprechenden inneren Struktur ist die Sippe jedoch nach außen, gegenüber anderen kommunalen Einheiten, nicht ständig agonistisch abgegrenzt. Sowohl zwischen den Sippen als auch zwischen den größeren Verbänden der Stämme unterhalten die Mbowamb vielfältige nichtagonistische Kontakte. Als Vorstufen zu einer so weiten Öffnung der Grenzen betrachte ich den Nexusverband der Kaluli und den Warenaustausch zwischen Volkseinheiten, die wegen ungleicher ökologischer Bedingungen in ihren Wohngebieten ein ökonomisches Gefälle zueinander aufweisen. Bei den Mbowamb wie auch bei einigen anderen Volksgruppen im zentralen Hochland besteht ein wesentlich vielschichtigerer und weiter verzweigter Zusammenhalt. Das »Warum« für diese Differenzierung der Gesellschaft stellt sich als vierfache Frage:

1. Welches sind die Anzeichen für den Zusammenhalt über die Sippengrenzen hinaus, und inwieweit besteht eine agonistische Trennung?
2. Welche Gründe lassen sich für die Bildung größerer Einheiten als der Sippe erkennen, oder: warum zerfallen die Mbowamb nicht in vollständig voneinander abgegrenzte kommunale Einheiten?

3. Welche strukturellen Grundlagen ermöglichen einen Brückenschlag nach außen, zu anderen Sippen und Stämmen?
4. Welches sind die Mechanismen, mit denen dieser Brückenschlag durch die Generationen hindurch aufrechterhalten bzw. erneuert wird?
Der eine Name Mbowamb für die Menschen des Mt.-Hagen-Gebiets über Sippen- und Stammesgrenzen hinweg ist bereits ein deutliches äußeres Anzeichen für Zusammenhalt. Alle führen ihre Herkunft auf eine gemeinsame Wurzel zurück, auf namentlich bekannte Ahnen. Diese Verknüpfung der Mbowamb untereinander durch Bindung an Persönlichkeiten ihrer Geschichte könnte man als *traditionelle Ausprägung ursprünglicher Kommunalisierung an Individualmerkmale ansehen. Es entstand im Laufe der Generationen ein überindividuelles Merkmal daraus.*
Weitere Anzeichen der Verbundenheit aller Mbowamb sind gemeinsame Sprache und materielle Kultur. Ferner ergeben sich Anzeichen für enge Beziehungen über die Sippengrenzen hinaus, die jedoch nicht alle Mbowamb einschließen: die enge Verzahnung der Sippenterritorien in Siedlungsgemeinschaften, die Gültigkeit von Klassenzugehörigkeit über Sippengrenzen hinweg, die vielfältigen individuellen Kontakte zwischen Angehörigen getrennter Sippen und Stämme, ausgedrückt in gegenseitigen Besuchen und Hilfeleistungen, in Handel und Kreditwesen, insbesondere zwischen Benachbarten und Eheverwandten. Dazu kommen gemeinsame Feste mehrerer Sippen oder Stämme sowie Versammlungen und Zusammenschlüsse zur Kriegsführung gegen andere. Diese Bindungen unterscheiden sich aber deutlich in Stärke und Art vom friedlichen Verhältnis innerhalb der Sippe, und ihr Vorteil wird bei allem Handeln dem Wohl etwa des Stammes vorangestellt.
Ich nehme an, daß die Kommunalisierung in den Kontakten zwischen Sippen und mehr noch zwischen Stämmen nicht den vollständigen Grad als dauerhaften Normalzustand erreicht, da die sozialen Mechanismen weder zu deren Aufbau noch zu deren Einhaltung bei allen untereinander voll wirksam werden können. Die Gründe hierfür habe ich bereits genannt: ihre Wirksamkeit ist auf die zahlenmäßig begrenzte und räumlich eng zusammen lebende Sozietät abgestimmt. Zwar sind die Bindungen zu einigen Personen auch in fremden Stämmen sehr eng, z.B. zu Freunden und Eheverwandten, doch andere kennt man nicht einmal persönlich, und zudem schwankt der Grad der Bindung wegen häufiger und längerer Unterbrechung der Kontakte sehr in der Zeit.
Ein Ausdruck dieser graduell geringeren Kommunalisierung ist das Auftreten bipolarer agonistischer Beziehungen, sowohl von Kriegen als auch von Einzeltötungen, die weder als Mord noch als Totschlag gewertet werden. Daß andererseits aber ein gewisser Grad von Kommunalisierung auch zwischen Angehörigen getrennter Sippen vorliegt, äußert sich nicht nur in den oben angeführten Anzeichen der Gemeinsamkeit, sondern auch im gehäuften

Auftreten tripolarer Auseinandersetzungen. Wegen der im Durchschnitt nur teilweise realisierten Kommunalisierung, die zudem im Laufe der Zeit großen Schwankungen unterworfen sein kann, also sehr labil ist, findet man in den Kontakten zwischen Sippen und zwischen Stämmen *Merkmale sowohl für Beziehungen zwischen Sozietäten als auch des friedlichen Verhältnisses innerhalb derselben.* Dies ist ein sehr wichtiger Punkt.

Streitfälle führen, so betont VICEDOM, sehr häufig zu Kriegen. Diesen Sachverhalt sehe ich so: Der Waren- und Personenverkehr ins Territorium anderer Sippen bringt zahlreiche Gelegenheiten zu Diebstahl, Verführung und Wortstreit mit sich. Zudem zielt die Erziehung darauf ab, den anderen Sippen Schaden zuzufügen. Kommt es zur tripolaren Auseinandersetzung, so ist der Kreis der Beteiligten in der Regel nicht auf die unmittelbar Betroffenen beschränkt. Auf beiden Seiten weitet er sich entsprechend der Bedeutung des Falles und der Betroffenen aus. Die sich nun gegenüberstehenden Menschen besitzen einen sehr unterschiedlichen Grad gegenseitiger Kommunalisierung. Durch den Konflikt selbst wird nach dem biologischen Modell der bestehende Grad der Kommunalisierung herabgesetzt. So kann die Auseinandersetzung von einem tripolaren Streit in ein bipolares agonistisches Verhältnis übergehen. Die überindividuelle Bindung traditioneller Art, die bis dahin die unvollständige Kommunalisierung zwischen den Angehörigen der beteiligten Sippen überbrückt hat, verliert ihren Einfluß. *Erst in diesem Stadium kommt es zum Krieg, also zum bipolaren Kampf, in dessen Verlauf jede Seite der anderen die Schuld gibt,* in dem aber letztlich die Schuldfrage – so VICEDOM – nicht wichtig ist. Kampf um ein Stück Land ist dieser Entwicklung zufolge nur im Anfangsstadium eine tripolare Auseinandersetzung.

Es mag nun leichter verständlich sein, was ich im ersten Teil des Buches als den ursprünglichen Zustand dargestellt habe: dort bestand keine Kommunalisierung zwischen Angehörigen benachbarter Sozietäten, die sich auf die Beziehungen dieser als Einheiten ausgewirkt hätte. Es herrschte ein agonistisches Dauerverhältnis, allerdings auch meist ein Kräftegleichgewicht, das Tätlichkeiten verhinderte. Zum Krieg kam es in der Regel, wenn dieses Gleichgewicht gestört wurde. Beanspruchung eines Stücks Land im Grenzbereich kam als solcher Anlaß zum Krieg in Frage. Die Ursache lag aber in der fehlenden Kommunalisierung.

Zu den Anzeichen für Zusammenhalt über die Sippengrenzen hinaus gehört natürlich auch der Friedensschluß nach Beendigung der Feindseligkeiten. Seine Ursachen und soziale Funktion in der Mbowamb-Gesellschaft läßt sich nur verstehen, wenn ich die drei übrigen, oben formulierten Teilfragen beantwortet habe. Die *zweite dieser Fragen* lautet: Warum zerfallen die Mbowamb nicht in Gruppen, die sich kommunal u.a. auch in der Tradition voneinander absetzen – so wie es z.B. die Menschen am Golf von Papua getan haben? Theoretisch gesehen wären Voraussetzungen zu einer kommunalen Teilung dann gegeben, wenn die Zahl der Angehörigen der Sozietät die

Bild 29: Gemeinsamkeit im Spiel; es gibt weder Gewinner noch Verlierer. Dani-Sprachgruppe im westlichen Hochland Neuguineas (Foto Samuel Putnam, 1961).

Bild 30: Initianten einer Dorfgemeinschaft im Mündungsgebiet des Purari-Flusses, Papuagolf. Nach monatelanger Trennung von ihren Müttern in der Klausur des Zeremonialhauses (Bild 9) steht nun die Rückkehr in die Familienhütten bevor. Die Kinder sind mit Hundezahnketten und Eberhauern reich geschmückt (Foto F. E. Williams, 1922).

Bild 31: Kampfszene während eines Stammeskrieges im zentralen Hochland Neuguineas (Foto Karl Heider, 1961).

Bild 32: Der anschließend stattfindende Siegestanz (Foto Samuel Putnam, 1961).

Norm zu übersteigen beginnt und ein räumliches Auseinanderweichen einsetzt, z. B. aus ökologischen Gründen.
Für die Geschichte des Menschen sind *zahlenmäßiges Wachstum und räumliche Ausbreitung* wesentliche Merkmale. Es ist bereits in vorindustrieller Zeit dort eine generelle Dichtezunahme pro Flächeneinheit und Erweiterung des bewohnten Areals eingetreten, wo es die ökologischen Voraussetzungen einerseits und die traditionell verankerten Nutzungsmethoden andererseits zuließen.
Die Ausbreitung der Menschen am Golf von Papua habe ich im vorigen Kapitel dargestellt. Über die Vorgeschichte der Mbowamb weiß man noch sehr wenig. Sicherlich geht die heute herrschende Bevölkerungsschicht auf Einwanderer zurück, die die vorher dort ansässige Urbevölkerung nur z. T. verdrängt und dem verbliebenen Rest einen Platz in ihrem Gesellschaftssystem eingeräumt haben (vgl. das Klassensystem, S. 176f.). Auch wenn es sich um mehrere Einwandererwellen handelt, so sind doch das starke Bevölkerungswachstum und die eigentliche Aufspaltung in Sippen und Stämme erst im heutigen Wohngebiet am Mt. Hagen erfolgt. Dieser Prozeß setzt sich ständig weiter fort. Wie die Golfpapuas haben auch die Hochländer Traditionsmuster mitgebracht. In diesen Traditionen sehe ich die Ansätze zur Erklärung dafür, daß die Mbowamb ihre ursprüngliche Zusammengehörigkeit, die sich im Namen ausdrückt, nie gänzlich aufgegeben haben, sondern als kommunale Bande über die Sippengrenzen hinweg bis heute zu bewahren suchen.
Ich nehme an, daß die Mbowamb schon bei der Einwanderung ein sehr differenziertes Wirtschaftssystem besessen haben, aus dem sich dann das komplizierte Kreditwesen des *moka* und die vom Eigentum abhängige, in Neuguinea sonst nirgendwo so stark ausgeprägte Klassengliederung entwickeln konnten. Damit ergaben sich vielfältige Interessenverflechtungen zwischen den Individuen, die sich bei der Vergrößerung und Gruppierung der Gesellschaft auch *über die Gruppengrenzen hinweg* erhalten haben. Es lag im Interesse der eigenen Sippe, insbesondere im wirtschaftlichen Bereich, diese Verflechtungen nicht abreißen zu lassen, sondern zu pflegen und neue Kontakte zu schaffen. Allmählich, so nehme ich an, entwickelte sich daraus eine überindividuelle Plattform von Bindungen, die traditionell verankert wurden und die Grenzen der Kommunaleinheiten nach außen hin geöffnet hielten, zu den Nachbarn und zu weiter entfernt siedelnden Mbowamb-Stämmen. *Zeiten äußeren Friedens wären so im Laufe der Entwicklung für das Wohl der Sippe eine Notwendigkeit geworden.*
Damit sind die Hochländer in ihren Kulturtraditionen einem anderen Weg gefolgt als etwa die Kopfjäger am Papuagolf. Bei ihnen steht dem festen Zusammenhalt in der Langhausgemeinschaft und Sprachgruppe die deutliche auch in Bereichen der materiellen Kultur vollzogene Distanzierung der Kerewo, Urama, Gope und Era-Kibaia voneinander gegenüber. Sehr wahrscheinlich gab es auch in den gegenseitigen Beziehungen dieser Einheiten Zeiten

äußeren Friedens, also Unterbrechungen des agonistischen Verhältnisses, und es ist bekannt, daß sich z. B. Gope- und Urama-Dörfer gegenüber einem Era-Kibaia-Dorf verbündet haben. Doch beherrschend in den Beziehungen ist das agonistische Verhältnis, ausgedrückt vor allem im Muster der Kopfjagd. Möglicherweise ist die Kopfjagd nicht allein Ausdruck der starken kommunalen Trennung, sondern zugleich auch Kausalfaktor, der eine Entwicklung wie im Hochland ausschloß. Man muß aber bei der Betrachtung auch die Ansätze zur Begründung solcher Traditionen beachten, die diese Menschen bei der Einwanderung in ihr heutiges Wohngebiet mitgebracht haben; dabei sind nicht allein kulturhistorische Elemente, sondern auch rassische, genetisch fixierte Eigenheiten der Population und ökologische Größen mögliche Faktoren.

Der zunehmende Einfluß von Kulturtraditionen, etwa des Wirtschaftssystems, auf die Differenzierung menschlicher Gesellschaftsstruktur wird aus diesen Feststellungen deutlich. Als biologisch sinnvolle territoriale Einheit bei kommunalen Arten habe ich die Sozietät mit agonistischer Abgrenzung nach außen und friedlichem Verhältnis im Innern dargestellt. Während der Evolution lag auf ihrer Entstehung der selektive Druck. Die Entwicklung der verschiedenartigen menschlichen Gesellschaftsordnungen auf der Ebene des Zentralnervensystems hat sich von dieser biologischen Norm gelöst. Neue Muster schafften Voraussetzungen, die es nicht mehr als unbedingt sinnvoll erscheinen ließen, Artgenossen einer anderen Kommunaleinheit agonistisch zu behandeln. (Ich sehe hier von Sozialfaktoren ab, die den Auslöser für agonistisches Verhalten beeinflussen, wie z. B. Geschlechtssignale bei den Flughörnchen; bei ihnen bekämpfen sich ja nur gleichgeschlechtige Erwachsene.) Auf der Stufe der Mbowamb-Gesellschaft wirkt nicht mehr der selektive Vorteil der Spezies, sondern der *Gruppenvorteil* bestimmend auf das Kommunalverhalten.

Damit bin ich bereits zur Beantwortung der *dritten Teilfrage,* nach den strukturellen Grundlagen für die Erweiterung kommunaler Bindungen, übergegangen.

Hand in Hand mit der Differenzierung der Gesellschaftsstruktur vollzog sich ein *Wandel in der Wertung des Verhaltens gegenüber Gruppenfremden.* Es ist sicherlich keine »Besserung des Menschen«, die im Laufe der Geschichte zunehmend zu einer Verurteilung des Krieges führte. In der Moral der Mbowamb ist klar der Vorteil der Sippe entscheidend; danach richtet sich das Gewissen des einzelnen. Daß hierzu auch Perioden äußeren Friedens geschaffen und eingehalten werden, bedeutet in *unserer* Sicht eine Wendung zum moralisch Besseren. Denn wir verurteilen heute jeden Krieg als für beide Seiten schädlichen Vorgang. Auch in dieser Einstellung liegt jedoch eine sachliche Anpassung an einen Strukturwandel in der Gesellschaft, wie ich im letzten Kapitel zeigen werde.

In der Diskussion über die Erweiterung der kommunalen Beziehungen kommt der Stellung des Individuums in der Gesellschaft eine entscheidende Bedeutung zu. Ich habe früher die Kommunalisierung primär an Individualmerkmale als den die friedliche Einheit bildenden Prozeß dargestellt. Solange das System in der vorprogrammierten Größenordnung, also der nach außen hin agonistisch abgegrenzten Sozietät, bleibt, verhält sich der einzelne richtig, d. h. biologisch sinnvoll, wenn er entsprechend seiner physiologischen Disposition und in Reaktion auf Signale von außen denjenigen agonistisch behandelt, zu dem er keine oder nur unvollständige Kommunalisierung aufgebaut hat. Solches Verhalten des einzelnen ist aber mit dem Wohl der Kommunaleinheit unvereinbar, wenn es auf Grund neuer Konstellationen opportun ist, mit den Nachbargruppen Frieden zu schließen, etwa dann, wenn wirtschaftliche Verflechtungen zwischen den Sippen zu einer Bezugsgröße für die Beziehungen zwischen ihren Gliedern wird. Zu den strukturellen Grundlagen zur Bildung größerer Einheiten als der Kleinsozietät muß demnach die Begründung von *Konventionen* gehören, an die sich der einzelne hält, obwohl sie den biologischen Determinanten seines Verhaltens nicht entsprechen. Wie dies physiologisch möglich ist, werde ich im folgenden Kapitel zu klären versuchen.

Die Wirkungsweise solcher Konventionen habe ich im Kapitel *Das Gesicht des Friedens* gestreift: Es ist kein Zwang, dem sich das Individuum bewußt unterwirft, sondern das Traditionsmuster prägt auf Grund der vollständigen Kommunalisierung zu den Mitgliedern der Sippe seine Auffassung und läßt es entsprechend handeln, also z. B. auch mit Menschen nichtagonistisch verkehren, zu denen es keine vollständige Kommunalisierung aufgebaut hat. Solche verbindlichen Grundhaltungen und Regeln können somit nur dort aufgebaut werden und fortbestehen, wo es Gruppen gegenseitig vollständig kommunalisierter Individuen gibt. *Voraussetzung zur Schaffung eines äußeren Friedens im Verband der Stämme ist demnach die Existenz derartiger Einheiten.* Die Schaffung konventioneller Muster läuft auf Förderung einer kollektiven Haltung, also Gleichrichtung der Meinungen nach überindividuellen, traditionell bestimmten Gesichtspunkten hinaus. Auf dieser konventionellen Grundstruktur können spezielle Konventionen, wie z. B. das Rechtssystem, aufgebaut und praktiziert werden.

Wer nun schafft diese konventionellen Muster, die eine Erweiterung der kommunalen Beziehungen beinhalten? Wie alle echten Traditionen gehen sie von Individuen aus, werden dann aber von der kommunalisierten Gemeinschaft getragen. In erster Linie sind es hochgestellte Persönlichkeiten, bei den Mbowamb aus der Klasse der Wohlhabenden, die individuelle Markierungen materieller oder geistiger Art schaffen, aus denen mit der Zeit Gruppenmerkmale werden. Ich erinnere hier auch an die Einführung neuer Maskentypen, anderer Kultobjekte und Gesänge im Golfgebiet, die entsprechend verlief. Solche Muster festigen aber im Hochland nicht allein wie im Golf den inneren Zusammenhalt, sondern ermöglichen, wie gesagt, einen

Brückenschlag nach außen. Als wichtige Funktion des Gruppendufts der Flughörnchen habe ich die sozial hemmende und uniformierende Wirkung auf Männchen der Sozietät beschrieben. Hier ergeben sich Ansätze zum Vergleich mit den überindividuellen, aber von Individuen geschaffenen traditionellen Mustern.

Natürlich gehört es auch zu den Voraussetzungen für nichtagonistische Kontakte über die Sippengrenzen hinaus, daß sich der Partner entsprechend verhält, daß also in dessen Sippe die gleiche Art traditioneller Beeinflussung herrscht. Die Traditionen der Mbowamb sind über die Kommunalgrenzen hinweg einheitlich. Diese Einheitlichkeit ist von einer gemeinsamen Beziehung aller Sippen auf Personen abhängig. Es kommen dafür nur die Gründerahnen in Betracht. Nun sind zwar tatsächlich alle Mbowamb sehr nahe miteinander verwandt – die Reste der Urbevölkerung lasse ich dabei unberücksichtigt –, doch zur Basis für eine Bindung trotz territorialer Aufspaltung konnte diese Tatsache erst durch Schaffung einer Tradition werden, die diese gemeinsame Abstammung über ihre biologische Bedeutung hinaus erhebt. Denn auch die Golfleute sind ja aus gemeinsamer Wurzel hervorgegangen, bei ihnen erfolgte aber mit der Zerstreuung auch die kulturelle Divergenz.

Die Differenzierung der Gesellschaft wird auch durch die *Vergrößerung der privaten Sphäre* innerhalb der Gemeinschaft gekennzeichnet. Sie ist im Mbowamb-Gehöft wesentlich größer als etwa der Individualbereich eines Kaluli im Großen Haus und im Garten. Auch darin sehe ich eine Vorstufe zu unserer modernen Gesellschaftsstruktur, in der ein neuer, vom ursprünglichen funktionell und kausal abweichender Individualismus neben Anonymität der Gesellschaft steht.

Bei der Beantwortung der *vierten und letzten Teilfrage* geht es um die Art und Wirkungsweise spezieller Konventionen, deren strukturelle Voraussetzungen ich soeben diskutiert habe. Ich nenne vier Beispiele: *moka*-System, exogames Verwandtschaftssystem, Rechtssystem und Erziehungssystem. Ihnen ist ein hohes Maß an *Ritualisierung* der dabei ablaufenden Handlungen gemeinsam; etwa dem *moka*-System, wobei die Übergabe der Wertstücke nach genau zu beachtenden Vorschriften und verbunden mit Tänzen und anderen Aufführungen auf dem Festplatz vor sich geht. Oder dem Verwandtschaftssystem, dessen wichtige Elemente gegenseitige Bewirtung, Geschenkaustausch und andere höfliche Verhaltensmuster sind. Exogamie ist einerseits ein Indiz für blutsmäßige Trennung zwischen Gruppen. Exogamie ist andererseits natürlich auch ein System zur Knüpfung von Kontakten über die Sippengrenzen hinaus. Die ritualisierten Muster als Regulative der Beziehungen beinhalten einmal die überindividuell geltenden Verpflichtungen zu nichtagonistischen Kontakten, bilden aber gleichzeitig eine Plattform zum Aufbau schwächerer oder stärkerer, jedoch in der Regel nicht vollständiger Individualbindung. Das möchte ich hier besonders hervorheben.

Von anderem Charakter als die ersten beiden Beispiele ist das *Rechtssystem*,

da seine Kausalität und Funktion ausschließlich in der Regulierung und Vermeidung von Zwischenfällen liegt, die das kommunale Verhältnis zu stören geeignet sind. Wohl ist das Faust-»Recht« bei den Mbowamb sehr ausgeprägt, und ein auf frischer Tat ertappter Dieb wird entweder geschlagen oder sogar getötet. VICEDOM betont aber den großen Umfang der Rechtsangelegenheiten, die auf den öffentlichen Versammlungen behandelt werden. Dieses Volumen ist Indiz dafür, daß die im ersten Teil des Buches behandelten Mechanismen zum friedlichen Zusammenleben nicht mehr ausreichen, um Störungen zu vermeiden. Gesetze werden normalerweise als Reaktionen auf Unzulänglichkeiten in den Beziehungen geschaffen, entweder zwischen Personen oder zwischen Menschengruppen, falls sie nicht lediglich formulierte biologische Regeln des Zusammenlebens darstellen.
VICEDOM unterscheidet sehr wohl die Behandlung von Rechtsangelegenheiten innerhalb der Sippe und zwischen Sippen: »Das Leben innerhalb der Sippe spielt sich nach eigenen Rechtsgesichtspunkten ab, bei denen das Wohl der Sippe immer die Rechtsnormen bestimmt. Eine rechtliche Auseinandersetzung, Anwendung des Rechts und allgemeingültige Rechtsnormen gibt es eigentlich nur im Zwischenverkehr der Sippen. Wenn es nicht zu absurd wäre, müßte man also von einem nationalen Recht innerhalb der Sippe und von einem allgemeingültigen internationalen Recht, welches den Verkehr zwischen den Sippen regelt, sprechen. Das Recht der eigenen Sippe hat für das Volksleben wohl große Bedeutung, da es den ganzen Aufbau dieser Sippe und damit des Volkes regelt, es wird aber vollständig bedeutungslos, wenn eine Sippe sich rechtlich mit anderen Sippen auseinandersetzen muß.
Es liegt also sozusagen eine doppelte Moral vor. Alles ist für die Sippe gut, solange sie Nutzen davon hat, auch wenn dabei Verbrechen geschehen, die nach allgemeinem Recht verurteilt werden. Diesen Zwiespalt empfindet der Mbowamb jedoch in seinem Rechtsleben nicht, denn auch bei der Anwendung des allgemein geltenden Rechts läßt er sich vom Wohl der Sippe leiten ...
Das ganze Recht ist Gemeingut der Gemeinschaft und erhält allein von ihr seine Autorität. Es gibt kein spezielles Einzelrecht, sondern der einzelne hat nur das Recht, welches die Gemeinschaft als Ganzes vertritt, und das Recht des einzelnen fließt ihm nur aus der Gemeinschaft zu. Er kann nur als Glied seiner Gemeinschaft handeln, und die Gemeinschaft wiederum tritt als Ganzes für den einzelnen ein und schützt ihn mit dem Gesamtrecht. *So kommt eine rechtliche Auseinandersetzung zwischen einzelnen Personen verschiedener Sippen nicht vor, sondern jede Rechtsanwendung ist Sache der Gemeinschaft, der Sippe.* Auch wenn ein Mbowamb sich einmal selbst Recht verschafft, so tut er das nur als Glied seiner Sippe, denn er weiß ganz genau, daß er im Einverständnis mit seiner Sippe handelt und daß diese für ihn eintritt. Die Sippe ist also die Hüterin des Rechts.
Wie die Rechtsgrundsätze entstanden sind, weiß heute niemand. Jeder aber

weiß, daß sie als heilige Tradition von den Vätern überliefert wurden und als solche gehalten werden müssen. Ein Bruch mit dem überkommenen Recht würde zugleich ein Bruch mit den Ahnen sein.«
Das Rechtssystem bietet also die Voraussetzung für das Funktionieren solcher Konventionen, wie etwa des *moka*-Systems und des Verwandtschaftssystems. Dabei stellt es selbst einen Komplex von Übereinkünften dar. Diese äußern sich einerseits im Ritus des äußeren Ablaufs der Rechtsverhandlung, andererseits aber in der Festsetzung von Kompensationen für Vergehen und Verbrechen. Gerade diese Festlegung der Art und Höhe der Entschädigung ist ein äußerst wichtiger Faktor im Brückenschlag über die Sippengrenzen hinweg. Die Zwiespältigkeit in der Einstellung zu den außerhalb der Sippe stehenden wird besonders deutlich im Erziehungssystem. Es zielt ja, wie VICEDOM gezeigt hat, darauf ab, den Vorteil für die eigene Sippe über alles zu stellen. Dennoch gehört auch dieses System zu den Mechanismen für den Brückenschlag nach außen, denn in der Erziehung werden die Grundsätze des Rechts-, Verwandtschafts- und des *moka*-Systems weitergereicht.

Ich habe versucht, Voraussetzungen zu einem besseren Verständnis dafür zu schaffen, daß es in der Mbowamb-Gesellschaft bei der unzureichenden Kommunalisierung zwischen den Individuen getrennter Kommunaleinheiten zu einem zeitlich befristeten äußeren Frieden kommen kann. Und ich habe mich auch bemüht, zu zeigen, daß dieser Friede vom biologischen Frieden in der Sippe in Kausalität und Funktion unterschieden ist und andrerseits vom Nicht-Krieg zwischen Sozietäten bei fortbestehendem agonistischem Verhältnis. Es ist ein schwieriger Weg, entgegen biologischen Normen, der zum Abschluß eines äußeren Friedens führt. Daß in den Verhandlungen nach der Waffenruhe und ganz besonders in der eigentlichen Friedensfeier eine sehr starke Ritualisierung zu beobachten ist, kann nicht verwundern. Auch die Bezahlung der Gefallenen ist ja keine Kompensation, sondern erfolgt gegenseitig, so daß die Schlußfolgerung naheliegt, darin eine an biologische Beschwichtigungsriten angelehnte Verhaltensform zu sehen. Überhaupt ist hier in den sich eben wieder anknüpfenden Beziehungen das *Beschwichtigungsverhalten* besonders deutlich ausgeprägt; ich verweise auf die Originalschilderungen.
Biologisch bestimmte Muster treten hier in einem Kommunalbereich auf, der *erst durch die traditionell bestimmte Konstellation des äußeren Friedens geschaffen worden ist.* Diese bemerkenswerte Tatsache führt zu der Frage, wie der menschliche Organismus sich auf die Differenzierung der Gesellschaft einstellt. Dabei sollen die Folgeerscheinungen der zunehmenden Verringerung der gegenseitigen Kommunalisierung auch im Innern der Gemeinschaft im Vordergrund stehen.

Neuntes Kapitel

Das brutale Match

Unfriede in der Gesellschaft

Wenn Humanethologen beschwichtigende Verhaltensmuster in der differenzierten Gesellschaft ausschließlich nach den Methoden der Verhaltensforschung am Tier untersuchen würden, müßten sie zwangsläufig scheitern. Zwar können sie Muster, wie sie bei der Friedensfeier der Mbowamb vorkommen, exakt dokumentieren und Übereinstimmungen bzw. Abweichungen in der Motorik gegenüber tierischen Mustern herausstellen. Die Methoden der Vergleichenden Verhaltensphysiologie würden auch Aussagen über die phylogenetische Entwicklung der motorischen Ausdrucksformen erlauben – soweit sie auf tierische Vorfahren zurückgeht. Doch bliebe bei diesen Methoden weitgehend verschlossen, wie, warum und wofür sich der Verhaltenskomplex z. B. des zeremoniellen Geschenkaustausches bei der Friedensfeier der Mbowamb herausgebildet hat.

Grenzen der Ethologie

Das »Wie« seiner Entstehung berührt nicht allein die Evolution von Verhaltensäußerungen, die beschwichtigenden Geschenkübergaben im Tierreich entsprechen: seine Ausgestaltung zur Kulturtradition beruht auf der gerichteten Weitergabe von Mustern im Rahmen aneinander Kommunalisierter. Für die Entstehung arttypischer Beschwichtigungsriten und anderer Verhaltensmuster ist jedoch das auf die Spezies bezogene darwinistische Selektionsprinzip bestimmend. Danach sind auf der Populationsebene wirksame Selektionsfaktoren dafür verantwortlich, welche der ungerichtet auftretenden Mutationen sich durchsetzen, um fortan zur genetisch fixierten Norm der Art oder Unterart zu gehören. So ist für die Tierspezies die weitgehende Einheitlichkeit ihrer Verhaltensmuster charakteristisch – auch für jene hochstehenden Affenarten, die umweltbezogene Traditionen entwickelt haben. Weder die regionale Unterschiedlichkeit menschlicher Traditionen noch die rasche Ausbreitung mancher ihrer Muster wäre auf diesem biologischen Wege denkbar. Mit der zunehmenden Differenzierung der Gesellschaftsordnungen fällt die Artnorm als Bezugsgröße für selektiven Wert zurück. Wie schon gesagt, wird nun der Vorteil der Gruppe selektiv bestimmend, der nicht mehr mit dem der Spezies identisch sein muß.
Bei kommunalen Arten liegt der biologische Selektionsdruck auf der Ver-

wirklichung von Beschwichtigungsverhalten generell *innerhalb* der Sozietät. Hier wird es sinnvoll zur Beilegung tripolarer Auseinandersetzungen und anderer das Zusammenleben gefährdenden Beunruhigungen eingesetzt. In den Beziehungen zwischen Mitgliedern getrennter Gruppen fehlen dagegen Motiv und Gelegenheit zur Herausbildung solcher Muster nach dem Selektionsprinzip, was nicht ausschließt, daß sie – einmal innerhalb der Gruppe entstanden – auch gegenüber einem Fremden erfolgreich eingesetzt werden können. Das gilt auch für die Beibehaltung solcher Muster, die von Vorfahren als stammesgeschichtliches Erbe übernommen und ins Innergruppen-Verhalten eingebaut worden sind. Ich erinnere hier an die Diskussion des Lächelns und Lachens im Kapitel *Kontinuität des Friedens*. Erst mit dem Wandel der kommunalen Konstellation beim Menschen, ausgedrückt durch die teilweise Kommunalisierung zu außerhalb der eigenen Sozietät Lebenden, ergaben sich zunehmend Situationen, in denen Beschwichtigung gegenüber Angehörigen anderer Kommunaleinheiten zweckmäßiges Verhalten darstellte, gemessen am Wohl der eigenen Einheit. Es entstanden nun, zusätzlich zu den aus dem Innergruppen-Verhalten entnommenen Mustern, wie etwa dem Lächeln und Grüßen, neue Muster, wie sie z.B. bei der Friedensfeier zum Einsatz kommen.

Damit ist weiterhin geklärt, weshalb mit den Methoden der Verhaltensforschung am Tier auch das »Warum« und »Wofür« des zeremoniellen Geschenkaustausches bei der Friedensfeier nicht vollständig analysiert werden können. Denn das »Warum« beinhaltet die Frage nach der Änderung der kommunalen Struktur, bei den Mbowamb charakterisiert durch die von der biologischen Norm abweichende, teilweise Kommunalisierung über die Grenzen hinaus, und die Frage des »Wofür« muß auf die Entwicklung eines äußeren Friedens eingehen, der erst unter dieser neuen kommunalen Konstellation sinnvoll geworden ist.

Wachsender Unfriede in der überindividuell gebundenen Gesellschaft

Die Ausweitung des Beschwichtigungsverhaltens auf Beziehungen zwischen Gruppen und die Neuschaffung traditioneller Muster wie gesetzlicher Regelungen, festlicher Zeremonien und anderer Traditionen im Zusammenleben innerhalb und zwischen den Verbänden vermochten nicht zu verhindern, daß mit der Differenzierung auch der *Unfriede* in der Gesellschaft wuchs. *Er wuchs mit der unumgänglich sich verstärkenden Abkehr vom artspezifischen Kommunalsystem auf Grund der stetig in der menschlichen Geschichte zunehmenden Bevölkerungsdichte, dem Aneinanderrücken der Kommunaleinheiten und der immer verzweigteren Interessenverflechtung zwischen diesen.* Damit verloren biologische Mechanismen zur Einhaltung der kommunalen Norm ursprüngliche, sinnvolle Funktionen; etwa das agonistische Verhalten und das Territorium, die auf der Populationsebene in sich geschlossene Kleinsozietäten voneinander schieden und damit ein störungsfreies Verhältnis im Innern und ein ebenfalls den artspezifischen Bedürfnissen angepaßtes niedriges Maß an Konflikten zwischen Sozietäten sicherten. Solche Mechanismen sind tief im Instinktbereich des Menschen verankert, und eine genetische Anpassung an die gewandelte kommunale Situation kann deshalb nur äußerst langsam – wenn überhaupt – erfolgen. Aber auch die Ausbildung traditioneller Muster zur Regelung zwischenmenschlicher Beziehungen liegt, obwohl sie ja verhältnismäßig schnell abläuft, gegenüber dem Bedarf mehr oder weniger weit zurück. Besonders deutlich wird diese Reaktionsverzögerung in unserer modernen Großstadtgesellschaft, wo Korrekturmaßnahmen häufig erst in Kraft treten, wenn sich die Bedarfssituation schon wieder wesentlich gewandelt hat.

Ich möchte aber diesen Gesichtspunkt jetzt nicht weiter verfolgen, sondern auf einen besonderen Aspekt des sich abzeichnenden Unfriedens in der zunehmend differenzierteren Gesellschaft eingehen:

Im biologischen Modell war die gegenseitige Kommunalisierung primär an Individualmerkmale innerhalb der Sozietät bei allen Mitgliedern im allgemeinen vollständig. Dagegen fehlte sie in den Beziehungen zwischen Angehörigen getrennter Sozietäten. Für die Stufe der Mbowamb-Gesellschaft habe ich das Bestehen einer partiellen Kommunalisierung gegenüber Mitgliedern anderer Sippen und Stämme hervorgehoben. Diese schematisch dargestellte Entwicklungsreihe setzt sich fort: Mit der Vergrößerung der Kommunaleinheiten über den Rahmen der Sippe, Horde oder Langhausgemeinschaft hinaus ging eine zunehmende Lockerung der individuellen Bindungen einher – mit dem Ergebnis, daß *auch innerhalb der Einheiten die teilweise Kommunalisierung zunahm. Gleichzeitig erhöhten sich Zahl und Einfluß überindividuell bindender Faktoren.* Die Diskussion der Auswirkungen dieser Entwicklung auf das Kommunalverhalten des Individuums bezieht sich zunächst auf die Frage: Vermögen die überindividuell bindenden und das Zusammenleben koordinierenden Faktoren, etwa nationales Kulturerbe oder eine Staatsverfassung, die Kommunalisierung voll zu ersetzen? Oder sind schädigende Auswirkungen der im Großverband nur partiell vollzogenen Individualbindung unvermeidlich, auch wenn ein einheitlicher überindividueller Zusammenhalt, etwa in einem nationalen oder politischen System, gegeben ist? Ich gehe hier über die Herausbildung politischer Systeme im Laufe der Geschichte hinweg, denn eine historische Analyse der einzelnen Stufen zum organisierten staatlichen Zusammenschluß und die weitere Differenzierung bis hin zu den modernen Staatenbünden brächte für das Thema keine wesentlichen neuen Fakten. Auf die Struktur der modernen Großgesellschaft gehe ich im Schlußkapitel ein.

Gruppenmerkmale gibt es auch im Tierreich. Bei den staatenbildenden Insekten, z.B. den Bienen, stellen sie die einzige Kategorie bindender Signale dar. Die Königin im Bienenstaat ist zwar durch Königinnenduft plus spezifischen Stockduft individuell von anderen Bienen, auch Königinnen anderer Staaten, unterschieden, doch kann es zu keinerlei Individualbindung kommen, da hierfür die zentralnervösen Voraussetzungen fehlen. Erst bei Wirbeltieren kommt es zu individueller Bezugnahme. Individualdüfte setzen sich bei den Flughörnchen zum Gruppenduft zusammen. Es sind hauptsächlich die Düfte dominanter Männchen, die nach Übertragung ins Territorium und auf die Körperoberfläche von Nestgenossen zum überindividuellen Merkmal der Sozietät werden. Die Funktion des Gruppenduftes im Territorium und als sozialer Hemmfaktor habe ich ausführlich beschrieben. Die Bezugnahme auf die dufterzeugenden Individuen bleibt aber auch bei den Gruppendüften bestehen, so daß es sich hier genaugenommen um eine abgeleitete Form von Individualsignalen handelt. In der menschlichen Gesellschaft ist diese Beziehung des Gruppenmerkmals auf das Individuum nur selten gegeben, um so seltener, je weiter die Differenzierung der Gesellschaft fortgeschritten ist. Noch im Stammesverband der Mbowamb und bei den Golfpapuas findet man aber den individuellen Bezug ausgeprägt: Traditionen gehen vom Individuum in der Gemeinschaft aus, und die Schöpfer neuer Tänze etc. sind als Persönlichkeiten in die Überlieferung etwa am Golf eingegangen. Ich habe schon bei der Besprechung der gemeinsamen Abstammung aller Mbowamb darauf hingewiesen, wie diese individuelle Bezugnahme auf Gründerahnen und ganz allgemein der Ahnenkult zur überindividuellen Bindung traditionell herausgestellt worden sind. VICEDOM nennt den Zusammenschluß in Sippe und Stamm *organisch* und stellt ihn in Gegensatz zum *organisierten* Zusammenschluß in einem staatlichen Verband. Die überindividuellen Gruppenmerkmale im Stammesverband, angefangen von der einheitlichen Kleidung und der übrigen materiellen Kultur über einheitliche Sprache, Bräuche und traditionell bestimmte Auffassungen sind für den einzelnen selbstverständliche Größen, mit denen er sich persönlich identifiziert. Dabei geben die Kriterien gemeinsame Abstammung und vollständige Kommunalisierung innerhalb der Sippe den Ausschlag.

Wie wichtig die überindividuellen Bezugsgrößen für die Struktur der Gruppe und das Handeln der einzelnen Mitglieder geworden sind, zeigt sich auch an den scheinbar frei bestimmenden Häuptlingen. Sie verwirklichen bei Entscheidungen über Krieg und Frieden zwar persönliche Entschlüsse, doch äußert sich darin und in ihrem sonstigen öffentlichen Auftreten nur beschränkt ein Individualcharakter. Biologische Gesetzmäßigkeiten, die von der engen Bindung zu den eigenen Sippenbrüdern und dem Grad der Kommunalisierung an die Vertreter der Gegenpartei abhängig sind, bestimmen einerseits die Entscheidung mit, andererseits machen sich die überlieferten Verhaltensnormen geltend.

Während also auf der Stufe der Mbowamb-Gesellschaft die überindividuellen, den Zusammenhalt festigenden oder bestimmenden Merkmale noch ähnlich wie bei den Flughörnchen die Bezugnahme auf ein Individuum zulas-

sen, entweder auf den Begründer des Musters oder den Stammvater der das Muster tragenden Gemeinschaft oder die Träger selbst, entdeckt man bei der Analyse staatlicher Verbände überindividuelle Gemeinsamkeiten, die nur zum Teil organisch gewachsen sind. Im Begriff der Nation überwiegt noch das Bewußtsein herkömmlicher, organisch gewachsener Verbundenheit. Doch in der anonymen Großgesellschaft wird ein staatlicher Zusammenschluß erst erreicht, *weil* überindividuelle Gemeinsamkeiten zu diesem Zweck propagiert und neu geschaffen worden sind. Hier sind also die gemeinsamen Merkmale nicht primär Ausdruck der Verbundenheit, sondern stellen eine tiefere Verbindung erst her bzw. halten sie aufrecht. Sie werden zum Instrumentarium organisierten Zusammenschlusses. Ein Beispiel ist das Volkslied in Deutschland. Ehe es von HERDER und anderen systematisch gesammelt wurde, war es Bestandteil regionalen Kulturerbes. Später wurde es jedoch zum bewußt benutzten Medium für die Herausbildung eines überregionalen Gemeinschaftsbewußtseins. Andere Beispiele ähnlicher Art sind etwa Einheitlichkeit in Verfassung, Wirtschaftssystem, Rechtssystem, Erziehungssystem, Staatsterritorium und Wehrsystem.
Das Wesen der individuellen Bezugnahme bei der Bindung wird deutlich, wenn man den zentralnervösen Vorgang bei der Verarbeitung der Signale betrachtet. Individualsignale und davon abgeleitete Gruppensignale – bei denen also der bindende Effekt ebenfalls auf eine individuelle Bezugnahme zurückgeht – werden offenbar hauptsächlich in tief im Gehirn liegenden Strukturen verarbeitet. Dadurch kann es unter den im Kapitel *Kausalität des Friedens* zusammengefaßten Voraussetzungen zur Kommunalisierung kommen. Konventionen und andere anonyme Gruppenmerkmale, die weder einen Bezug zum Begründer noch zur Mehrzahl der Praktizierenden zulassen, nehmen ihren Weg ins Zentralnervensystem jedoch über das Großhirn und werden in der Hauptsache auch dort verarbeitet. So wird verständlich, warum derartige überindividuelle Muster zum kommunalen Zusammenhalt qualitativ von den Individualsignalen zu unterscheiden sind, die in der Kleinsozietät den biologischen Frieden verursachen. Nicht auf Individuen bezogene Bindung ist also nicht gleichartig mit der hier verwirklichten Kommunalisierung.

Man muß andererseits davon ausgehen, daß es eine tief *im instinktiven Bereich des Menschen verankerte Veranlagung ist, sich mit einer in etwa festgelegten Anzahl von Artgenossen vollständig zu kommunalisieren*. Damit liegt eine Erklärung dafür auf der Hand, woran unsere moderne Gesellschaft krankt: Erstens ist der einzelne gezwungen, im täglichen Umgang entgegen seiner inneren Veranlagung mit Menschen zusammen zu sein, an die er nur teilweise oder gar nicht kommunalisiert ist – wobei es sich sowohl um Angehörige der eigenen als auch einer anderen politischen Gemeinschaft handeln kann. Diese Veranlagung kann sich als erblich fixierte Eigenschaft nur sehr langsam, wenn überhaupt, einem Wandel der kommunalen Struktur anpassen. Zweitens hat die Umstrukturierung der Gesellschaft auch zur Folge gehabt, daß der einzelne nicht mehr die Voraussetzungen zum Aufbau und zur Einhaltung der Zahl von vollständigen Individualbindungen vorfindet, die seiner inneren Veranlagung entsprechen. Es werden im Gefolge der häufigen Trennungen und Ablenkungen selbst gegenüber den Nächststehenden nicht mehr die Mechanismen zur Kommunalisierung voll wirksam. Ich fasse die Abweichungen vom biologischen Modell zusammen:

1. Die zentralnervöse Verarbeitung der nicht individualbezogenen Gruppenmerkmale vollzieht sich anders als der zu Kommunalisierung führende Prozeß.
2. Auf Grund der teilweise oder gänzlich fehlenden Kommunalisierung zur Mehrzahl der Mitbürger vermag sich der einzelne nicht mit dem »Gesicht« des eigenen Staates zu identifizieren.
3. Der einzelne muß täglich mit Menschen auf engem Raum zusammensein, an die er entgegen seiner inneren Veranlagung nur überindividuell gebunden ist; es bleibt ihm keine andere Wahl.
4. Die sozialen Voraussetzungen fehlen, daß der einzelne wenigstens zu der instinktiv angestrebten Anzahl aus der Masse seiner Mitmenschen eine vollständige Kommunalisierung aufbauen und einhalten kann.
5. Das Fehlen vollständiger Kommunalisierung würde aber – dem biologischen Modell entsprechend – bedeuten, daß bei Begegnung der Auslöser für agonistisches Verhalten wirksam ist. Es wird also bipolares Angriffsverhalten oder Ausweichverhalten – entsprechend dem Pegel der Aggressivität – freigesetzt. Mit dem Strukturwandel der Gesellschaft wurden jedoch die Normen und die moralische Wertung des friedlichen Verhaltens in der vollkommunalisierten Kleinsozietät auf den überindividuell zusammengehaltenen Großverband übertragen. So ist u. a. auch der Begriff Mord in die Verhaltensregeln zwischen nicht oder teilweise Kommunalisierten übergegangen, da dies dem Gesichtspunkt des Vorteils in der gewandelten gesellschaftlichen Konstellation entsprach. Das biologisch freigesetzte Verhalten wird somit unterdrückt.

Allerdings läßt sich noch nicht näher bestimmen, inwieweit sich die innere Veranlagung des Individuums, auf den Auslöser für agonistisches Verhalten zu reagieren, mit der gesellschaftlichen Differenzierung gewandelt hat: inwieweit sich insbesondere der *Schwellenwert* für motorische Reaktionen verschoben hat und aus den Mustern des tätlichen Angriffs und des Ausweichens eine abgeschwächte »*Fremdreaktion*« geworden ist. Modifikatorische und sogar genetische Veränderungen der inneren Veranlagung des Empfängers kommen in Betracht, aber auch eine Rückbildung der auslösenden Signale auf seiten des Senders, vor allem der körperlichen Individualsignale und ihr Ersatz durch anonyme Muster (»Typisierung«, s. S. 234f.) oder angeeignete persönliche Merkmale, die gegenüber dem Empfänger »nicht so weh tun« Inwieweit anonyme Artsignale den Auslöser für agonistisches Verhalten

bei Menschen unwirksam machen, ist ebenfalls noch wenig untersucht. Bei den Flughörnchen greifen sich ja nur erwachsene Angehörige des gleichen Geschlechts an. Ohne Zweifel kommt Geschlechtsfaktoren eine wichtige Funktion zur Ausschaltung agonistischer Muster zu, und ich werde im letzten Kapitel diskutieren, wie in der anonymen Großgesellschaft eine gesellschaftliche Bindung über das weibliche Geschlecht und das Kind zustande kommen kann.
Dennoch bleibt ein Zwiespalt zwischen der inneren Veranlagung des einzelnen und den Gegebenheiten in der Großgesellschaft bestehen. Das ständig wiederholte Zusammentreffen mit erwachsenen Menschen, an die keine Kommunalisierung erfolgt ist, muß – so nehme ich an – zwangsläufig zu *Neurosen* führen. Die kommunale Konstellation in der Großgesellschaft führt ferner dazu, daß tripolare Auseinandersetzungen nicht zu Ende ausgetragen oder andererseits vollständig beschwichtigt werden können. Regelung in Form von Rechtsprechung und anderen konventionellen Absprachen treten an ihre Stelle. Innere Genugtuung bei den Beteiligten wird dadurch jedoch keineswegs immer erreicht. Auch hierin sehe ich eine Quelle von Neurosen.

Neurotisch bedingte Brutalität

Beide dieser Wurzeln für neurotische Erscheinungen hängen mit der Unterdrückung von Aggressionen bzw. der Unmöglichkeit, auszuweichen, zusammen. Da ich die heute so weit verbreitete *Brutalität* als zu einem wesentlichen Teil neurotisch bedingt einstufe, ergibt sich hier ein möglicher Zusammenhang: Neurotische Brutalität wäre demnach eine Folge des Übergangs von individueller Kommunalisierung zu primär überindividuellem Zusammenschluß und anonymer Koordination der Beziehungen in der Gesellschaft.
Ich möchte hier das vieldiskutierte Thema der *brutalen Gewalt* in Film und Fernsehen anschneiden. Ich habe eben ausgeführt, wie es zu biologischer Freisetzung von Aggressionen kommen kann – und gleichzeitig zu ihrer Unterdrückung durch gesellschaftliche Normen. Ein Ventilmechanismus für diese angestauten bipolaren und tripolaren Aggressionen wäre z.B. das Zuschauen bei einem Boxkampf; Versuche haben eine solche Funktion nachgewiesen. Die Beliebtheit von brutaler Gewalt am Bildschirm ist damit aber nicht ausreichend geklärt. Ich nehme drei Gründe dafür an: 1. die unbewußte Abreaktion der freigesetzten, gegen niemanden persönlich gerichteten Aggressionen, deren Zustandekommen ich soeben diskutiert habe; 2. den neurotischen Hang zu Brutalität, dessen Zustandekommen ich, wie gesagt, in Zusammenhang mit der veränderten kommunalen Konstellation sehe; und 3. die Tatsache, daß der Zuschauer an keine der Personen, die sich vor seinen Augen schlagen, persönlich gebunden ist.
Ganz allgemein scheint ein direkter Zusammenhang zwischen dem Wandel

der kommunalen Bindung in der Gesellschaft und dem gehäuften Auftreten von Neurosen verschiedener Art in der modernen Großgesellschaft zu bestehen. Ich denke z. B. an Schweden, bekanntlich ein Land, in dem Neurosen besonders zahlreich vorkommen: ebenso ein Land, in dem der Staat zwar dem Bürger ein Maximum an sozialen Sicherheiten und Einrichtungen bietet, in dem aber gerade deshalb die individuelle Bezugnahme sehr verkümmert ist. Als weiteres Beispiel führe ich die »Belle Epoque« an, in der ein sprunghaftes Ansteigen von Neurosen zu beobachten war. In dieser Zeit um die Jahrhundertwende erfolgte ein sehr deutliches Abrücken des anonymen Staatsverhaltens vom Individuum, so daß sich der einzelne nicht mehr ausreichend mit seinem eigenen Kommunalsystem zu identifizieren vermochte.
Historisch läßt sich die Erscheinungsform der Brutalität bis in die heute zu den primitivsten zählenden Gesellschaftssysteme zurückverfolgen. Ich habe die Sippe als mit dem biologischen Modell der Kleinsozietät unmittelbar vergleichbar dargestellt. Dabei bezog ich mich betont auf die innere Struktur. Es ist aber sehr wahrscheinlich, daß die teilweise Kommunalisierung zu außerhalb dieser Einheit Stehenden Auswirkungen auch auf die Beziehungen innerhalb der Sippe hat. Und »unmittelbar vergleichbar« darf nicht mit »identisch« gleichgesetzt werden; die räumliche Zerrissenheit des Sippenareals allein ist schon eine Konstellation für mögliche Störungen des engen kommunalen Zusammenhalts. Dazu können auch Einrichtungen wie die genormte Rechtsprechung und anderes beitragen.
An der Mündung des Fly River in Süd-Neuguinea siedeln die Kiwai-Papuas. Sie sind mit den Golfpapuas nahe verwandt und leben in Langhausgemeinschaften. Der Missionar E. Baxter Riley beschreibt in seinem 1925 erschienenen Buch *»Among Papuan Headhunters« (Unter Papua-Kopfjägern)* einen sonderbaren Brauch der Kiwai, der in Zusammenhang mit den Initiationsfeiern steht: Die Szene spielt bei Dunkelheit gegen Morgen am Flußufer.
»... Die höllischen Qualen nehmen nun weiter zu, da die Männer aus den Kanus sich nun daranmachen, die Initianten (mit ihren Holzkeulen) zu bearbeiten. Diese heulen und kreischen zum Erbarmen. Ihre Paten ermutigen sie, zurückzuschlagen, sooft sich eine Gelegenheit dazu bietet. Manchmal wird ein Junge ausgesondert und unbarmherzig geschlagen. Sobald der Vater eines Jungen das bemerkt, eilt er ihm zu Hilfe und erwidert jeden Schlag mit einem Gegenschlag oder auch mit zweien.
Ich muß an dieser Stelle für einen Moment abschweifen. In dieser Szene begleichen Männer im Dorf alte Rechnungen und bereinigen alte nicht vergebene Verstöße. Ein Mann mag sich gegenüber einem anderen oder gegenüber dessen Frau oder Tochter unehrenhaft verhalten haben. Solche Kränkungen werden nicht vergessen. Der gekränkte Mann hält immer nach einer günstigen Gelegenheit Ausschau, um auf angenehm unauffällige Weise die Rechnung zurückzuzahlen, wenn ihn mit großer Wahrscheinlichkeit keine

Strafe dafür trifft, selbst wenn er den Tod seines Gegners verursacht haben sollte. Einige dieser Männer tragen nicht nur Stein- und Holzkeulen mit sich, sondern auch andere scheußliche Waffen, wie den peitschenartigen Schwanz eines Stachelrochens, oftmals fast 2 Meter lang und versehen mit einem zweiseitig gezahnten Stachel, womit man eine gräßliche Wunde schlagen kann; oder gezackte Haifischzähne, die so an einem Stock befestigt sind, daß eine Säge daraus wird. Diese Waffen werden ohne Erbarmen von jedermann gegenüber seinem Mitbruder angewandt, der ihm Unrecht zugefügt hat. Während ich diese Worte niederschreibe, habe ich einen Mann vor mir sitzen, dessen Unterleib die Spuren eines scheußlichen Schlages trägt, die er mit einer solchen Haizahnwaffe erhalten hat. Es war nichts Ungewöhnliches, daß ein oder zwei Männer entweder während der Feuerszene [die hier nicht beschrieben ist] oder während des Scheinkampfes am Ufer – mit denen wir uns gerade beschäftigt haben – getötet wurden. Wenn ein Mann einen anderen tötete, suchten die Verwandten des Erschlagenen keine Rache. Der Tod wurde dem Geist des *mimia abere* angelastet, und dies wurde als zufriedenstellende Todesursache anerkannt. Diese Tatsache mag der Grund dafür sein, daß Männer ihren Groll über Monate, ja sogar Jahre hinweg nährten und dann, wenn keine Bestrafung zu erwarten ist, eine bösartige Verwundung für empfangenen Schaden anbringen.«

Der aufgestaute Groll über nicht zu Ende geführte tripolare Auseinandersetzungen entlädt sich in dieser Szene in brutaler Gewalt. In gewissem Gegensatz hierzu steht der Ventilmechanismus für unbereinigte tripolare Spannungen, wie ich sie in der Einleitung zum Kapitel *Das Gesicht des Friedens* geschildert habe. Dort, bei den Roro-Melanesiern, ist es üblich, aufgeworfenen Ärger *unmittelbar oder kurz darauf* gründlich zu bereinigen, indem man – ebenfalls straflos – eine Schimpfrede auf den Verursacher hält. Ähnliche als Ventil dienende Bräuche wurden auch von anderen Völkern beschrieben, etwa von australischen Ureinwohnern.

Es bedarf noch vieler gründlicher Untersuchungen, um den Zusammenhang zwischen Brutalität und Neurosen und deren Entstehung in der von mir angenommenen Form zu klären. Allerdings bleibt hierzu – soweit es sich um Forschungen bei Eingeborenen handelt, kaum mehr Zeit, da wir und diese Menschen selbst alles daransetzen, sich den Standards unserer eigenen Kommunalordnung und Kultur anzugleichen. Den Gründen und Nebenerscheinungen dieses unaufhaltsamen Prozesses werde ich im folgenden nachgehen.

Zehntes Kapitel

Kolonialismus

Abwandlung menschlicher Aggression

Ein bleichendes Skelett im Urwald – die Begleitmusik signalisiert Gefahr! Hinter Lianengirlanden ein Bogen im Anschlag; die gezackte Pfeilspitze vibriert. Geduckte braune Gestalten mit grell bemalten Gesichtern im Halbdunkel ... Die Kamera schwenkt auf den Polizeischutz der Expedition: braune Finger entsichern die Karabiner ... Ein Dokumentarstreifen von der abenteuerlichen Entdeckung eines neuen Papuastammes im Innern Neuguineas, ausgestrahlt im Abendprogramm des Fernsehens. Eine weitere Szene aus dem Film: In einem Dorf demonstrieren die Weißen ihre überlegenen Fähigkeiten, indem sie auf entfernt aufgestellte Ziele schießen. Die Papuas staunen, sie staunen auch über Spiegel und Radiogerät.

Kolonialstil prägt diesen Bericht; die Papuas werden zum Gegenstand der Selbstdarstellung der Weißen. Mauern fehlenden Verständnisses und mangelnder Verständigung stehen zwischen ihnen. Mauern müssen auch den Zuschauer am Bildschirm von der Wirklichkeit trennen. Wenn in einem Tierfilm falsche Informationen etwa über das Familienleben des Löwen in Afrika gebracht würden, käme eine Flut von Protestbriefen auf den Sender zu. Die Kenntnis der breiten Öffentlichkeit über biologische Tatsachen steigt ständig. Anders bei sogenannten Dokumentarberichten über unsere eigenen Artgenossen in fernen Ländern. Hier bleiben selbst grobe Sachfehler unwidersprochen, denn nur die wenigsten Zuschauer besitzen hinreichende Vorkenntnisse. Bis in Einzelheiten etwa des Alltagslebens in einem Papuadorf dringen solche Berichte gar nicht vor. Sie erschöpfen sich im Klischee: Anmarsch der Expedition, Ankunft im Dorf, oberflächliche Kontakte, ein »zufällig« stattfindendes Tanzfest usw. Im Schulunterricht beschränkt sich völkerkundliche Darstellung auf einige Absätze im Geographiebuch.

Die Kriterien des Kolonialismus

Was hat solche Kritik mit dem Thema Frieden zu tun? Ich betrachte das Unverständnis und die Unkenntnis gegenüber fremden Menschengruppen als eine der verschiedenartigen Ausprägungen des Kolonialismus auch in unserer Zeit. Und *im Kolonialismus sehe ich eine Sonderform des äußeren Friedens.* Es gab ihn nicht nur in der klassischen Kolonialzeit im 19. und in der ersten Hälfte des 20. Jahrhunderts. Als spezifisches Verhältnis zu kommunal

Bild 33: Kannibalen auf dem Heimweg; der enthauptete Körper ist an eine Tragestange geschnürt. Eines der seltensten Bilddokumente aus der Zeit der Frühkontakte. Bontoc-Igoroten auf Luzon, Philippinen. Der Lendenschurz des Mannes rechts im Bild zeigt, daß die Leute bereits mit Europäern in Verbindung standen (Foto Jenks, vor 1905).

Bild 34: Friedensfeier der Mbowamb-Papuas im zentralen Hochland Neuguineas. Von Hand zu Hand werden Fleischstücke übergeben (Foto Horrolt, vor 1940).

Bild 35: Fremdreaktion eines Kaluli-Mannes im Bosavigebiet beim Erstkontakt mit einem Europäer (Foto Verfasser, 1966).

Bild 36: »Wissenschaftlicher Kolonialismus«: Lord Moyne beim Vermessen einer Ongé-Frau auf den Andamanen-Inseln. Brustumfang 65 cm; Hüfte 97,5 cm; Körperhöhe 132,5 cm (Foto Lady Broughton, 1936).

getrennten Volkseinheiten, die wesentlich schwächer und rückständiger als das eigene Volk sind, lebt er weiterhin fort. Auch Entwicklungshilfe ist bisher eine Form des Kolonialismus gewesen. Viele Volksgruppen in Neuguinea, Asien, Afrika und anderswo stehen seit Jahrzehnten, manche seit ihrer Entdeckung unter dem Schutz einer Kolonialmacht, und heute lassen wir ihnen Millionenbeträge als Entwicklungshilfe zufließen. Aus welchen Gründen, so fragt man sich, da uns doch fremde Menschen und ihre Lebensformen so wenig bedeuten. Ich werde diese und andere Erscheinungen des Kolonialismus auf ihre kommunalen Wurzeln hin untersuchen.
An den Anfang stelle ich eine Zusammenfassung der Kriterien des Kolonialismus: Kommunale Distanz, also das Fehlen von Kommunalisierung; folglich auch kulturelle Trennung zu der vielfach auch rassisch andersartigen Volkseinheit; Einstufung des kulturell und rassisch Andersartigen als minderwertig; im Zusammenhang damit Intoleranz und humanitäre Bemitleidung; ein starkes Kräftegefälle zwischen den Volkseinheiten; materielle Ausbeutung und Unterdrückung der Konkurrenzfähigkeit, *aber keine agonistische Vernichtung*. Dieses Bild versuche ich nun zu differenzieren.
Nach dem biologischen Modell würde eine Sozietät eine andere, deutlich schwächere bei Kontakt aus ihrem Territorium agonistisch verdrängen. Eine solche Kräftekonstellation ist aber unter ursprünglichen Verhältnissen eine Ausnahme, da benachbarte Sozietäten in der Regel in einem Kräftegleichgewicht stehen. Erst mit der unvergleichlichen Ausbreitung der Hochkulturen über weite Teile der Erde kam es gehäuft zu Kontakten mit Volksgruppen, mit denen bis dahin keinerlei Kommunikation bestanden hat. Daraus entwickelte sich vielfach ein langfristiges nichtagonistisches Verhältnis, unabhängig davon, ob die ersten Begegnungen kriegerisch waren oder nicht. Anders als etwa im Falle des äußeren Friedens bei den Mbowamb, bestand hier anfangs keinerlei Kommunalisierung. Auch für das weitere Verhältnis während der an die Entdeckungsreisen mit einigem Abstand anschließenden klassischen Kolonialzeit entwickelte sich keine gegenseitige auch nur teilweise Kommunalisierung. Dies um so weniger, als die Kolonialbeamten, Siedler und anderen Weißen in den Kolonialländern normalerweise auch keine individuelle Bindung zu denen besaßen, die die überindividuellen Bindungen zur Kolonie und das Instrumentarium der Kolonialpolitik, die Verträge, Gesetze, Verordnungen und Leitlinien in der Heimat geschaffen und in Kraft gesetzt hatten. Den äußeren Frieden der Mbowamb habe ich als notwendig gewordene Anpassung an die wirtschaftliche und soziale Verflechtung zwischen teilweise kommunalisierten Sippen und Stämmen dargestellt. Die Schonung des Lebens völlig fremder Menschen betrachte ich als eine andere Form der Anpassung an die ständig fortschreitende Differenzierung der Gesellschaft. Wieder scheint die Zweckmäßigkeit die Verhaltensnormen zu bestimmen.
In den Kolonien wurde das Leben der Person durch Konventionen garantiert; jeder stand unter dem »Schutz der Krone«. Allerdings galt in der Praxis

nicht nur das Ansehen, sondern auch das Leben des einzelnen Afrikaners, Asiaten oder Papuas deutlich weniger als das eines Weißen. Willkürliche Exekutionen und blutige Strafexpeditionen waren nicht selten. Dieser diskriminierende Wertungsmaßstab hat sich teilweise bis heute erhalten. Dafür ein Beispiel: In einem Film der sechziger Jahre wird die erfolgreiche Durchquerung Neuguineas von Süd nach Nord dargestellt. Die Expedition warb an der Küste Träger an. Zwei von ihnen starben im unwegsamen Zentralgebirge an Erschöpfung. Ihre Beisetzung nahm im Film auffallend viel Raum ein. Ich kam als Zuschauer nicht von dem Eindruck los, daß ihr Tod als Sensation, weniger als bedauernswerter Verlust von Menschenleben hingestellt wurde; als ob damit die Schwierigkeiten des Unternehmens, die Leistungen insbesondere der weißen Teilnehmer betont werden sollten. Niemand schien daran zu denken, wie verantwortungslos es gewesen war, diese völlig den Weißen vertrauenden Menschen, die von der Welt außerhalb ihres Lebensraumes keine rechte Vorstellung hatten, in höchste Lebensgefahr zu bringen. Es war sicherlich keine moralische Besserung der Menschheit, die zur Schonung der Kolonialvölker unter der Schutzherrschaft der Weltmächte geführt hat. Wie sehr die Zweckmäßigkeit ihr Verhalten bestimmte, wird aus den Beispielen deutlich, wo es nicht zu Kolonisierung, sondern zur Vertreibung und Ausrottung gekommen ist, vor allem in Nordamerika und Australien, stellenweise auch in Afrika und anderswo. Bis in unsere Tage setzt sich dieser Vernichtungskampf in Südamerika und in anderen Erdteilen fort. Ich muß hier einfügen, daß Kolonisierung und Vernichtungskampf ihren Höhepunkt im Anschluß an die europäische Entdeckerzeit erreichten. Jedoch sind ältere Hochkulturen, etwa die Römer, Griechen und andere, ähnlich vorgegangen. Das Kriterium dafür, ob es zu Verdrängung oder Kolonisierung kam, sehe ich darin, inwieweit die kräftemäßig eindeutig unterlegenen Eingeborenen als ökologische Konkurrenten den Weißen im Wege standen. Die meisten europäischen Kolonien lagen in den Tropen. Klima, Krankheiten, Urwald und schwierige Geländeverhältnisse, die weiten Entfernungen zum Mutterland ließen in der klassischen Kolonialzeit eine nur dünne Besiedelung mit weißen Kolonisten zu. Ein Nebeneinander mit der einheimischen Bevölkerung war möglich und sogar günstig, da man auf Arbeitskräfte etwa auf den Pflanzungen angewiesen war. So kam es nur örtlich zu Verdrängung und Ausrottung kleinerer Bevölkerungsgruppen. Für die Weißen in den Kolonien blieb das Mutterland meist die Heimat.

Verdrängung und Ausrottung als Alternative

Anders verlief die Entwicklung in Ländern, deren Umwelt so sehr den Verhältnissen zu Hause entsprach, daß eine dichte weiße Besiedelung in Frage kam. Dort setzte sich keine Schonung der Urbevölkerung in Form kolonialer Schutzkonventionen durch; die Schwächeren, wegen ihrer Andersartigkeit eher wie Tiere denn als Artgenossen angesehen, mußten weichen. Ein oberflächliches Bedauern über die rohen Methoden bei dieser Verdrängung kam im Lande selbst erst in späterer Zeit als Strömung auf – von einzelnen Zeitgenossen abgesehen, die schon damals eine Gegenhaltung eingenommen haben. Diese Strömung konnte sich zu einer Zeit durchsetzen, als nur mehr so geringe Reste der Urbevölkerung übriggeblieben waren, daß sie als Konkurrenten ausschieden.

Einige Volksgruppen erlebten dieses Stadium nicht mehr: die Ureinwohner Tasmaniens gelten als die primitivsten Menschen, mit denen weiße Siedler zusammengetroffen sind. Ihr Aussterben als Folge dieses Kontakts bedauern heute vornehmlich Völkerkundler, denen ein wichtiger »Forschungsgegenstand« unwiederbringlich verlorengegangen ist, noch ehe er gründlich untersucht war. Die Verdrängung dieser Menschen hat ebenso wie die Ausrottung der Urbevölkerung des fruchtbaren Südost-Australiens freien Raum für weiße Siedler geschaffen. Deren Nachkommen gelten heute als *die* Tasmanier und *die* Australier. Nur wenige moderne Zeitgenossen kämen auf den Gedanken, die heutigen Landbesitzer nicht als die rechtmäßigen anzusehen.

So haben die Pioniere der Gründerzeit für klare Verhältnisse gesorgt und ihren Nachfahren Komplikationen erspart, wie sie kürzlich die Vereinigten Staaten von Amerika zu bewältigen hatten: dort verbarrikadierten sich in Wounded Knee im Bundesstaat Süddakota etwa 200 Indianer, um damit gegen die diskriminierende Politik gegen indianische Minderheiten im Lande zu protestieren und ihrer Forderung nach Rückgabe traditionellen Stammesterritoriums Nachdruck zu verleihen. Für die amerikanische Gesellschaft stellt der Fall einen Anachronismus dar, der eine Lösung nur in Form schwieriger Kompromisse zuläßt. Die im Laufe der Jahrzehnte über das ehemalige Indianerland gelegten sozialen und wirtschaftlichen Verflechtungen sind unlösbar. Man hört sich die Forderungen der Indianer an, ohne jenes Maß an Gewalt anzuwenden, wie es zur Pionierzeit üblich gewesen wäre. Man beruft sich auf Verträge, die damals unter dem Druck der weißen Übermacht geschlossen worden sind, Verträge, die angesichts dieser Diskriminierung als Farce zu werten sind. Doch selbst wenn die Forderungen der Indianer als berechtigt anerkannt würden, darauf einzugehen wäre aus der neuen gesellschaftlichen Situation heraus unmöglich. Und Kompensationszahlungen hätten als Präzedenzfall unübersehbare Folgen für die Staatsgemeinschaft, zu der nach der Verfassung auch die Indianer gehören.

Das ist die Tragik einer Volkseinheit, die das Glück hatte, nicht vollständig ausgelöscht zu werden, die sich erholen konnte und in der Weltöffentlichkeit Gehör für ihre Forderungen findet. Als die verstreuten Reste der Indianer in den Vereinigten Staaten noch ein Dasein ohne öffentlichen Einfluß und ohne militante Aktionen führten, solange es noch keine Anzeichen dafür gab, daß sie wieder zu Konkurrenten des weißen Mannes aufsteigen könnten, genossen sie humanitäre Hilfe. Man richtete auch Reservate für sie ein, pflegte ihre

Folklore und bedauerte die Grausamkeiten bei der Landnahme. Das amerikanische Bürgertum nahm es auch hin, daß Indianer die Lebensweise der Weißen angenommen haben, und es kam bisher nicht zu den aggressiven Reaktionen, wie sie gegen die viel zahlreicheren und einflußreicheren Nachkommen afrikanischer Sklaven gerichtet sind. Doch die Gefahr eines weiteren Gesellschaftskonflikts in den USA liegt um so mehr auf der Hand, je konkurrenzfähiger sich die Indianer zeigen.

Die Diskriminierung von Volksgruppen in den USA und in einigen anderen Ländern wird allgemein als Rassenproblem hingestellt. In der Tat ist es schwieriger, über Rassenschranken hinweg kommunale Beziehungen aufzubauen und zu pflegen. Ich bin darauf bereits im Kapitel *Signale der Verständigung* eingegangen. Im Grunde ist aber auch das Rassenproblem die Folge mangelnder Kommunalbindung, wodurch es im Prinzip Konstellationen ähnlich wird, in denen mehrere nur teilweise gegenseitig kommunalgebundene Menschengruppen einer Rasse einen Siedlungsraum gemeinsam bewohnen, z. B. scharf voneinander abgesetzte Kasten oder ideologisch geschiedene Klassen.

In der Mbowamb-Gesellschaft hätte es den im Klassensystem ganz tief stehenden Resten der Urbevölkerung den sicheren, endgültigen Untergang gebracht, wenn sie gegen die herrschende Schicht der später Eingewanderten aufgestanden wäre, um Besitzforderungen auf ihr ehemaliges Siedlungsland zu stellen. Sie wären auch gar nicht auf diesen Gedanken gekommen. Erst mit dem Übergang von der traditionell bestimmten Ordnung zum vielschichtig organisierten Zusammenschluß in der Großgesellschaft ist es möglich geworden, daß sich eine Gruppe wieder aus dem Verband herauslöst, obwohl sie mit ihm zusammen lebt, Forderungen wie Rückgabe des ehemaligen Territoriums stellt und gegenüber einer Übermacht stellen kann, ohne sogleich mit Gewalt unterdrückt zu werden.

Völkerrechtliche Konventionen

Erst mit dem Aufstieg zur Hochkultur, gekennzeichnet durch städtische Zentren und politische Organisationen, entstand das sich rasch immer weiter verstärkende Gefälle zu den Volksgruppen, die noch auf der Stufe organisch gewachsener Stammes- oder noch ursprünglicherer Strukturen leben. Das Wachsen und Zusammenwachsen der Großgebilde schuf ein immer stärkeres Mißverhältnis zu den übrigen. Und da sich zudem das Wachstum etwa der europäischen Großmächte über die ganze Erde ausbreitete, konnte auf die Dauer kein Volk von dem Kontakt verschont bleiben. Die Ausrottung von Ur-Australiern und Indianerstämmen in Nord- und Südamerika ist *Völkermord* – Genozid. Völkerbund und Vereinte Nationen haben ihn definiert und verurteilt. In diesen übernationalen Organisationen waren bzw. sind die vertretenen kleinen wie die großen Staaten mit etwa gleichen in der Charta festgelegten Rechten zusammengeschlossen. Auch die Konventionen des Internationalen Völkerrechts sind darauf ausgerichtet, alle Menschengruppen gleichartig zu umschließen; denn das Kräftemißverhältnis zwischen den Großmächten und den kleineren Einheiten wuchs so stark, und die wirtschaftlichen Verflechtungen, kulturellen und sozialen Bande zwischen Völkern nahm andererseits so rasch mit der Bevölkerungszunahme, Ausbreitung und Kommunikationsverbesserung zu, daß es zu einer Notwendigkeit wurde, die agonistische Vernichtung ganzer Volkseinheiten als Mord zu verurteilen. Es ist jedoch keine Teilkommunalisierung, wie bei den Hochländern in Neuguinea, die zu dieser Verhaltensgrundlage geführt hat, sondern eine Konvention, unabhängig von teilweise existierender oder völlig fehlender Kommunalisierung. So ist auch die Entrüstung über das Verbrechen des Völkermords ebenso entwicklungsgeschichtlich jung wie oberflächlich. Es ist keine biologisch, durch das vorprogrammierte Kommunalverhalten gegebene Norm, sondern eine durch Abweichen von biologischen Normen bedingte Neuerung. Das internationale Völkerrecht steht somit vorerst noch auf wenig fundierten Füßen und wird als Konvention zwischen Staaten um so eher gebrochen, je geringer das damit verbundene Risiko von Sanktionen ist. Es hat jedoch Bestand, weil es multilateral vereinbart und überwacht wird, wobei sich besonders die Großmächte gegenseitig unter schärfster Kontrolle halten. Die Wertung des Kommunalverhaltens richtet sich bei den Mbowamb und ähnlich strukturierten Gruppen nach dem Vorteil der gesamten Sippe. Im organisierten Großverband reicht die gegenseitige Kommunalisierung der Individuen jedoch nicht aus, um eine bei allen Teilen einheitliche Beurteilung des Handelns zu erreichen. Hier ist der Manipulation von Motiven und Wertbegriffen keine vergleichbar enge Grenze gesetzt. Da sich in der Innenstruktur der Großverbände eine Kluft zwischen einerseits dem Staatsverhalten und andererseits der Haltung des einzelnen Bürgers beziehungsweise von Bürgergruppen auftut, kann eine Großmacht heutzutage einen durch eng begrenzte Wirtschaftsinteressen oder ideologische Motive veranlaßten Vernichtungskrieg gegen ein Volk führen und gleichzeitig diesen Krieg als Mord verdammen.

Es fällt an dieser Entwicklung also einmal die Aufsplitterung der nationalen Verhaltensnormen entsprechend dem Auseinandergehen der Motive auf – soweit sie von Interessengruppen und Ideologien bestimmt werden. Andererseits vollzog sich die Schaffung von übernational einheitlichen Konventionen, etwa in Form des Völkerrechts. Ursprünglich gab es ja auf der Erde eine Vielzahl voneinander isolierter Populationen, jede aus in sich mehr oder weniger geschlossenen Sozietäten zusammengesetzt. Die gewandelte Relation der Volksgruppen zueinander wird bald dazu führen, daß *die Welt nur mehr eine einzige Populationsebene darstellt*. Damit wird wieder die Gesamtheit der Artgenossen zur Bezugsgröße für die Herausbildung von Verhaltensnormen – wie im biologischen Modell, wo sich die genetische Selektion auf die

Erhaltung der Artnorm, bzw. deren zweckmäßige Angleichung an gewandelte Verhältnisse bezieht.
Doch ist diese Übereinstimmung nur eine scheinbare. Die Einheitlichkeit in den übernationalen Mustern des Völkerrechts wird auf anderem Wege erreicht. Es ist wie auf der Stufe der Mbowamb-Gesellschaft weiterhin der Gruppenvorteil oder der Individualvorteil maßgebend, nicht der Vorteil *der Menschheit*. Nur daß sich auf der einzigen Populationsebene der nahen Zukunft voraussichtlich die Gruppen-Interessen decken und nicht mehr agonistische Abstoßung und Verdrängung, sondern friedliche, völkerrechtlich abgesicherte Koexistenz den einzelnen multilateral verknüpften Verbänden opportun erscheinen werden. Dem widerspricht auch die Tatsache nicht, daß einzelne Staaten mit Gewalt Land und besonders Naturgüter wie Rohstofflager in ihren Besitz zu bringen trachten. Doch gilt dies nur unter der Voraussetzung, daß gegenseitige Verknüpfung auch gegenseitige Abhängigkeit und unlösbare Verflechtung von Interessen bedeutet.

Die Umsetzung neuer Wertungsgrundlagen in Konventionen

Die Schaffung übernationaler Konventionen zur Wahrung friedlicher Koexistenz in Form des internationalen Völkerrechts und anderer Einrichtungen folgt also einer gesellschaftlichen Notwendigkeit. Doch wie konnte sie in der Praxis vor sich gehen, da sie sich weder nach biologischen Gesetzmäßigkeiten ausrichtete, noch dem einzelnen in der Gesellschaft unmittelbaren Vorteil brachte? Wie konnten sich Gremien bilden, denen die gesellschaftliche Aufgabe, etwa den Völkermord zu verurteilen, bewußt war? – Fragen, die aus dem Zusammenhang dieses Kapitels zu fallen scheinen. Doch geht es mir nicht um Namen und nicht um den geschichtlichen Ablauf. Hier stellen sich die Fragen als mehrfaches kommunales Problem.
Konventionen wie die formulierte Verurteilung des Völkermords bauen auf kollektiv empfundenen Normen auf, in diesem Falle auf der Norm, die Vernichtung auch fremden Lebens als Mord zu bewerten. Es drückt sich auch darin nicht eine Höherentwicklung der Menschheit zum moralisch Besseren aus, sondern lediglich ein Eingehen auf Veränderungen in der kommunalen Struktur und der Populationsstruktur. Ich habe bereits bei den Mbowamb die Schaffung neuer, im Gefolge der gesellschaftlichen Differenzierung sinnvoll, ja notwendig gewordener Verhaltensgrundlagen diskutiert, vor allem jener, die zur Institution des äußeren Friedens auf Zeit geführt haben. Je mehr sich die gesellschaftliche Struktur von der biologisch bestimmten Kleinsozietät entfernt hat, um so wichtiger und zahlreicher sind solche Normen geworden. Ihre Evolution erfolgte offenbar auf der Ebene des Zentralnervensystems; sie wären demnach nicht genetisch fixiert. Je anonymer die gesellschaftliche Ordnung geworden ist und je schneller ihre weitere Differenzierung vorangeht, um so mehr hat sich die Schaffung neuer Verhaltensnormen gegenüber

dem akuten Bedarf verzögert, weil die Erfahrungswerte kollektiven und individuellen gesellschaftswidrigen Verhaltens – wie ich annehme – als Korrekturmechanismen zu spät und zuwenig wirksam werden. Wie man sich dies im einzelnen vorzustellen hat, ist künftiger Analyse vorbehalten. Ebenso hat sich aber auch die Formulierung *entstandener* Normen in Konventionen und deren Anwendung in praktischer Politik zunehmend verzögert. Und nicht weniger ist die *Einhaltung* formulierter Verhaltensgrundlagen zum Problem geworden. Hier ist vor allem die Sicherung des inneren und äußeren Friedens angesprochen.

Es bedarf, so meine ich, der *kommunalen Distanz* zum eigenen Volk, um in der Lage zu sein, gesellschaftspolitische Prozesse auf internationaler Ebene und im eigenen Lande kritisch beurteilen zu können. Das heißt: Wer in der voll kommunalisierten Sozietät, etwa im Sippenverband, lebt, vermag sich nicht so weit individuell abzusetzen und aus dem fest gefügten traditionellen System zu lösen, um die zu gezielten Neuerungen erforderliche Meinungsbildung in sich und anderen in Gang zu bringen. Ich wiederhole nochmals: In der Sippe war erlaubt, was der eigenen Gemeinschaft nützt, und die vollständige Kommunalisierung zwischen allen Gruppenmitgliedern schuf einen einheitlichen Maßstab für nützliches Handeln und davon abhängig für moralische Wertung. In der anonym organisierten Großgesellschaft sind aber die Maßstäbe für allgemein nützliches Handeln keineswegs bei allen dieselben, und die Tragweite politischer Entscheidungen wird zudem für die Verantwortlichen immer weniger überschaubar.

Kommunale Distanz bedeutet also vor allem die Loslösung von der uniformierenden Wirkung vollständiger gegenseitiger Kommunalbindung. Dadurch wird es möglich, Fehlverhalten in der Gesellschaft zu erkennen und Mechanismen zu deren Korrektur zu entwickeln, zu denen auch neue Rechtsnormen gehören. Die Bedeutung einer derartigen Bewußtseinsbildung wurde um so größer, je mehr die biologischen und als echte Traditionen in der voll kommunalisierten Gruppe entstandenen Normen nach innen und nach außen in Bewegung geraten sind. Das Schwinden der Kommunalisierung hatte also eine Doppelwirkung: es bewirkte nicht nur das Wanken und Weichen alter Normen, sondern setzte in sinnvoller Weise gleichzeitig im Volk das *Instrument der »freien Meinungsbildung«* frei, zur Kritik und Orientierungshilfe des Staatsverhaltens.

Wir wissen, wie weit Staatsinteresse und private Interessen auseinanderklaffen. Behörden müssen bekanntlich auch unpopuläre Maßnahmen zum Vorteil des übergeordneten Systems durchsetzen. Andererseits gilt es, auch bei Vertretern der Öffentlichkeit nicht allein Fehlverhalten durch das Instrument der freien Meinungsbildung und Diskussion zu korrigieren, sondern auch ihr Handeln zum persönlichen Vorteil und unter dem Druck einer Lobby zu unterbinden, soweit es der Gesamtheit Schaden zufügt.

In diesem Zusammenhang möchte ich einen Vergleich zu den Verhältnissen in der Flughörnchen-Sozietät ziehen: Dort hat der Individualduft des Männchens a als Hauptkomponente des Gruppendufts eine hemmende Wirkung auf soziale Aktivitäten anderer Männchen der eigenen Gemeinschaft. Das a-Männchen selbst entwickelt sich entsprechend seinen Anlagen und der Gesamtkonstellation in der Population frei von solchen Hemmeinflüssen. Modellhaft übertragen auf die Sippe würde dies bedeuten, daß ein Häuptling zwar – wie ich im vorigen Kapitel betont habe – den Traditionen der Väter, an die er gebunden ist, folgt und sich nach den eigenen Anlagen und den Kräfteverhältnissen zwischen den Sippen und Stämmen richten muß. Er ist aber im Innern der Sippe frei vom uniformierenden Zwang, wie er ihn seinerseits unbewußt auf die Sippenmitglieder ausübt. In der Großgesellschaft entfiele aber diese Hemmwirkung zu einem Großteil, da sie ja an die individuelle Kommunalisierung gebunden ist, und der einzelne Bürger wäre nun freier in Entscheidungen und Handeln. Der Kreis der Persönlichkeiten in der Gesellschaft, der die Notwendigkeit zu internationalen Regelungen des Völkerrechts erkannt und danach handelnd die Verurteilung des Völkermords formuliert hat, ist – abgesehen vom Niveau des Sachwissens – Ausdruck einer kommunalen Situation, in der Meinungsbildung auf intellektueller Ebene, nicht nur an der Spitze des Staates, möglich und erforderlich wurde.

Für die moderne Großgesellschaft ist neben der kommunalen Distanz zum Nächsten auch der Abstand zur jüngsten Vergangenheit charakteristisch. Der einzelne identifiziert sich nicht mehr mit dem Handeln der Vorväter; es ist hierfür die weitgehende Auflösung der Kommunalisierung und folglich der Tradition ebenso wie das rapide Tempo des gesamten Strukturwandels verantwortlich. So liegt auch in der zeitlichen Dimension ein Ansatz zu kritischer Analyse. Es liegt darin auch eine Gefahr, da der einzelne ein Kind seiner Zeit ist, trotz der gewachsenen Meinungsfreiheit gebunden und geprägt von den (anonymen) Strömungen der Gegenwart. Man urteilt nach den Maßstäben der Gegenwart. So mischt sich berechtigte Kritik mit intoleranter Ablehnung und dem Unvermögen, inzwischen überholte Zeiterscheinungen sachlich nach ihrer Entstehung und Funktion in der Zeit zu beurteilen. Ich beziehe dies auf die eindeutige Verurteilung des klassischen Kolonialismus in unseren Tagen.

Viele Intellektuelle sehen im Wandel der Politik gegenüber den ehemaligen Kolonien und heutigen Entwicklungsländern eine Folge moralischer Besserung. Sie vermögen den Wechsel in den Beziehungen nicht als sachlich zwingend anzusehen – auf Grund der veränderten politisch-gesellschaftlichen Gesamtsituation auf der Erde. Aus den eben diskutierten Gründen lehnt man den klassischen Kolonialismus nicht allein als überholt, sondern als mit der Menschenwürde unvereinbar ab und übersieht dabei, daß mit der stetig fortschreitenden Differenzierung der Gesellschaftsstrukturen der Kolonialismus als Verhaltenskonzept erhalten geblieben ist. Ich nenne als Beispiel das Verhältnis zu den Gastarbeitern.

Die heute einhellige Kritik in der freien Meinungsbildung muß sich deshalb weit mehr der Gegenwart zuwenden und gegen die sogenannten »*kolonialen Methoden*« richten: einer Grundhaltung und deren praktischen Auswirkungen, die nicht mehr zeitgemäß sind. Ich will damit sagen: Die weltweite Abhängigkeit der Völker voneinander hat einen Grad erreicht, die übernationale Bindung ist in ein Stadium getreten, in der *das Schicksal keiner der großen und kleinen Volksgruppen der Erde losgelöst vom eigenen Gedeihen und Verderben auf lange Sicht betrachtet werden kann.* Natürlich gibt es Völker, deren Vernichtung in der Gegenwart keine schädigende Auswirkung auf unseren eigenen Vorteil hätte. Bei der Schonung ihnen gegenüber wirkt sich die Allgemeingültigkeit jener Verhaltensnormen und Wertbegriffe aus, die – als Charta der Vereinten Nationen etwa – aus Sachzwang in den Beziehungen einer bestimmten Anzahl von Völkern untereinander in der eingangs beschriebenen Weise entstanden sind. Die friedliche Haltung darf sich heute nicht mehr in der Verurteilung des Völkermords und Einmischungen in die territoriale Integrität erschöpfen. Es geht ebenso um *Solidarität gegenüber fremden Menschen, Toleranz gegenüber fremder Kultur und Lebensweise, um die Erhaltung einer gesunden Umwelt auch in entfernten Ländern;* also um die Erhaltung der Lebensqualitäten anderer Volkseinheiten und damit auch unserer eigenen, wenn man die Welt als einzige Populationsebene betrachtet. Ich bringe ein Beispiel dafür, wie in der Gegenwart und mehr noch in der nahen Zukunft gegen dieses Prinzip verstoßen wird: Moderne Industrieunternehmen gehen zunehmend dazu über, umweltfeindliche Produktions-Anlagen in Entwicklungsländer zu verlegen. Unterstützung wird dabei vom eigenen Staat und vom Entwicklungsland gewährt. Denn diese Investition bringt zunächst Vorteile für beide Seiten. Die Gefahr der über kurz oder lang zwingend auftretenden Umweltschäden wird in den Entwicklungsländern noch nicht erkannt oder ernst genommen; wie sollte es anders sein, da bei uns erst vor kurzem die Alarmzeichen anschlugen. Ich betrachte dieses Vorgehen als »koloniale Methode«, deren Fragwürdigkeit uns in einem Industriestaat Lebenden bereits bewußt sein müßte. Auf lange Sicht schadet eine solche Handhabung der Probleme allerdings nicht allein dem Land, das zunächst bereitwillig die Arme für jede Art von Industrialisierung geöffnet hat. Betont sei hier, daß wirtschaftliches Wachstum eine objektive Notwendigkeit für unterentwickelte Länder ist. Was ich hier anspreche, sind umweltfeindliche Produktionsmethoden und solche Betriebe, die nur dann wirtschaftlich arbeiten, wenn die erforderlichen Rohstoffe im Raubbau gewonnen werden – etwa für die Holzindustrie in den feuchten Tropenländern. Auf lange Sicht gesehen schaden sich die Industrieländer selbst mit dieser Politik. Die Erde wurde spätestens in der Zeit der ersten Raumflüge als ein einziger Lebensraum, als Gesamtsystem erkannt, in dem Schäden an einer Stelle zu Störungen überre-

gionalen Ausmaßes führen können. Solche Einsichten jedoch ins Staatsverhalten und ins Bewußtsein der breiten Öffentlichkeit zu bringen braucht viel Zeit. Ich habe an früherer Stelle bereits die Reaktionsverzögerung der Gesellschaft auf Konstellationsänderungen erwähnt. Je komplexer und anonymer die Verbände wurden, desto langsamer erfolgt die Angleichung der Verhaltensnormen an die veränderte Gesamtlage. Und hier hat die Bewußtseinsbildung, von der ich vorher sprach, die freie Meinungsbildung und Kritik am Gesellschaftsverhalten in der Gegenwart ihre wichtigste Funktion: in der Beschleunigung des Angleichungsprozesses, in der Abschaffung von Praktiken und Grundhaltungen, die nicht mehr zeitgemäß sind. Die Bedeutung dieser Aufgabe nimmt proportional zur Geschwindigkeit der Veränderungen im Gesellschaftssystem zu. Am Beispiel Neuguinea will ich im folgenden zeigen, wie koloniale Methoden auch einem Land an der Schwelle zur politischen Selbständigkeit gegenüber heute noch praktiziert werden.
Der von mir bereiste Ostteil Neuguineas trägt heute den Namen *Papua New Guinea*. Es gilt als eines der rückständigsten Entwicklungsländer. Im Dezember 1973 verlieh die bisherige Schutzmacht Australien dem Territorium die Autonomie. Bald wird auch die vollständige politische Selbständigkeit folgen. Der nördliche Teil dieses Gebietes hat unter dem Namen Kaiser-Wilhelms-Land bis zum Ersten Weltkrieg zum deutschen Kolonialreich gehört und wurde anschließend von Australien als Treuhandgebiet verwaltet. Der südliche Teil war zunächst britische Kolonie und ging 1906 ebenfalls an Australien über.
Die Kolonialgeschichte des Landes war von Anfang an von großen materiellen und personellen Opfern gekennzeichnet, die die Schutzmächte zu bringen hatten. Die Haltung der Papuas und Melanesier war besonders in der Zeit der ersten Kontakte häufig sehr feindlich. Das Verhalten der Beamten und privaten Pflanzer, Händler und Prospektoren war im Vergleich zu anderen Kolonien gemäßigt: abgesehen von den üblichen Strafexpeditionen und Willkürhandlungen einzelner kam es zu keinen größeren blutigen Zusammenstößen. Es war ein Glück für die Bevölkerung, daß in beiden Teilen des Landes sehr befähigte Gouverneure für eine behutsame Erschließung sorgten und Übergriffe gegen Leben und Eigentum der Eingeborenen weitgehend unter Kontrolle hielten.
Neuguinea als Kolonie war für seine Schutzmächte keine so reiche Quelle wirtschaftlichen Gewinns wie etwa das benachbarte Südostasien, sondern diente mehr der Ausweitung des territorialen Machtbereichs und der Sicherung einer strategischen Position gegenüber den übrigen Weltmächten. Daneben war es ein Betätigungsfeld für christliche Mission, Forschung und Gesundheitsfürsorge. Auch in diesen Aktivitäten spiegelt sich die territoriale Behauptung gegenüber anderen, spielt die Ausbreitung nationaler Kultur eine große Rolle. Nicht allein die Missionare betrachteten es als Sendung, in das unwirtliche und gefahrvolle Land aufzubrechen; dies galt auch für die Re-

gierungsbeamten, die aus der hohen Einschätzung des eigenen Gesellschaftssystems handelten, die Papuas zu besseren und zu glücklicheren Menschen machen wollten und ihr Heimatland dazu für das befähigtste hielten. Es war also kein nacktes Machtbedürfnis und auch keine einseitige Ausbeutung, der die Kolonialpolitik unterstellt war. Vielmehr urteilt jedes Land aus einer von biologischen und traditionellen Gesellschaftsfaktoren geprägten Sicht und glaubt deshalb richtig zu handeln und so handeln zu müssen, aus Verantwortung der Heimat und den Schutzbefohlenen gegenüber, die in den nationalen Bereich hereingezogen werden.

Man darf in diesem Zusammenhang die Unausweichlichkeit dieser Entwicklung in den früher von Hochkulturen unberührten Gebieten nicht übersehen. Alle sogenannten Primitivvölker mußten eines Tages mit der übrigen Welt in Berührung kommen, auch wenn sie bisher auf der Stufe der voll kommunalisierten Horde ihr von der Außenwelt unabhängiges Dasein behauptet hatten. Wäre nicht mit dem übermäßigen Wachstum und der Differenzierung von Kommunaleinheiten auch der äußere Friede geschaffen worden, dann hätten alle diese ursprünglichen Gruppen keine Überlebenschance gehabt; sie wären nach der Kontaktaufnahme in immer unwirtlicheres Gebiet abgedrängt oder in ihrem Territorium mit der Zeit ausgelöscht worden. Erst die zunehmend zu internationalen Normen des Gesellschaftsverhaltens gewordenen Praktiken des Kolonialismus und des äußeren Friedens generell haben eine solche Entwicklung dort vermieden, wo – wie in Neuguinea – in der Anfangszeit keine stärkere Konkurrenz zu den Weißen bestanden hat.

Die klassische Kolonialzeit schuf ein Zwischenstadium, in dem sich die Bevölkerung allmählich an die übrige Welt anzugleichen vermochte und ihrerseits die Verhaltensmuster der weißen Herren annahm. Dies hat zunächst keineswegs in der Absicht der Kolonialmacht gelegen. Doch je weniger eine Kolonie materiellen Gewinn abwarf und je mehr sie ihre machtpolitische Bedeutung verlor, um so mehr wurde sie als Belastung empfunden. Dazu kam die sich ändernde Einstellung der Gesellschaft zum Kolonialismus alten Stils. Um so zielstrebiger wurde nun die Förderung der politischen Mündigkeit vorangetrieben. Am deutlichsten läßt sich diese Entwicklung in den Ländern verfolgen, die im Verhältnis zu anderen sehr unterentwickelte Kolonien darstellten, z. B. auch in Neuguinea. In der Spätzeit übten die inzwischen emanzipierten ehemaligen Kolonien in Afrika und anderswo einen zunehmenden Druck auf die verbliebenen Kolonialmächte aus – im Falle Neuguineas auf Australien über den Weg der Vereinten Nationen –, das Land endlich »freizugeben«.

Es bestand also keine Alternative zur Angleichung an unsere moderne Welt; weder wir noch die Papuas selbst wollen, daß Museen für Menschen in der Wildnis entstehen, in denen die alten Kulturtraditionen künstlich am Leben erhalten werden.

Es gibt immer wieder Stimmen, die fordern, man solle doch wenigstens die

Stämme, die erst in der Gegenwart in entlegenen Gebieten entdeckt worden sind, »sich selbst überlassen«. Sie verkennen jedoch die Lage vollkommen! Der Prozeß der Angleichung an die zivilisierte Welt europäischer Prägung erfolgt heute mit derart hoher Geschwindigkeit, daß eine gänzlich andere Situation als zur klassischen Kolonialzeit gegeben ist. Die noch verbliebenen ursprünglichen Restgruppen brauchen vom Zeitpunkt ihrer Entdeckung an eine Periode behutsamst geführter Anpassung, und sie müssen zugleich insbesondere *gegenüber ihren bereits zivilisierten Landsleuten* abgeschirmt werden, damit sie nicht an dem harten kulturellen, sozialen und ökonomischen Zusammenprall und dem territorialen Druck ihrer Nachbarn zerbrechen. Ich habe in meinem kürzlich erschienenen Buch über Umwelt- und Kulturschutz in Neuguinea ein Modell zur Erhaltung und Angleichung solcher rückständiger, schwacher Gruppen in der Gegenwart entwickelt und beschränke mich hier darauf, das Problem zu streifen. Solche Restgruppen, die dringend unseres gezielten Schutzes und der Angleichung an ihre fortgeschrittenen Nachbarn bedürfen, gibt es an noch vielen Stellen der Erde. Bedauerlicherweise hat sich im öffentlichen Bewußtsein der Hochkulturen bisher weder die Einsicht von der Dringlichkeit solcher Maßnahmen noch ein realistisches Verhaltenskonzept durchgesetzt. So ist auch die Methode abzulehnen, wie gegenwärtig in Nordwest-Australien ein Stamm nomadisierender Ur-Australier zivilisiert wird: man lockt die Menschen mit Zucker und anderen Geschenken aus ihrem weiten, schwer kontrollierbaren Lebensraum, macht sie an einem Ort ansässig und entzieht ihnen dadurch das angestammte Territorium und die ökologisch angepaßte Lebensweise.
Angleichung an die sich ständig weiter verdichtende, weltumspannende Verflechtung großer und kleiner Volkseinheiten darf nicht gleichgesetzt werden mit der Aufgabe jeder Eigenständigkeit und darf auch nicht in der Form geschehen, daß den Menschen europäische Anschauungen, Gewohnheiten und Güter *aufgedrängt* werden. Hier sehe ich einen der gegenwärtig auch in Neuguinea noch praktizierten Schwerpunkte kolonialer Methoden. *Das Eigenständige muß soweit erhalten bleiben, als es im Zusammenleben mit anderen Volksgruppen möglich ist. Nur wenige Menschen haben sich bisher Gedanken gemacht, wo die Grenze dafür liegt.* Lokale Eigenständigkeit in der Kultur bis zu einem Grad, der eine Isolierung gegenüber den anderen ausschließt, fördert nicht nur die sinnvolle nationale Identität, sondern bringt auch eine Bereicherung des übernationalen Kulturinventars.

Entsprechend dem biologischen Modell gehe ich davon aus, daß fehlende oder teilweise Kommunalisierung in den Beziehungen zwischen Menschen bei Begegnung zu bipolarem agonistischem Verhalten – Angriff oder Ausweichen – führt. Diese Art der Bindung kann durch überindividuelle Bindungen oder konventionelle Regelung der Beziehungen nicht qualitativ ersetzt werden. Freigesetzte Fremdreaktionen werden dadurch zu einem Teil lediglich verdrängt oder umgeschichtet. Ich habe bei der Diskussion des Phänomens der Brutalität in der Gesellschaft auf die möglichen Folgen hingewiesen. In den Kontakten zu Kolonial- und Entwicklungsländern findet man im allgemeinen keinerlei Kommunalisierung. Es ist deshalb verständlich, daß Aggressionen, wenn auch nicht in Form agonistischer Verdrängung oder Vernichtung, eine wesentliche Rolle im Kolonialismus spielen: materielle und geistige Ausbeutung sowie Unterdrückung der Konkurrenzfähigkeit sind als häufigste Erscheinungen des Kolonialismus am heftigsten kritisiert worden. Weit weniger beachtet wurden die feineren Modifikationen der bipolaren Aggression in Form der Intoleranz gegenüber dem Fremdartigen. Sie äußert sich in der Überbewertung der eigenen dominanten Kultur und der Abwertung des Andersartigen. Sie zeigt sich auch in humanitärer Bemitleidung und wissenschaftlicher Arroganz. Diese Zusammenhänge erklären auch, daß die Erhaltung kultureller Eigenständigkeit gegenüber der uniformierenden europäisch geprägten Weltkultur von heute so wenig erfolgreich ist und in der Durchführung auf so viele Probleme stößt. Immer spielt dabei die Einseitigkeit des Denkens und Handelns mit eine Rolle, wie sie die kulturelle und rassische Eigenart sowie der Vorteil der dominanten Macht bestimmen.

Die Intoleranz gegenüber den »Primitivvölkern« bezog und bezieht sich auf die Lebensgewohnheiten ebenso wie auf religiöse Vorstellungen und das Wirtschaftssystem. Erst in jüngster Zeit kam es zu einer Aufwertung des Primitiven als des Echten und Ursprünglichen. Diese Entwicklung folgte jedoch nicht einer Änderung des Bewertungsprinzips als vielmehr einem wachsenden Bedürfnis nach derartigen Werten in unserer Kultur und hat dann zu deren Entdeckung bei den Primitivvölkern, in der Bauernkultur Europas und bei vorgeschichtlichen Völkern geführt. Nur über diesen Umweg setzte sich allmählich eine objektivere Beurteilung und teilweise sogar eine Überbewertung der Primitivvölker durch. Die diskutierte freie Meinungsbildung aus der kommunalen Distanz heraus, die also nicht so stark aus der »Sicht des dominanten Volkes« urteilt, hat zu einer wirklichkeitsnäheren Einstellung und zu größerem Verständnis gegenüber fremdartigen Volksgruppen bisher nur wenig beigetragen. Zwar mehren sich sachbezogene Analysen insbesondere in den hochtechnisierten Ländern, die nun etwa in der traditionellen Selbstbeschränkung bei der Nutzung der natürlichen Umwelt, wie sie die Papuas pflegten, bewundernswerte und nachahmenswerte Eigenschaften erkennen. Doch sehe ich auch hierin weniger eine Folge gewichener Intoleranz als vielmehr den Verlust solcher Selbstbeschränkung bei uns, wo die überkommenen Kulturbereiche in Auflösung begriffen sind.

Von einer sachgerechten Betrachtung der Papuakulturen war in der Kolonialzeit und ist bis heute in der Praxis des Alltagslebens im Busch kaum etwas zu spüren. In den ersten abenteuerlichen Berichten aus dem vergangenen

Jahrhundert bis etwa zum Ersten Weltkrieg wurden die Papuas als Wilde, Kannibalen, als kriegerische Menschen ohne ästhetisches Empfinden und Intelligenz hingestellt. Sie galten mehr als Kuriosa denn als echte Menschen. Wer heute in Neuguinea reist, wird bei Weißen immer wieder auf entsprechende abfällige Äußerungen über die »Kanaken« stoßen. Auch bei vielen australischen Regierungsbeamten gilt die traditionelle Kultur der Papuas kaum etwas – was sich oft in schwerwiegenden Fehlern bei der praktischen Verwaltungsarbeit in den Dörfern auswirkt.
VICEDOM schreibt in seinem Werk über die Mbowamb: »Die größte Wandlung im Leben der Eingeborenen, die alle hergebrachten Sitten und ihre Rechtsauffassung auflöst, schafft die europäische Regierung, die sich bis jetzt in Neuguinea nicht bemühte, nach den Grundsätzen des Eingeborenenrechts zu urteilen, sondern nach dem fremden europäischen Recht. Angefangen damit, daß dem Volk die Rechtsprechung aus der Hand genommen wird bis herunter zu den einfachen Vergehen, z.B. eines Ehebruchs, wird das Eingeborenenrecht mißhandelt. Die Eingeborenen werden eigentlich dadurch rechtlos gemacht. Ich habe gerade am Hagenberg mitgemacht, wie ein Regierungsbeamter die europäischen Rechtsbegriffe einführen mußte, dazu war es ein Beamter, der den Eingeborenen sehr wohlgesinnt war. Dabei habe ich das Ringen der Eingeborenen um ihr eigenes Recht gesehen und auch die Verständnislosigkeit, mit der sie dem europäischen Recht gegenüberstanden. Nur dadurch, daß sie die Gewehre der Polizei fürchteten, wurden schwere Zusammenstöße vermieden.«
Einige weitere Beispiele: Der traditionelle, äußerst zweckmäßige Hausbau der Papuas im Bosavigebiet und an der Südküste wird unter Zwang durch unhygienische, teure und häßliche Bauwerke europäischer Vorstellung abgelöst. Die Methoden des Feldanbaus, die fein auf die ökologischen Besonderheiten abgestimmten Techniken der Bestellung, werden ohne nähere Prüfung abgeschafft und durch wesentlich weniger geeignete ersetzt. Die kommunale Struktur kleiner Gruppen wie etwa der Bosavi-Papuas wird rigoros zerrissen, indem man die Einrichtung der Hordenhäuser abschafft. Wirklich schockierend ist schließlich die bis in allerjüngste Zeit betriebene aktive Zerstörung traditioneller Kultobjekte in Neuguinea – unersetzliche Werte nicht nur unter künstlerischen und materiellen Gesichtspunkten, sondern als Objekte des Prestiges für das junge Land Papua New Guinea, das in der Zukunft und schon heute seine eigene Identität suchen muß, um einen entsprechenden Platz unter anderen Völkern zu finden. Kultschnitzereien wurden als Hindernisse bei der Beseitigung alter magischer Praktiken von Regierungsbeamten verbrannt, man ließ sie in die Flüsse und ins Meer werfen, vergraben und in Stücke schlagen. Nur ein Bruchteil blieb erhalten und ist heute stolzer Besitz von Sammlungen in Australien und Übersee. Im Lande selbst blieb kaum etwas.
Sehr kulturfeindlich betätigten sich auch einige der 50 in Neuguinea arbei-

tenden Missionsgesellschaften. Mission ist ihrer Aufgabenstellung entsprechend nicht tolerant. Die animistische, stark von magischen Vorstellungen bestimmte Religion der Papuas war mit dem Kontakt zur Außenwelt zum Aussterben verurteilt. Da sie alle Lebensbereiche durchsetzte, hatte dies weitreichende Folgen für die Gesamtheit der Kultur. Es handelte sich also bei der Missionstätigkeit um die Beschleunigung des Kulturwandels. Der Missionar VICEDOM bemerkt zu diesem Thema: »... Da die Missionare Europäer sind, haben sie natürlich an dem Auflösungsprozeß mit Schuld. Ihnen aber allein die Schuld zuschieben zu wollen heißt sich einen Sündenbock suchen, auf dem man die eigenen Vergehen abladen und der Öffentlichkeit preisgeben kann. Sicher haben die Missionen, speziell die englischen, in puritanischem Übereifer viel gute Sitte und Volkstum unter den Eingeborenen zerstört und zugrunde gehen lassen. Die Schäden aber, die sie anrichteten, stehen in keinem Vergleich zu denen, welche die Vertreter der Kolonisation anrichteten, die die Eingeborenen nur als Ausbeuterobjekte behandelten. Man läßt nicht Eingeborene dadurch unberührt, daß man keine Missionen in ihr Land läßt, sondern dadurch, daß man sie überhaupt allein läßt.
Wie man ... sehen wird, gibt es bei den Eingeborenen kein profanes Gebiet des Lebens, sondern alles Handeln ist mit Religion verwoben. Jeder Einbruch in das Leben aber ruft so eo ipso eine Reaktion im religiösen Denken der Eingeborenen hervor, ganz gleich, ob diese negativ oder positiv ist. Schon die bloße Anwesenheit der Europäer bringt in dem Leben der Eingeborenen eine solche Wandlung hervor, daß ihre Religion dabei zugrunde geht. Wie Studien von GROVES z. B. feststellen, waren es in Neuguinea nicht die Missionen, sondern die Kolonisatoren, die den Eingeborenen den Lebensmut nahmen.«
Ein Systemersatz war also unvermeidbar. Die großen christlichen Missionsgesellschaften haben in Neuguinea über ihre apostolische Aufgabe hinaus bei der Schulerziehung, Berufsausbildung und sanitären Betreuung der Bevölkerung mitgearbeitet. Eine wichtige soziale Aufgabe in der Gegenwart für sie sehe ich in der Betreuung des wachsenden Proletariats in den neuen städtischen Zentren. *Darüber hinaus sollten gerade die Missionen an der Erhaltung jener Lebensqualitäten mitwirken, die in den Entwicklungsländern heute so gering geachtet werden: ich meine die Erhaltung der natürlichen Umwelt und vor allem jener kulturellen und natürlichen Werte, deren Schutz gegenwärtig keine als zwingend erachtete Notwendigkeit darstellt.*
Für diese große Aufgabe sind jedoch nicht alle berufen; insbesondere einige kleinere Sekten wirken weiterhin aktiv zerstörend. Ich nenne als Beispiel eine Mission, die Papuas erpreßt, indem sie ihnen erst dann eine Dorfschule in Aussicht stellt, wenn die alten heidnischen Schnitzwerke zusammengetragen und verbrannt worden sind. Aus ihrem Fanatismus heraus haben einige derartiger Sekten auch die Arbeit von Völkerkundlern behindert, da diese »heidnische Bräuche« studieren wollten. Da die Kultur der Papuas schriftlos

ist und die mündliche Überlieferung jetzt abzureißen droht, ist aber solche Dokumentation gerade heute äußerst wertvoll. Denn für das junge Land ist sie gleichbedeutend mit seiner Geschichte, und jedes Volk braucht eine geschichtliche Dimension für seine Identität.

Die Papuas sind zunehmend stolz auf ihre eigene Vergangenheit. Sie können es erst jetzt sein, da sie den Vergleich zu anderen haben. Sie können es erst jetzt werden, da sie sich zunehmend zu befreien vermögen vom Einwirken unserer weißen Kultur, in der sie selbst etwas weit Überlegenes sahen, dem das eigene geopfert wurde – zu leichtfertig geopfert, da wir unsererseits nichts taten, um diese Entwicklung zu mäßigen und im Gegenteil aktiv an der Vernichtung Anteil nahmen. Wenn heute junge Papuapolitiker die Praxis der ehemaligen Kolonialherren kritisieren, so ist auch ihre Haltung nicht objektiv. Denn ihre Kritik darf sich nur auf die vermeidbare Zerstörung und den Zwang im Kulturwandel beziehen sowie auf die Abwertung ihrer Landsleute und ihrer Kultur und auf unterlassene Dokumentation. Auch sie, die Papuas, wollten und wollen die Angleichung, kritisieren im gleichen Zusammenhang die Vernachlässigung in der Erschließung, die zu geringe materielle Hilfestellung bei der Modernisierung des Landes. Und was noch schwerer wiegt: *Sie selbst werden zu Kolonisatoren,* zwingen heute schwache, erst wenig zivilisierte Gruppen zur Anpassung nach dem kolonialen Muster, betrachten ihre rückständigen Landsleute als Belastung ohne Nutzen, ja sie entziehen ihnen sogar hilfreiche Einrichtungen wieder, die sie von den Australiern erhalten haben, z.B. Sanitätsposten. Die kolonialen Methoden werden fortleben, wenn die weißen Kolonialherren das Land längst verlassen haben. Denn sie sind an keine Kultur und keine Rasse gebunden.

Weiterwirken werden auch die kolonialen Methoden von außen her, wenn Papua New Guinea seine politische Unabhängigkeit feierlich verkündet haben wird. Ausländische Holzkonzerne und Bergbaugesellschaften z.B. betreiben eine Ausbeutungspolitik, die schweren Raubbau an den Naturgütern der Insel bedeutet. Die zwingend auftretenden Schäden wie Verödung der ehemaligen Waldflächen, Vergiftung von riesigen Gewässersystemen und Verdrängung von wertvollen Wildbeständen können nicht den Papuas, denen die Erfahrungswerte fehlen, sondern allein uns erkennbar sein. Durch ausländische Investitionen und andere Formen der Entwicklungshilfe soll zwar in den ehemaligen Kolonien die Wirtschaft des Landes aufgebaut und gestärkt werden, doch ist auch in diesen Aktionen der eigene Vorteil bestimmend. Man befreit sich dadurch von den zum Teil noch aus der klassischen Kolonialzeit stammenden Verpflichtungen zu wirtschaftlicher Hilfe und sichert sich auch weiterhin in den ehemaligen eigenen Kolonien und in anderen Ländern, wo man neu Fuß fassen kann, einen wirtschaftlichen, machtpolitischen und ideologischen Einflußbereich.

Koloniales Denken und Handeln bestimmt auch einen Bereich, in dem man es weniger erwartet: die Wissenschaft (Bild 36, S. 212). Wenn ausländische

Bild 37: Gemeinsames Nachtmahl in einem bhutanesischen Gutshaus (Foto Armin Haab, 1957).

Bild 38: Kretischer Bergbauer mit Frau und Kind. In seinen Zügen lassen sich große Selbstsicherheit und das Selbstverständnis der traditionellen Umwelt erkennen (Foto Verfasser, 1961).

Bild 39: Traditionsgebundene Ausdrucksform religiöser Gläubigkeit: Beim Marienfest von Copacabana in Bolivien haben sich Geladene auf der Kirchentreppe versammelt. Sie bewundern das Feuerwerk der Spenderin des Festes (Foto E. Schulthess).

Bild 40: Straßenszene in Tokio: anonyme Begegnungen mit typisierten Gesichtern (Foto SZ Bildarchiv).

Anthropologen, Soziologen und Völkerkundler heute in Neuguinea Feldforschungen betreiben, so haben die Papuas selbst meist viel zu geringen Anteil daran. Die eben angesprochene Bedeutung völkerkundlicher Dokumentation der Kulturvielfalt in Neuguinea wird nur selten direkt in die Forschungsmotive einbezogen. Ziel der Feldarbeit blieb bis heute in der Regel die Fortentwicklung wissenschaftlicher Erkenntnis, ohne Bewußtsein der Verpflichtung, *sie für die einheimischen Menschen nutzbringend zugänglich zu machen.* Diese Verpflichtung müßte sich in mehrfacher Weise äußern: 1. In der Heranbildung befähigten wissenschaftlichen Nachwuchses im Lande selbst; in der neugegründeten Universität in Papua New Guinea wird dieser Weg nun beschritten; 2. in der Weitergabe völkerkundlicher und sozialer Forschungsergebnisse an die Praktiker in Verwaltung und sozialer Fürsorge; dies muß in Form problembezogener Sonderveröffentlichungen aus dem Gesamtergebnis der Feldforschung geschehen; 3. in der gezielten Hebung des Selbstbewußtseins der Kulturträger im Gelände durch den Forscher, indem dieser den Leuten in den Dörfern den hohen Wert ihrer Kulturmuster aufzeigt. Wie leicht durchführbar diese Aufgabe ist, habe ich selbst im Golfgebiet erlebt, wo auf Grund unserer Forschungen eine Renaissance-Bewegung in bereits nahezu aufgegebenen Kultbräuchen und im traditionellen Hausbau eingesetzt hat. Die aus dem Kontakt mit der weißen dominanten Kultur sich zwangsläufig ergebende Unterbewertung der eigenen lokalen Kulturtradition – was sich in der fatalen Aufgabe wertvollen Erbes äußert – ist nicht auf Neuguinea und vergleichbar unterentwickelte Länder beschränkt. Man kann dasselbe Phänomen auch bei uns beobachten, wo etwa die alte Bauernkultur von ihren Trägern im Austausch gegen die moderne Stadtkultur aufgegeben wird. 4. Daraus ergibt sich zwangsläufig die Verpflichtung des Wissenschaftlers, der oft als einziger einerseits den Wert, andererseits die Bedrohung von materiellen und geistigen Kulturgütern kennt, sich aktiv für deren Erhaltung einzusetzen. Wie erschreckend gering die Bereitschaft zu solchem Handeln unter den Wissenschaftlern ist und wie wenig zur Entwicklung eines geeigneten Instrumentariums zur Erhaltung in der Praxis beigetragen wird, ist nur den wenigsten bewußt.

Es bleibt mir noch eine Sonderentwicklung zu streifen: den *Tourismus.* Auch er ist von kolonialen Methoden geprägt, gilt als einseitig, intolerant, zerstörerisch und ausbeuterisch. Im eigenen Land etwa im Gefälle zwischen Stadt und bäuerlicher Landschaft finden wir diesen Kolonialstil ebenso wie im Gefälle zwischen Industrieländern und Afrika oder neuerdings auch Neuguinea. Doch so negativ diese Klassifizierung klingen mag: Im Tourismus wirkt auch ein sehr positives Element mit; er entwickelt sich selbst zu einer Sonderform des Friedens und wendet sich qualitativ vom Kolonialismus ab. Tourismus lebt von der Erhaltung lokaler Identität, davon werden die Touristen angezogen. Das zunächst noch aktiv zerstörerische Element, dem z. B. die *ursprüngliche Funktion* etwa der Folklore zum Opfer fällt, tritt immer mehr hinter konservierenden Elementen zurück, und zwar auf dem Umweg über wirtschaftlichen Vorteil, *der nun auch den Einheimischen,* nicht primär den entfernt lokalisierten Touristikunternehmen zugute kommt. Dadurch werden landschaftliche Schönheiten, Tierarten, bodenständige Bräuche, Häuser und anderes Kulturinventar erhalten, das sonst unweigerlich verloren wäre. So ist der Tourismus zu einem bedeutenden Instrument der Naturschützer und Kulturerhalter geworden.

ELFTES KAPITEL

Die solitäre Gesellschaft
Endstufe oder Neubeginn?

Hersteller von Körper-Deodorants liegen trotz harter Konkurrenz gut im Geschäft. Und um die Zukunft ihres Absatzmarktes brauchen sie sich keine Sorgen zu machen, denn – sie profitieren vom menschlichen Bedürfnis nach Frieden. Ich knüpfe mit dieser überraschend klingenden Behauptung an die Erörterungen im ersten Teil dieses Buches an. Der heute so allgemein verbreitete Gebrauch von Deodorants und Parfums in der Großgesellschaft ist meiner Ansicht nach eine Reaktion auf die Lockerung der Individualbindungen und fördert das friedliche Zusammenleben auf engem Raum. In der überfüllten Straßenbahn, so habe ich im Kapitel über die *Kausalität des Friedens* ausgeführt, ist einem der Körpergeruch der umstehenden Fahrgäste zuwider; man ist ihm unausweichlich ausgesetzt. Derjenige Mitmensch, der keinen Körpergeruch ausströmt oder den artfremden Duft eines Parfums trägt, ist leichter zu ertragen. In diesem Beispiel wird das Empfinden des Geruchsempfängers betrachtet, der Geruchsträger bleibt unberücksichtigt. Eine andere Konstellation ergibt sich, wenn nähere Kontakte zwischen Personen aufgenommen werden, etwa bei einem geschäftlichen Antrittsbesuch. Hier könnte es nachteilige Auswirkungen auf einen selbst haben, wenn der Geschäftspartner einen schlechten persönlichen Eindruck bekäme. Man deckt deshalb im Rahmen der üblichen Körperpflege die eigenen Individualgerüche besonders in der Achselregion ab. Ich spreche hier nur von der individuellen Geruchskomponente. Sehr wahrscheinlich haben Geruchsstoffe des Achselschweißes auch anonyme Funktionen: so signalisieren sie wohl den Erregungszustand, möglicherweise sogar eine Streßbelastung der Person. In der Verhaltensforschung wird die Geruchsabdeckung und allgemeine Tabuierung sogar von Gesprächen über Körpergerüche gewöhnlich damit zu erklären versucht, daß die geruchliche Verständigung in der menschlichen Evolution ein altertümliches und weitgehend überholtes Merkmal sei und deswegen verdrängt werde. Ich möchte aber noch einige Schritte weitergehen und die Tabuierung der Geruchsverständigung mit ganz bestimmten Veränderungen in der Gesellschaft in Zusammenhang setzen.

Ersatz biologischer Individualsignale durch anonyme Merkmale

Die Ursachen der Lockerung individueller Bindungen in unserer Großgesellschaft habe ich im Kapitel *Das brutale Match* diskutiert. In der ursprünglichen Sozietät erfolgt die Kommunalisierung primär an Individualsignale. Dieselben Merkmale sind aber auch wichtiger Bestandteil des Auslösers für agonistisches Ausweichen oder Angreifen, falls keine vollständige Kommunalisierung daran erfolgt ist. Daraus ergibt sich die höchst wichtige biologische Funktion von Gesichts- und anderen optischen Merkmalen, Eigenheiten in der Stimme und im Körpergeruch und weiteren Eigenschaften, die individuelle Signalfunktion besitzen (vgl. Kapitel *Kausalität des Friedens*). Beim Zusammentreffen einander nicht nahestehender Menschen wird auf diesem Wege, wie ich annehme, die agonistische Fremdreaktion freigesetzt, jedoch von den überindividuell geschaffenen Faktoren unterdrückt – allerdings nicht ohne schädigende psychologische Auswirkungen zu hinterlassen. Ich spreche hier von Verhältnissen, die in der Großgesellschaft nicht überall, jedoch weit verbreitet sind. An dieser Stelle setzt meine These an: Es ist für den einzelnen im Großverband wesentlich zweckmäßiger, beim Zusammenleben auf Gegenseitigkeit – im Beruf, auf der Straße und allgemein im täglichen Zusammentreffen mit anderen – *die eigenen Individualsignale zu reduzieren.* Das beziehe ich nicht allein auf individuelle Komponenten des Körpergeruchs, die entweder durch Deodorants entfernt oder durch Parfums abgedeckt werden. Es betrifft auch optische Signale, und ich nenne als Beispiel das *Make-up*, das die Individualität verringert. Ich gehe noch einen Schritt weiter: Zusätzlich zur Reduzierung von Individualsignalen läßt sich ein *Anbringen von Anonymmerkmalen* feststellen. Beim *Make-up* werden deutlich Körperstellen bevorzugt, die eine natürliche individuelle oder andere soziale Signalfunktion besitzen, z. B. die Augenregion. Auch das Beduften mit artfremdem Parfum, nicht nur im weiblichen Geschlecht, Einheitlichkeit in der Mode, im Benehmen und in der Freizeitbeschäftigung nenne ich in diesem Zusammenhang.

Hier setzen mehrere Einwände an: Auch in der Hordengemeinschaft der Papuas fällt doch Einheitlichkeit in Kleidung, Haartracht und Verhaltensmustern auf. Darauf läßt sich erwidern, daß es sich hier um Traditionen im Gefolge vollständiger Kommunalisierung handelt. Diese Einheitlichkeit ist in ihrer lokalen Ausprägung verbindlich und als Selbstverständnis ohne Alternativen empfunden, aus der engen kommunalen Bindung heraus. Körperliche Individualsignale bleiben auf dieser Gesellschaftsstufe jedoch meist voll erhalten. Man deckt z. B. Gesichtsmerkmale gewöhnlich nur ab, wenn der einzelne aus kultischen Motiven aus seiner natürlichen Individualität heraustritt und eine metaphysische Kategorie oder eine Geisterperson darstellen möchte. Dann legt er durch Bemalung oder durch ein gegenständliches Ersatzgesicht eine Maske an. In der organisierten Großgesellschaft ist jedoch

die ursprüngliche Verbindlichkeit traditioneller Normen nicht mehr gegeben. Der einzelne ist im allgemeinen an den Nächsten so wenig kommunalisiert, daß Einheitlichkeit etwa in der Mode ihren Bezug auf andere, sekundär geschaffene Faktoren der differenzierten Gesellschaft haben muß. Der Trend zur Reduzierung von Individualsignalen, wie man ihn heute im Alltagsleben beobachten kann, fehlt in der Hordengemeinschaft. Ich möchte in diesem Zusammenhang den qualitativen Unterschied zwischen biologischen Individualsignalen und sekundär vom Menschen entwickelten Merkmalen nochmals hervorheben: letztere sind keine Signale im biologischen Sinne und werden im Zentralnervensystem wohl anders verarbeitet als diese. Wenn also ein Mädchen durch kontinuierlichen Gebrauch einer Parfummarke eine spezifische Duftnote an sich über längere Zeit hin schafft, so ist damit kein Individualsignal im biologischen Sinne entstanden. Eine solche Gewohnheit verursacht beim Mitmenschen wohl auch keine instinktiv festgelegten Reaktionen. Es könnte höchstens sekundär eine Angleichung zu einer Signalwirkung hin erfolgt sein.
Ein weiterer Einwand geht dahin, unsere moderne Gesellschaft sei ganz im Gegensatz zu meiner These durch eine betonte Hinwendung zum Individualismus gekennzeichnet. Man ziehe sich doch heute betont auffällig an und stelle alles mögliche an, um aufzufallen. Als Erwiderung weise ich auf das eben Gesagte hin; es sind nicht biologische Individualsignale, die betont herausgestellt werden, sondern die zentralnervös anders verarbeiteten, wohl keine instinktiven Reaktionen freisetzenden Sekundärmerkmale im Gebrauch von Parfum, in Kleidung und Gewohnheiten zur Schaffung eines persönlichen Stils. Im Zusammenleben mit fremden Menschen tun solche geschaffenen Eigenheiten nicht so »weh«, da sie keine Fremdreaktion verursachen wie die biologischen Individualsignale des Auslösers für agonistisches Verhalten. Es kann sich andererseits auch nicht der Grad enger Bindung in Form der Kommunalisierung darauf aufbauen. Genauer betrachtet sind diese Sekundärmerkmale auch gar nicht individueller Natur, sondern anonymer Art. Denn sie schaffen kein Individuum, vielmehr einen Typ. Und in der *Typisierung* sehe ich ein weiteres Element in meiner These von der Verringerung der Individualsignale und wachsenden Anonymisierung im Erscheinungsbild des einzelnen (Bild 40, 41, S. 230, 247); Anonymisierung dabei nicht vom Nächsten aus betrachtet, der die Person wegen der hohen Zahl von Mitmenschen nicht kennt, sondern allein auf die Ausdrucksformen des einzelnen bezogen. Typisierung bedeutet hier also die Präsentierung eines Bildes, das die Person charakterisieren soll, dabei aber nicht auf die biologischen Individualsignale Bezug nimmt, sondern neue schafft, die größtenteils aus der sozialen Umwelt übernommen werden und dabei zwangsläufig Klischees entsprechen. Ich möchte nur kurz anmerken, daß mit der Typisierung im Sinne einer versuchten Individualisierung neuer Art keine etwa mit dem Klassensystem vergleichbare Ordnung geschaffen wird: einer Klasse in der Ge-

sellschaft gehört man als Individuum an, auf Grund persönlicher oder von den Vorfahren übernommener Verdienste und Eigenschaften. Einem Typ im obigen Sinne gehört man jedoch als Mensch an, der seine echte Individualität zurückstellt. In der modernen Gesellschaft stehen viele Alternativen in der Entfaltung persönlicher Freiheit zur Wahl. Doch schließt diese Tatsache das eben Gesagte nicht aus: die Tendenz zur Anonymisierung betrifft den Bereich der Individualsignale. Sie schließt die Ausprägung persönlicher Eigenarten im psychologisch-geistigen Bereich nicht aus, die keine biologische, im Instinktiven verankerte Signalwirkung besitzen. Allerdings ist auch hier eine Uniformierung zu beobachten. Ich möchte schon hier darauf hinweisen, daß der Ausbildung persönlicher Merkmale – biologischer und sekundärer Art – in der Großgesellschaft dort enge Grenzen gesetzt sind, wo der soziale Hemmeffekt der zahlreichen Mitmenschen zur Wirkung kommt.
Man könnte gegen meine Ansicht weiter einwenden, warum denn ein Mädchen auch gegenüber seinem Freund, mit dem es eng verbunden ist, Parfum benutzt und die eigenen Körpergerüche desodoriert. Möglicherweise spielen hierbei mehrere Faktoren zusammen: die generelle Tabuierung geruchlicher Körpersignale beim modernen Menschen, die Tendenz zur Typisierung gegenüber der biologischen Individualität und noch ein weiteres Element. Parfums und andere geschaffene Ausdrucksmittel haben sehr häufig eine sexuell attraktive und stimulierende Wirkung, und es fällt in der modernen Gesellschaft ganz allgemein eine *Überbetonung der anonymen Sexualsignale* auf. In der Kleinsozietät kommt Geschlechtsfaktoren beim Aufbau und in der Einhaltung vollständiger Kommunalisierung eine Verstärkerfunktion zu. In unserer modernen Gesellschaft ist die sexuelle Attraktion selbst mehr und mehr zu einem Mechanismus gesellschaftlichen Zusammenhalts geworden. Hier wird ein dritter Bereich der Steigerung friedlichen Zusammenlebens in der zunehmend weniger kommunalisierten Großgesellschaft deutlich. Neben der Verminderung der biologischen Individualsignale und deren partiellem Ersatz durch geschaffene Merkmale mit deutlicher Tendenz zur Typisierung tritt eine wesentliche Funktionsausweitung der anonymen Sexualattraktion auf den Bereich der gesellschaftlichen Bindung ein.
Der Mensch scheint also – im Rahmen der Großgesellschaft – zu einer Kategorie von Kontakten zurückzukehren, *wie sie für solitäre Arten charakteristisch ist*. Bei diesen gibt es nur wenige und zeitlich befristete individuelle Beziehungen, keine Kommunalisierung, jedoch starke sexuelle und andere anonyme Attraktionen zur Fortpflanzungszeit. Dargestellt ist hier eine Tendenz menschlicher Gesellschaftsentwicklung, der natürlich nicht alle und nicht alle in gleicher Weise folgen. Ich entwerfe auch hier ein Modell. Die Fortpflanzungszeit herrscht beim Menschen als Dauerzustand. Da naturgemäß Sexualsignale hauptsächlich zwischen den Geschlechtern wirken, wird nun die Attraktion zwischen diesen zu einem gegenüber der Kleinsozietät wesentlich veränderten Bestandteil des multilateralen Gruppenzusammen-

halts; anstelle der gegenüber allen im Mittel vollständigen Bindung – gegenüber beiden Geschlechtern direkt – tritt zunehmend eine Bezogenheit der Gesamtbindung auf das weibliche Geschlecht. Dies mag *einer* der Gründe für die erhöhte soziale Stellung der Frau in der Gesellschaft sein. Es kommt ihr eine Art gesellschaftlicher Mittlerfunktion zu. Das Kind, dem offenbar der Auslöser für agonistisches Verhalten fehlt, wird ebenfalls sehr stark in gesellschaftliche Mittlerfunktionen einbezogen, sowohl innerhalb eines Verbandes wie zwischen kommunalen Einheiten. Darauf hat I. EIBL-EIBESFELDT hingewiesen.

»Nachbiologische« Anpassungsprozesse in der Großgesellschaft

Die bisher diskutierten Tendenzen des Signalwandels sind ein wichtiger Faktor des friedlichen Zusammenlebens in der weit differenzierten Gesellschaft. So erstaunlich ist dieser sinnvolle Anpassungsvorgang im Menschen, da er weder bewußt betrieben wird, noch durch biologische Selektion erfolgen kann. Er geht auch nicht nach den von vollständiger Kommunalisierung abhängigen Gesetzmäßigkeiten der Traditionsbildung vor sich. Ich werde im weiteren Verlauf dieses Kapitels noch andere derartige Prozesse darstellen, die ich insgesamt als *»nachbiologische«* Abläufe bezeichnen möchte. Ihrer Kausalität und Funktion nach bauen sie zwar auf biologischen Größen und Vorgängen auf. Jedoch ist die Gesetzmäßigkeit ihrer Entstehung vom Wandel der menschlichen Gesellschaft *weg von der Bindung an Individuen* als der ursprünglichen Art kommunalen Zusammenschlusses bestimmt. Die im Gegensatz dazu von der vorprogrammierten Kommunalisierung primär individueller Art abhängigen echten Traditionen könnte man als *»nebenbiologische«* Erscheinungen bezeichnen. In der Existenz gerade der nachbiologischen Anpassungsprozesse an die überstarke Vermehrung der Menschheit, die zu Vergrößerung der Verbände, deren Aneinanderrücken und Verflechtung geführt hat, liegt für mich ein sehr wichtiger Gesichtspunkt begründet: daß nämlich auch auf einer so weit von der ursprünglichen entfernten Gesellschaftsstufe noch – ohne bewußtes Zutun des Menschen – eigenständige Korrekturmechanismen auftreten, die bisher sinnvolle Ausdrucksformen, wie z. B. die biologischen Individualsignale – auf denen ja ursprünglich die kommunale Bindung und zugleich die territoriale Distanzierung beruhten –, den neuen Gegebenheiten anpassen; allerdings mit der typischen Verzögerung in der Reaktion, die ich bereits mehrfach erwähnt habe. Diese Fähigkeit des Menschen gibt auch Hoffnung für die Zukunft, in der die Differenzierung sicherlich nicht zum Stillstand kommen wird und in der menschliche Existenz zwangsweise ein immer friedlicheres Zusammenleben *aller* Menschen bedeuten muß.

Man darf nun nicht zu dem Eindruck gelangen, daß in der Großgesellschaft das Individuum als Person gänzlich zurückgedrängt wird. Ich habe ja bereits angedeutet, daß gerade hier die kommunale Konstellation eine bisher nicht dagewesene Entfaltung der Persönlichkeit ermöglicht. Von der eben besprochenen Entwicklung ist das individuelle Signalsystem biologischer Art betroffen. Die beschriebenen Anpassungen führen außerdem lediglich zu teilweisem Übergang zur Anonymisierung der Signale; das ist uns allen aus dem Alltagsleben geläufig (s. S. 233f.). Es fällt aber auch auf, daß man auf der Straße den individuellen *Bezug* zurückstellt, so daß es nicht allein die Signale sind, die sich wandeln, sondern auch die Art der Bezugnahme darauf beim Nächsten. Wäre der individuelle Bezug auf Fremde jedoch gänzlich verlorengegangen, dann bliebe unverständlich, wie es zu dem von mir in diesen Zusammengang gestellten Auftreten von Neurosen kommen sollte. Als eine ihrer Ursachen habe ich ja das ständige Zusammentreffen mit Menschen dargestellt, deren Individualsignale Fremdreaktionen freisetzen, ohne daß diese sich äußern könnten. Neben der Veränderung der Signale selbst lassen sich in unserer Gesellschaft eine ganze Reihe von Mechanismen im Kontaktverhalten feststellen, die die verbliebene kommunale Abstoßung zwischen nicht vollständig aneinander Gebundenen beeinflussen. Während in der Horde die kommunale Einbindung in die Sozietät während der Jugendentwicklung erfolgt, kommt es auf der Stufe unserer Gesellschaft auch in allen späteren Lebensabschnitten zur Aufnahme persönlicher Beziehungen, allerdings nur selten zur dauerhaften vollständigen Bindung, sondern viel häufiger zum zeitlich befristeten, mehr oder weniger lockeren Kontakt. Der Zahl nach ist die *Aufnahme* von persönlichen Beziehungen also wesentlich gegenüber früher vermehrt. Entsprechend sind die Mechanismen, die in der Kleinsozietät im Dienste der Aufrechterhaltung einmal eingegangener Bindungen stehen, nun zunehmend Instrumente zur Aufnahme von Kontakten geworden. Hier vollzog sich eine weitere Annäherung an solitäre Arten.

Wandel der Kontaktpflege

Das Grußverhalten ist ein gutes Beispiel dafür, wie durch *Beginn* eines Austausches von Kontaktmustern ein engeres Verhältnis hergestellt werden kann. Hierbei wird nun tatsächlich eine *deutliche Beschwichtigungsfunktion* des Grüßens sichtbar, denn der Grußempfänger ist in diesem Falle ja nicht an den Grüßenden vollständig kommunalisiert und wird es auch bei weiterem Kontakt nur selten werden. Auch das Lächeln besitzt eine sehr bedeutende beschwichtigende Funktion in der Großgesellschaft. Man braucht nur darauf zu achten, wie die Menschen auf der Straße mit verschlossenen Gesichtern aneinander vorbeilaufen, um die Bedeutung solcher Muster für die Überwindung der kommunalen Trennung und die Aufnahme freundlicher Kontakte zu ermessen. Auch zur Beilegung tripolarer Auseinandersetzungen spielen sie eine wichtige Rolle. Sehr schön kann man auf wissenschaftlichen Kongressen die Regeln der persönlichen Kontaktpflege verfolgen. Jeder Teilnehmer, mit dem man einen Handschlag und einige Worte gewechselt hat, ist bei weiteren Begegnungen ebenso wie man selbst bemüht, den aufgenommenen Kontakt zu erhalten, indem man sich wiederum grüßt und Konversation treibt. Versenden von Neujahrskarten, das Mitbringen von Geschenken bei Besuchen und andere Höflichkeitsmuster sind Beispiele dafür, wieviel Wert dem persönlichen Kontakt zu einem ausgewählten Personenkreis in der Großgesellschaft beigemessen wird, wie schwierig dies andererseits zu verwirklichen ist – und wie groß die Gefahr, daß aufgenommene Kontakte wieder abbrechen. Institutionen wie Karneval und Fasching, Tanzveranstaltungen und allgemein der Konsum von Alkohol und Nikotin schaffen Situationen und erhöhen die Bereitschaft, Bekanntschaften anzuknüpfen und die agonistische Fremdreaktion gegenüber Mitmenschen auf Zeit abzubauen. Der hohe Alkohol- und Nikotinkonsum in unserer Zeit stehen wahrscheinlich auch mit den neurotischen Störungen des Zusammenlebens in Zusammenhang; insbesondere das so gefährlich angewachsene Rauchen stelle ich in mögliche ursächliche Beziehung mit der Zunahme zwischenmenschlicher Probleme im Gefolge der Auflösung ursprünglicher Kommunalbindungen. Doch zurück zur Kontaktpflege. Nach der Jugendzeit eingegangene persönliche Kontakte erreichen nur selten die Dauerhaftigkeit und Tiefe vollständiger Kommunalisierung, da sich in späteren Jahren die innere Empfänglichkeit für Bindungen wandelt und die soziale Umwelt in Form von Ablenkungen und Trennungen hinderlich ist. Auch die Bindung zwischen Ehepartnern ist hier angesprochen, denn Mann und Frau lernen sich meist erst nach dem Erwachsenwerden kennen. Bei ihnen vermögen aber Sexualfaktoren über Krisen in der kommunalen Bindung hinwegzuhelfen. Außerdem teilen sie sich in eine gemeinsame Raumeinheit. Mit der eingangs besprochenen Tendenz zur Anonymisierung der Frau in der Gesellschaft durch Überbetonung sexueller Eigenschaften geht zwangsläufig eine erleichterte Austauschbarkeit der Partner einher. Auch im männlichen Geschlecht ist diese Tendenz deutlich. Hier stehen allerdings weniger Sexualfaktoren im Vordergrund als die Arbeitsleistung. So greift die Anonymisierung der Individuen auch in Bereiche ein, wo in der Großgesellschaft enge persönliche Bindungen noch den dauerhaftesten Bestand haben. In der Kleinsozietät war die Familie dem Zusammenhalt der Sozietät untergeordnet. Seither hat sich die Stellung der Familie und Kleingruppe im Gesamtsystem deutlich verschoben, in Abhängigkeit von der Auflösung der früher im allgemeinen vollständigen Kommunalisierung. In unserer Gesellschaft ist die Kommunalisierung, wie mehrfach betont, im Durchschnitt unvollständig; das darf aber nicht so verstanden werden, als könne sie zu keinem Nächsten mehr vollständig aufgebaut werden. Besonders in der Familie kann sie noch diesen Grad erreichen. Es mehren sich jedoch die sozialen Anzeichen dafür, daß selbst hier die individuelle Trennung stark Raum gewinnt. Ich nenne das Generationsproblem, gekennzeichnet durch kommunale Distanz zwischen Eltern und Kindern, wie ich sie im vorigen Kapitel als Ergebnis sehr schneller Wandlungsprozesse der Gesellschaft innerhalb von Jahrzehnten oder sogar in wenigen Jahren dargestellt habe. Zusätzlich zu den diskutierten Faktoren, die selbst Mann und Frau immer häufiger ganz oder teilweise scheiden.

Fortbestehendes Bedürfnis des Menschen nach Individualbindungen

Wie groß das innere Bedürfnis des Menschen ist, multilaterale Individualbindungen einzugehen, wird an einigen Beispielen deutlich. In den USA hat sich das Problem der Nostalgie, also des pathologischen Heimwehs, um so mehr verstärkt, als einzelne aus ihrer gewohnten kommunalen Umwelt der Familie, des Freundeskreises und des privaten Heimatraumes in eine ihnen bisher fremde Arbeitswelt weit weg von zu Hause versetzt worden sind. Wie sehr der Mensch auf solche Bindungen angewiesen ist, wird auch daraus ersichtlich, daß er sich in der Großstadtgesellschaft Ersatzobjekte zur Individualbindung schafft. Die übertriebene Tierliebe unserer Zeit ist nicht allein Ausdruck mangelnden Naturerlebens, sondern auch der Kontaktarmut zu Artgenossen. Ebenso hat der Hang zu Antiquitäten als gesellschaftliche Strömung sicherlich einen ursächlichen Bezug zur Übertragung der Bindung auf artfremde Gegenstände, die aus einer persönlicher orientierten Zeit stammen und auch die Merkmale persönlichen Schaffens tragen. Vielleicht hängt auch die absolute Überbewertung des Alters eines Gegenstandes, seine so betonte Klassifizierung nach Jahrhunderten – die fast mehr als die künstlerische Qualität bedeutet – mit individueller Bindung zusammen: insofern nämlich, als bei den sehr alten Gegenständen die Bezugspunkte zu Personen im Laufe ihrer Geschichte ein größeres Volumen erreicht haben. Andererseits werden in breiten Kreisen Gegenstände gerade der jüngsten Vergangenheit sehr hoch geschätzt, wobei vielleicht der persönliche Bezug durch die Nähe der Vergangenheit, die Details, die einem aus der Zeit bekannt sind, verstärkend wirken. Schließlich möchte ich den Starkult als Zeiterscheinung erwähnen. Vielleicht geht auch seine weite Verbreitung darauf zurück, daß der einzelne zuwenig Gelegenheit zum Aufbau multilateraler Individualbindungen auf Gegenseitigkeit findet.

Es wird bei zukünftigen Untersuchungen über die Funktion der Kommunalisierung in der Gesellschaft wichtig sein, dem *Altersstadium bei der Aufnahme von Bindungen* mehr Aufmerksamkeit zu schenken. Die große Bedeutung engster individueller Kontakte während der Kindheit für die weitere Entwicklung ist bereits genauer untersucht. Mangel an persönlicher Fürsorge durch die Mutter oder eine Ersatzperson führt zum sogenannten »Waisenhauseffekt«, der Kontaktarmut während des späteren Lebens zur Folge hat und auch zu anderen schwerwiegenden Schädigungen an Psyche und Organismus führen kann. Weniger Beachtung hat bisher die Ausbildung von engen Individualbindungen während der späteren Abschnitte der Jugendentwicklung erfahren. Besonders die Schule schafft Konstellationen zur Herausbildung enger persönlicher Bindungen, die im Rahmen der Klasse über mehrere Jahre hinweg bestehen bleiben. Ich nehme an, daß der Mensch während seiner Kindheit und Jugendzeit kommunal eng gebunden sein muß, um im späteren Leben aus der Perspektive dieser Bindung heraus die kommunale Distanz einnehmen zu können, welche u.a. der freien Meinungsbildung zugrunde liegt. Sicherlich wird sich der einzelne auch eher mit dem Staat und anderen nachbiologisch geschaffenen Verbänden in der Gesellschaft identifizieren können, wenn er in der Entwicklungszeit damit vertraut gemacht und zu Verbindlichkeit erzogen worden ist. Im Konzept der Gesamtschule, die gegenwärtig eingeführt wird, ist diese kommunale Voraussetzung nicht mehr im erforderlichen Maße gegeben; es fehlt dort sowohl die Exklusivität der Klassengemeinschaft als auch die Kontinuität multilateraler Bindungen in einer solchen Gemeinschaft. Dies kann schwerwiegende Folgen für die Entwicklung der Persönlichkeit und der Gesellschaft als Einheit bedeuten.

Ersatz des Gruppenterritoriums durch Verbands- und Privatterritorium

Während die *biologische Individualität* in der Kleinsozietät Baustein der kommunalen Struktur war, ist sie in unserer modernen Großgesellschaft eher ein Element der Aufsplitterung. Dies hat drei Gründe, von denen ich die ersten beiden als bereits ausführlich diskutiert kurz fassen kann: *Erstens* stoßen sich die Individuen wegen der im Durchschnitt unzureichenden Kommunalisierung gegenseitig agonistisch ab; die Reduktion der zum Auslöser gehörigen Individualsignale, die verstärkte Ausprägung von Anonymsignalen und der vermehrte Einsatz von Beschwichtigungsmustern vermag dies nicht vollständig zu verhindern. Die biologisch freigesetzten agonistischen Fremdreaktionen werden zwar größtenteils in der neuen gesellschaftlichen Konstellation unterbunden, was sich jedoch wahrscheinlich in der diskutierten schädigenden Form der Neurosen auswirkt. *Zweitens* äußert sich das Individualverhältnis bei ungenügender Kommunalisierung in gehäuftem Auftreten von tripolaren Auseinandersetzungen, von denen die Mehrzahl mit ebenfalls möglichen neurotischen Auswirkungen beigelegt wird, bevor sie zu Ende ausgetragen ist. Und *drittens* divergieren die Interessen des einzelnen deutlich von denen der Allgemeinheit.

Bei der weiteren Diskussion dieser Divergenz – von der bereits im vorigen Kapitel die Rede war – komme ich auf die *Territorialität in der Großgesellschaft zu sprechen*. Ich berühre damit Folgeerscheinungen der gesellschaftlichen Differenzierung, die nicht wie die bereits behandelte Änderung der Signalnatur den Sender betreffen, sondern die innere Veranlagung des Empfängers. In den Kapiteln *Das Gesicht des Friedens* und *Spannungsfeld Population* habe ich geschildert, wie gemeinsame territoriale Behauptung die Attraktion zur eigenen Gemeinschaft und die Identifizierung mit ihren Interessen bewirkt. Gemeinsame Behauptung hängt dabei von vollständiger gegenseitiger Kommunalisierung ab. Ich habe ferner ausgeführt, wie territoriale Behauptung die allgemeine soziale Aktivität des Individuums, z. B. den Pegel seiner Aggressivität, zu beeinflussen vermag. Nur wer allein oder gemeinsam mit anderen ein Territorium behauptet, kann normalerweise aggressiv sein. Die pathologisch bedingten Aggressionen bleiben hierbei unberücksichtigt. Wie nun äußert sich im Großverband der *Zusammenhang zwischen Territorium, dem Individuum und der Gemeinschaft*?

Die ursprüngliche Form des Territoriums beim Menschen und anderen kommunalen Arten ist nach dem biologischen Modell das *Gruppenterritorium*. Auf der Stufe der Hordengemeinschaft ist es noch am deutlichsten ausgebildet, z. B. bei den Kaluli im Bosavigebiet. Bei ihnen hat jedes Individuum innerhalb des Gruppenterritoriums, vor allem im Großen Haus, seinen Privatbereich. Bei den Mbowamb findet man eine deutliche Vergrößerung der Privatsphäre. Sie hat aber ebenso wie der Privatbereich des Kaluli keinen territorialen Charakter und liegt wie dieser innerhalb eines Gruppenterritoriums – dem der Sippe, das in den Grundzügen mit dem des biologischen Modells identisch ist.

Anders in der modernen Großgesellschaft. Hier ist das *Verbandsterritorium* zwar historisch gewachsen, und der einzelne Bürger eines Staates betrachtet sein Land als Heimat. Doch ist es nicht mehr mit dem biologischen Gruppenterritorium identisch, da dieses auf vollständige Kommunalisierung aller Bewohner begründet ist. Das heißt, das Territorium wird nicht mehr gemeinschaftlich behauptet, und es identifiziert sich hier nicht mehr jeder voll mit dem Gemeinwesen. Wie sich die ursprüngliche Gemeinsamkeit in der Territorialität äußert, habe ich im Kapitel *Spannungsfeld Population* dargestellt. An die Stelle des biologischen Gruppenterritoriums ist die konventionelle Abgrenzung des Staatsareals und seiner Unterregionen getreten, die zwar kommunalhistorischen Entwicklungen weitgehend Rechnung trägt, jedoch nicht zwingend von organisch gewachsenen kommunalen Zusammenhängen abhängig ist. Um so auffälliger äußert sich die nachbiologisch begründete, organisiert geschaffene Markierung des Verbandsterritoriums in Gestalt von Nationalitätsabzeichen, Hymne, Uniformen und vielen anderen Merkmalen ohne biologischen Signalcharakter.

Der einzelne Bürger identifiziert sich mit dem Verbandsterritorium bisher nur unvollständig. Er wird von ihm nicht in der Weise physiologisch beeinflußt, wie es das biologische Gruppenterritorium vermag. Es ist eine sekundäre Einrichtung, in deren Rahmen sich der Individualbereich mit der Aufgabe des Gruppenterritoriums zum eigenständigen territorialen Bereich entwickelt hat: dem *Privatterritorium*, wie ich es nennen will. Es entsteht dort, wo sich innerhalb des Großverbandes die individuelle Kommunalisierung noch am stärksten erhalten hat, in der Familie und der Kleingruppe – dem Verein, Klub, dem Arbeitsteam usw. Oder als Territorium der solitären Person. Ich stelle dies als sehr wichtige These heraus, da auf ihr viele Aspekte der angewandten Friedenspolitik aufbauen. Am deutlichsten ist das Privatterritorium dort ausgeprägt, wo es auf Haus- und Grundbesitz bezogen ist. Dieser Besitz wird nun auch zur Wahrung der Eigenständigkeit gegenüber anderen desselben Verbandes gewertet und als materieller Besitz angesehen, also als für die Besitzer nutzbare Größe. Bereits darin liegt ein Ansatz zur Trennung der Interessenbereiche zwischen dem übergeordneten Verband und der Privateinheit. Je anonymer die Gesellschaft aufgebaut ist, um so stärker tritt der private Vorteil und das Streben danach anstelle eines Gruppenvorteils, wie er auf der Stufe der Mbowamb-Gesellschaft als Sippenwohl voransteht. Diese Betonung des privaten Vorteils ist aus der Entwicklung des organischen kommunalen Zusammenschlusses hin zum organisierten, überindividuell zusammengehaltenen Großverband durchaus verständlich. Ebenso verständlich und zwingend zugleich ist andererseits unter der neuen gesellschaftlichen Konstellation das Steuern des Staates zum »Allgemeinwohl« hin, entgegen dieser Tendenz. Und aus der freien Meinungsbildung im Großverband ist dabei wiederum verständlich, warum einerseits der Vorrang der Allgemeinheit bejaht wird, andrerseits aber auch zu große Beschneidung der persönlichen Freiheit über das unvermeidliche und sinnvolle Maß hinaus Kritik auslöst. Ich gehe nun auf die große Bedeutung der Territorialität für das Individuum in der modernen Großgesellschaft ein. Sie wird bereits aus der Intensität deutlich, mit der privatterritoriale Bereiche aufgebaut und verteidigt werden. Anhäufung persönlichen Reichtums ist dabei nur ein Motiv, hat übrigens im Verlauf der Entwicklung der Staatskonstellation derart zugenommen, daß so ungeheuere Unterschiede wie zwischen dem *moka*-Reichen unter den Mbowamb und dem Milliardär unserer Gesellschaft möglich geworden sind (wobei der *moka*-Besitz genau genommen kein persönliches Eigentum darstellt). Damit ist auch der gewaltige Einfluß verbunden, den heute Reiche auf die Gesellschaft insgesamt ausüben. Die biologischen Funktionen des Territoriums lassen sich insgesamt als soziale Attraktion, Stimulation bzw. Hemmung zusammenfassen. Das Privat-Territorium muß dabei nicht unbedingt eine räumliche Größe darstellen. Eine nebenbiologische Territorialität kann sich auch im geistigen Bereich ausbilden; Voraussetzung ist eine Markierung mit Merkmalen, die mit den Individuen in Zusammenhang gebracht werden, an die man kommunalisiert ist: im Falle der solitären Behauptung an einen selbst, sonst an die Mitglieder der privatterritorialen Gemeinschaft.

Die *Erhöhung des Aggressivitätspegels* als Folge territorialer Behauptung möchte ich genauer analysieren. Sie ist in der modernen Gesellschaft wahrscheinlich nur im privatterritorialen Bereich in etwa so ausgeprägt wie im ursprünglichen Gruppenterritorium. Denn das neue Verbandsterritorium als nachbiologisch geschaffene Größe ist durch Merkmale markiert, die nicht die Signalwirkungen auf den instinktiven Bereich besitzen wie Markierung eines biologischen Territoriums. Ich nehme deshalb an, daß der Aggressivitätspegel im Verbandsterritorium niedriger liegt als im ursprünglichen Gruppenterritorium. Allerdings ist diese Feststellung auf den Zustand der Person bezogen, in dem sie kein Privatterritorium behauptet.
Die Zusammenhänge bei der Bestimmung des individuellen Aggressivitätspegels sind aber in Wirklichkeit noch viel komplizierter. Denn es ist nicht nur die Aufspaltung des Territoriums in zwei Kategorien, die zu berücksichtigen ist, wenn man das agonistische Verhalten einer Person beurteilen möchte. Da ist ferner an genetische Veränderungen zu denken, etwa im Sinne einer Domestikation des Menschen, die zu einer generellen Verminderung oder Erhöhung des Aggressivitätspegels geführt haben mag. Sodann kommen modifikatorische Veränderungen in Betracht, bedingt durch kulturelle Einflüsse verschiedener Art, z. B. in der Erziehung. Man muß auch annehmen, daß sich die beiden territorialen Bereiche gegenseitig beeinflussen, mit Auswirkungen auf die von der territorialen Behauptung ausgehenden sozialen Effekte, von denen die Aggression nur einer ist. Und schließlich muß man die *Zunahme neurotischer Züge* im agonistischen Verhalten und bei tripolaren Auseinandersetzungen und generell im Sozialverhalten berücksichtigen. Unter dem Einfluß von Neurosen kann sich möglicherweise der einzelne auch dort aggressiv äußern, wo er kein biologisches Territorium behauptet, etwa auf der Straße in der Stadt. Oder er ist so stark von seiner Umwelt kommunal gelöst, daß er ebenso wie einige nicht kommunale Tierarten sein Territorium mit sich trägt, es also dort festlegt, wo er sich gerade aufhält. Im Zuge der egozentrischen Entwicklung, die mit der Anonymisierung der Gesellschaft einhergeht, ist eine solche Konstellation durchaus vorstellbar.
Doch zurück zu den neurotischen Erscheinungen. Die brutale Ausprägung des agonistischen Verhaltens innerhalb von Großverbänden habe ich damit in einen möglichen Zusammenhang gebracht. Als Beispiel, wie sie sich in Verbindung mit der Territorialität ausdrücken könnte, führe ich den Autofahrer an, dessen Verhalten besonders deutlich die Einwirkung verschiedener Faktoren spiegelt: Er ist im Straßenverkehr unausweichlich mit anderen konfrontiert, mit Menschen, zu denen er gewöhnlich keine persönlichen Beziehungen unterhält. Dies hat sicherlich neurotische Auswirkungen auf das agonistische Verhalten zur Folge. Jeder Fahrer betrachtet seinen Wagen als territorialen Bereich, in dem seine Aggressivität gegenüber dem Aufenthalt

in neutraler Umgebung erhöht ist. Die anderen Verkehrsteilnehmer sind also in der gleichen Situation wie man selbst. Da sich alle fortbewegen und deshalb keine räumliche Abgrenzung der Bereiche gegeben ist, kann hier eine spezifische Konstellation für *gegenseitige* Aggression zustande kommen. Die zahlreichen Verkehrsverordnungen und die Zwangsmaßnahmen zu ihrer Durchsetzung sind nicht allein Ausdruck und Konsequenz der schwierigen technischen Meisterung unfallfreien Fahrens und der Vermeidung von Stauungen, sondern wohl zusätzlich ein Eingehen auf diese höchst aggressiven Begleiterscheinungen, zu denen die Verkehrsregeln als zentralnervös nur oberflächlich verarbeitete Normen kein ausreichendes Gegengewicht darstellen. Die friedlichen Verhaltensmuster des Straßenverkehrs treten vielfach gänzlich außer Kraft, wenn sich ein Unfall ereignet hat und sich die Motivation des Verhaltens zusätzlich tripolar am eingetretenen Schaden orientiert.

Soziale Hemmfaktoren

Es stellt sich nun die Frage, ob die Aggressivität auch durch *Hemmfaktoren nahestehender Mitmenschen*, beeinflußt wird. Inwieweit die im Kapitel *Das Gesicht des Friedens* diskutierte Hemmwirkung dominanter Individuen, an deren Individualsignale man kommunalisiert ist, in der Großgesellschaft in Erscheinung tritt, ist nicht näher untersucht. Es kann also auch hier nur ein Modell entworfen werden, wobei ich die Tierversuche zugrunde lege. Demnach müßte der Hemmeffekt in den Beziehungen zwischen eng aneinander Gebundenen am stärksten sein, und zwar im männlichen Geschlecht. Individuelle Kommunalisierung ist in unserer modernen Gesellschaft noch am stärksten im Privatterritorium ausgeprägt, und ich nehme auf Grund mehrerer Indizien an, daß hier tatsächlich eine soziale Hemmung auftritt. Ich nenne als Beispiele den autoritären Vater, der die soziale Entwicklung seiner Söhne hemmend beeinflußt und den despotischen Vorgesetzten, dessen Einfluß auf seine Mitarbeiter damit in mancher Hinsicht vergleichbar ist.

Wie aber kann man sich die Verhältnisse im *nachbiologisch* geschaffenen Verbandsterritorium vorstellen, in dem sich hauptsächlich Menschen begegnen, die nur sehr wenig aneinander gebunden sind und in dem auch die Kontakte im allgemeinen nur kurz anhalten, im Gegensatz zu den meist länger aufrechterhaltenen Beziehungen im Privatterritorium? Auf Grund der Abhängigkeit des sozialen Hemmeffektes vom Grad und der Dauer individueller Bindung nehme ich an, daß er im Rahmen des Verbandsterritoriums verhältnismäßig gering ist. Diese geringe Hemmwirkung des einzelnen Mitmenschen im Verbandsterritorium summiert sich jedoch möglicherweise zu einer beträchtlichen Größe, da die Zahl der Mitmenschen sehr hoch ist. Ich habe ja bei meinen Flughörnchen den Effekt künstlicher Überbevölkerung auf den

Grad der sozialen Hemmung von Männchen in den Bereichen Aggressivität, Begattungsbereitschaft, Markieraktivität, Patrouillieraktivität im Territorium und Körperwachstum experimentell festgestellt. Trifft meine Vorstellung vom summierten Effekt in der Hemmung auf soziale Eigenschaften für die Großgesellschaft zu, so wird der einzelne um so mehr davor bewahrt, je stärker er sich territorial abzugrenzen vermag. Dies kann durch Aufbau eines Privatterritoriums geschehen, das er allein oder gemeinsam mit anderen im Rahmen des Verbandsterritoriums behauptet. Zwar ist nun wegen der hier gegebenen größeren gegenseitigen Kommunalisierung die Hemmwirkung des einzelnen verstärkt wirksam, tritt jedoch *gerichtet* auf: im Privatterritorium hemmt der Dominante die übrigen, dagegen hemmen sich im Verbandsterritorium mit Überbevölkerung die Individuen nicht allein im Dominanzgefälle, sondern es werden durch die Summe der Hemmfaktoren alle erfaßt – entsprechend der überbevölkerten Flughörnchengruppe, in der auch das Männchen a von den summierten Individualsignalen der übrigen Männchen in seinen sozialen Eigenschaften zurückgesetzt worden ist.
Trifft dieses Modell für unsere Gesellschaft zu, so ergeben sich sehr bedeutende Folgerungen daraus: Ohne Existenz von Privatterritorien käme es zu einer *ungerichteten* gegenseitigen Hemmung sozialer Eigenschaften und vielleicht zusätzlich von geistigen Aktivitäten. Die Einrichtung des Privatterritoriums würde demnach eine sehr sinnvolle Anpassung an die gewandelte gesellschaftliche Situation darstellen, in der es zu hoher Bevölkerungsdichte gekommen ist. Ich verweise hier auf die Bedeutung der kommunalen Distanz der Person von der Gesellschaft für die freie Meinungsbildung. Sie ist unter dem jetzt in die Diskussion gebrachten Aspekt der gegenseitigen Hemmung *nur im Bereich des Privatterritoriums möglich*. Ich führe auch den stimulierenden Effekt von Individualmarkierungen und davon abgeleiteten Gruppensignalen an, der bei den Flughörnchen von *fremden* Territorien ausgeht. Auch hier ergibt sich ein Ansatz zum Vergleich. Auch die Attraktion zum eigenen Territorium, die sich z. B. in der Bindung an Heim und Familie oder eine Untergruppe der Gesellschaft äußert, ist hier anzuführen. Die mögliche Funktion des privatterritorialen Bereichs ist damit aber noch nicht vollständig erfaßt. Jede schöpferische Arbeit setzt unter der Konstellation der Großgesellschaft die Behauptung eines Privatterritoriums voraus. Da man sich in diesem Bereich jedoch keineswegs von den übrigen Mitmenschen voll abzuschirmen vermag und möchte, bleiben nur die wenigsten gänzlich frei von den hemmenden Einflüssen.
Es fällt auf, wie sehr hochgestellte Persönlichkeiten sich von ihren Mitbürgern abschirmen, Politiker, Wirtschaftsmanager und andere, als ob sie deren Hemmeffekt entgehen wollten. Der Anlaß zu ihrer Isolierung sind wohl nicht allein standesabhängige und sicherheitsbedingte Faktoren. An solchen Personen fällt die weit überdurchschnittliche Leistungsfähigkeit auf. Wie ich meine, ist sie nicht in vollem Umfang vor dem Aufstieg in ihre Position dage-

Bild 41: Von der Mode bestimmte Typisierung der Physiognomie auch in Afrika: Ehrengäste beim Empfang der Prinzessin Alexandra von Kent in Nigeria (Foto SZ Bildarchiv).

Bild 42: Ein Spektrum anonymer Typisierung ist auf diesem Plakat in Tokio ausgebreitet (Foto SZ Bildarchiv).

wesen, sondern vielmehr erst durch den Aufstieg, als Folge der Loslösung von den zahlreichen Mitmenschen und der sehr ausgeprägten eigenen territorialen Behauptung entstanden.

Volk und Masse

Es wird viel von *sozialem Streß* gesprochen, also *schädigenden* Einflüssen physischer und psychischer Natur durch Artgenossen. Ich habe die neurotischen Erscheinungen genannt, die als Folge von Veränderungen der kommunalen Konstellation eintreten können. Hier möchte ich mich auf das Phänomen der *Überbevölkerung* beschränken. Es ist verständlich, daß ein Artgenosse, an den ich vollständig kommunalisiert bin, einen qualitativ anderen Einfluß auf mich ausübt als ein Angehöriger einer anderen Kommunaleinheit. Somit ist es nicht damit getan, die Zahl von Artgenossen pauschal zu registrieren, um den Effekt auf ein bestimmtes Individuum zu berechnen, sondern man muß nach dem Grad der Kommunalisierung differenzieren. Leider stehen für vergleichende Untersuchungen nur sehr wenige Versuchstierarten zur Verfügung, die wie der Mensch kommunal organisiert sind.
In Großstädten, also dort, wo die Bevölkerung am dichtesten konzentriert und die privatterritoriale Abgrenzung am geringsten ausgeprägt ist, nimmt eine Erscheinung gegenwärtig stark zu: die äußerliche Angleichung der Geschlechter, bekannt als *Unisex*. Für mich war es natürlich sehr überraschend, dieselbe Entwicklung in meiner überbevölkerten Flughörnchenkolonie zu beobachten. Dort bewirkte der gegenseitige Hemmeffekt die Rückbildung sekundärer Geschlechtsmerkmale und des Körpergewichts bei den Männchen in einem Maße, daß es schwerfiel, die Geschlechter dem Äußeren nach aus einiger Distanz zu unterscheiden. Wenn auch hier keine unmittelbare Parallele zum Menschen gegeben ist, so wäre es doch sicherlich sinnvoll, bei Untersuchungen der sozialen und kommunalen Hintergründe des Unisex-Phänomens diesen Vergleich zu berücksichtigen.

◄
Bild 43 (oben): Die organisch gewachsene Bausubstanz eines sardischen Dorfes ist nach den heute gültigen Maßstäben der »Sanierung« unhygienisch und wertlos. Die Gesundheit der Psyche des Individuums und die Bildung einer kommunalen Verbundenheit über die Raumstrukturen bleiben dabei unberücksichtigt. Beide gehen mit den heute praktizierten Methoden der Dorferneuerung stark zurück (Foto Verfasser, 1956).
Bild 44 (unten): Westend in Frankfurt am Main: Die »Rettung der Städte« bleibt eine Illusion, solange die Erhaltung historisch gewachsener Altbausubstanz nicht absolute Priorität erhält; unabhängig von ihrem Denkmalswert. Die schwindenden Inseln zusammenhängender Altbauten (im Bild zwischen den beiden Hochhäusern) und die isoliert in der Anonymität stehenden »künstlerisch wertvollen Gebäude« (im Vordergrund des Bildes die Ruine der Frankfurter Oper) vermögen der Großstadt immer weniger die Identität zu geben, die für solidarisches Verhalten in der Zukunft eine unerläßliche Voraussetzung bilden wird (Foto SZ Bildarchiv).

In dem Maße, wie sich besonders in der Großstadt die Abgrenzung privatterritorialer Bereiche vermindert und die Grenzen zwischen ihnen immer weniger markant werden, tritt die *Vermassung* der Gesellschaft auf. Masse betrachte ich als Volk ohne langfristige territoriale Behauptung seiner Einzelglieder. Das Stadium der Vermassung ist erreicht, sobald die Territoriumslosigkeit kennzeichnend für die Gesellschaft geworden ist. Dies ist nicht allein räumlich zu verstehen, daß man sich einen Privatbezirk abgrenzt, sondern gilt auch für den geistigen Bereich. Als Beispiel erwähne ich den Unterschied zwischen Beruf und Job. Das Kriterium der Beeinflussung auf lange Frist durch ein bestimmtes Territorium ist wesentlich dabei, sie entspricht dem »primer effect« im biologischen Modell (vgl. S. 124). Dagegen ist die kurzfristige physiologische Beeinflussung des Autofahrers durch den Wagen als territorialen Bereich eher mit dem kurzzeitig wirksamen »releaser effect« zu vergleichen.

Aggressionen bei sehr hoher Bevölkerungsdichte

Es ist wiederholt von Wissenschaftlern behauptet worden, daß in der Massengesellschaft »Aggressionen« besonders häufig aufträten. Wie liegen nun die Verhältnisse im einzelnen, bei Berücksichtigung meiner bisher entwickelten *Modellvorstellungen?* Die soziale Hemmung hat bei den Flughörnchen eine Senkung des Aggressivitätspegels auf lange Frist zur Folge. Übertragen auf das hier entwickelte Modell würde dies bedeuten, daß in der Massengesellschaft der Aggressivitätspegel im Mittel niedrig sei (auf Grund des *»primer effects«*). In derselben Weise, allerdings nach Art des *»releaser effects«*, würde sich die weitgehende Territoriumslosigkeit in der Massengesellschaft äußern, entsprechend den Versuchen, die eine Erhöhung des Aggressivitätspegels für die Zeitspanne territorialer Behauptung erbracht haben. Bei Aufenthalt in fremdem Territorium oder neutralem Gebiet verhält sich ein Individuum ausweichend bzw. abwehrend. Nun hat sicherlich auch die nachbiologisch geschaffene Markierung des Verbandsterritoriums eine gewisse Erhöhung der Aggressivität zur Folge, doch ist sie meiner Ansicht nach geringer als die vom Privatterritorium ausgehende Beeinflussung. Demnach müßte man zu dem Schluß kommen, daß der einzelne in der Masse eher Ausweichverhalten als Angriff äußern würde. Nun kommen aber die Faktoren zusätzlich ins Spiel, die ich weiter oben aufgezählt habe: mögliche genetische oder modifikatorische Veränderung der inneren Veranlagung und die neurotischen Züge der Gesellschaft. Zusätzlich muß ich die gehäuft auftretenden Anlässe für tripolare Auseinandersetzungen anführen, da ja im pauschalen Begriff der »Aggression« nicht zwischen ihnen und dem bipolaren agonistischen Verhalten unterschieden worden ist.

Gründe für ein Ansteigen von Aggressionen in der Masse sehe ich vor allem in der fast fehlenden individuellen Kommunalisierung *zusammen* mit der von der Gesamtkonstellation bedingten neurotischen Belastung der Bevölkerung ohne vollwertige Territorialität des einzelnen im Rahmen des anonym organisierten Verbandes. Dem vermag die eingangs behandelte Reduzierung der Individualsignale und andererseits die Zunahme von Anonymsignalen nicht stark genug entgegenzuwirken. Auch reicht das in der Großgesellschaft so häufige Beschwichtigungsverhalten und konventionelle Regelungen *in diesem Entwicklungsstadium* noch nicht aus, die bipolaren und tripolaren Reaktionen soweit zu unterbinden, daß ein friedliches Verhältnis erhalten bleibt.

Die Rangordnung in der modernen Großgesellschaft

Hinzu kommt ein mit der Bevölkerungsvermehrung zunehmender Einsatz von aggressiven Verhaltensmustern zur Aufstellung einer Rangordnung in der Gesellschaft. Ich bin davon ausgegangen, daß die ursprüngliche Form hierarchischer Stufung im Innern der menschlichen Sozietät das Klassensystem darstellt. Dabei habe ich mich auf die Verhältnisse in der normal bevölkerten Sozietät bezogen. Es spielen dort beim Aufbau einer Rangstellung ein historischer und ein die innere Veranlagung betreffender Aspekt eine Rolle. Für das biologische Modell der menschlichen hierarchischen Struktur ergab sich damit folgendes Bild: Erstens entscheiden nicht agonistische oder tripolar ausgerichtete Auseinandersetzungen in der Gruppe über die Rangstellung des einzelnen; zweitens bildet die im Mittel vollständige Kommunalisierung aller untereinander eine unerläßliche Voraussetzung; und drittens muß die Gemeinschaft ein Territorium besitzen, dessen Markierung auf dem Wege gerichteter sozialer Hemmung das hierarchische Verhältnis zueinander bestimmt; der Dominante hemmt, bleibt aber frei von hemmenden Einflüssen rangtiefer Individuen.
Nachdem im Laufe des Anwachsens der Verbände die beiden letzteren Faktoren, also individuelle Bindung und biologische Territorialität, weitgehend geschwunden sind, war die Konstellation zur Bildung eines biologischen Klassensystems nicht mehr gegeben. An ihre Stelle trat, wie ich annehme, die direkte Auseinandersetzung durch Tätlichkeit und im geistigen Bereich. Kompetenzstreit unter Gleichgestellten, Konkurrenzdenken bis hin zur brutalen Schlägerei in einer Bande treten als Mechanismen zur Aufstellung eines nun mehr linear ausgerichteten Rangsystems auf. Damit erfolgt eine weitere sekundäre Annäherung an solitäre Arten. Diese Erscheinungen in unserer eigenen Gesellschaft machen verständlich, wie es zu der Ansicht unter Verhaltensforschern kommen konnte, daß hierin die für den Menschen *insgesamt* charakteristische Art der Hierarchiebildung zu sehen ist.

Gesellschaftliche Anonymität und Egozentrik

Die *Großstadt* als Zentrum der dominanten Weltkultur moderner Lebensformen zieht viele Menschen, vor allem Jugendliche, an, die noch in weniger differenzierten Gesellschaftsverhältnissen auf dem offenen Lande und in kleineren Gemeinden leben. Sie wirkt attraktiv, da sie – im Gegensatz zu früheren Strukturen – den persönlichen Vorteil ohne historischen Bezug auf Klassen und Abstammung fördert. Es läßt sich hier anonym leben, und dies wird zunehmend angestrebt, weil die aktive Aufrechterhaltung von Bindungen als Belastung und Beengung empfunden wird – nachdem die Kommunalisierung auch im ländlichen Bereich gelockert wurde und nun Vergleichsmöglichkeiten eröffnet sind, das Selbstverständnis schwand und schon in kurzer Zeit eine Distanz geschaffen wurde, wie sie früher innerhalb eines Lebens nicht aufgebaut werden konnte. Man löst sich von Verwandten und anderen Mitmenschen, die in der gesellschaftlichen Entwicklung noch zurückliegen und man löst sich aus anderen Bindungen, in denen wegen der abbrechenden Kommunalisierung keine Kontinuität mehr angestrebt wird. In der Stadtgesellschaft taucht der einzelne in eine Freiheit ein, die er als Alternative zur hergebrachten Kultur und zur kommunalen Gebundenheit individueller Prägung empfindet. Wie sehr er sich jedoch damit in eine Freiheit begibt, die gleichzeitig ungerichtete, gegenseitige soziale Hemmung, Abbau sinnvoller Territorialität und der Persönlichkeit und Aufgabe der früheren relativen Problemlosigkeit bedeutet, wie sehr er sich in die Unausweichlichkeit gegenüber den ihm nicht näher stehenden Mitmenschen begibt, wird gewöhnlich bewußt nicht wahrgenommen.

Eigenliebe als emotioneller Ausdruck der vollständigen Kommunalisierung an die eigenen Individualsignale hat ihren biologischen Sinn, solange sie mit Nächstenliebe als Ausdruck sehr hoher Kommunalisierung zu einem begrenzten Kreis von Mitmenschen gepaart ist. Sobald jedoch die Kommunalisierung zu den Mitmenschen schwindet – wie es in der Großstadt in so hohem Maße der Fall ist –, erhält die Eigenliebe jenes Übergewicht, das man als *egozentrisch* bezeichnet. Egozentrik ist eine meiner Ansicht nach nur dem Menschen in der Großgesellschaft eigene Größe, denn bei ursprünglich kommunal zusammen lebenden Menschen und bei anderen kommunalen Arten kommt es nicht zu dem Mißverhältnis zu den anderen Mitgliedern der Sozietät. Und bei solitär lebenden Arten ist ja die Fähigkeit zur Kommunalisierung im Sinne meiner Definition gar nicht ausgebildet. Egozentrisches Verhalten findet man dort am stärksten entwickelt, wo die gesellschaftliche Anonymität am weitesten fortgeschritten ist. Es tritt nicht als kommunale Distanzierung zur eigenen Großgesellschaft auf, wie sie etwa für freie Meinungsbildung und Kritik sowie die Entfaltung der Persönlichkeit so wichtig ist und eine Voraussetzung für schöpferisches Tun darstellt, sondern als Fehlentwicklung aus der kommunalen Spaltung zwischen Verband und Privatbereich.

Betonung und Begrenzung der persönlichen Freiheit

Der *Substanzverlust an Persönlichkeit*, den das Eingehen in die Masse mit sich bringt, wird von jenen, die aus der Distanz urteilen, als schmerzlicher Verlust menschlichen Wesens gewertet. Noch vor einem Jahrhundert galt der Mensch als Person wesentlich mehr als heutzutage. Es erscheint mir auch in diesem Zusammenhang wichtig, einen Vergleich mit der Gesellschaft der Mbowamb-Papuas zu ziehen. Bei ihnen gilt die Freiheit der Person im Bewußtsein wenig. Die Person als Einheit von Individualsignalen hat jedoch im Gegensatz zu unserer modernen Gesellschaft einen unaustauschbaren Platz im Kommunalsystem; unaustauschbar nach erfolgter Kommunalisierung. Die traditionelle Ordnung prägt zwar den Lebensstil des einzelnen und ebenso die soziale Klassifizierung in der Generation, doch hat die Individualität ihre Funktion unter anderem in der Weitergabe dieses Traditionsgutes und in seiner zweckmäßigen Angleichung an Veränderungen in der Umwelt. Und die Person wird in der Gesellschaft nicht so sehr nach Leistung als nach Abstammung und Individualprägung beurteilt. Darin liegt das mit der vollständigen gegenseitigen Kommunalisierung verknüpfte Selbstverständnis. Wenn in unserer Gesellschaft die *persönliche Freiheit* so sehr betont wird, dann hängt dies wohl ganz allgemein mit der neuen Ich-Bezogenheit der Handlungsmotive im anonym organisierten Großverband zusammen. Wie sehr es andererseits eine gesellschaftliche Notwendigkeit geworden ist, die persönliche Freiheit in Form eines mündigen und kritikfähigen Bürgers zu wahren, ergibt sich zwangsläufig aus der Vermassung des Volkes und aus dem bekannten Zwiespalt zwischen Staatsverhalten und Individualinteressen.
Der Staat setzt seinen Hebel zur Einengung der persönlichen Entscheidungsfreiheit an, um den Vorteil des Gesamtsystems zu sichern. Fehlverhalten der Person in der Gesellschaft entspringt jedoch nicht allein dieser Spaltung der Interessensbereiche. Es tritt auch ohne Bezug auf individuellen Vorteil auf: Das traditionelle Selbstverständnis im Verhalten ist geschwunden und damit die relative Problemlosigkeit des individuellen Lebens. Wer heute als einzelner Entscheidungen zu treffen hat, findet ein Überangebot an Mustern vor, nach denen er sich ausrichten kann. Es fehlt aber die traditionelle Prägung dieser Muster, die Verbindlichkeit schafft und Gewähr für Bewährtheit gibt. Die heute erforderliche Übersicht kann der einzelne nicht erreichen. Betrachtet man andererseits das Staatsverhalten, so ist auch dort der Ansatz zu Fehlverhalten erkennbar, so fehlen auch dort zunehmend die Orientierungswerte für gesellschaftsförderliches Verhalten und hier im besonderen, als die Persönlichkeit mehr bevormundet und beengt wird, als es die objektive Sachlage der Wahrung des Verbandsvorteils notwendig machen würde. Das Maß der persönlichen Freiheit muß sich in der Großgesellschaft an der Funktion des Individuums im Gesamtsystem ausrichten, an einer Funktion, die ohne Entfaltung der Persönlichkeit nicht vollständig erreicht werden kann.

Das Privatterritorium als räumliche Struktur

Ich komme hier auf das Privatterritorium zurück, dessen Funktion unter anderem in dieser Entfaltung liegt; bis zu der Grenze, nach der sich die Ich-Bezogenheit in Egozentrik äußert. Diese Feststellung hat zwei sachliche Konsequenzen in der Aussage: Erstens ist es erforderlich, eine Privatterritorialität zu bewahren, um – und ich wiederhole hier: kommunale Distanz zur Bildung der Meinungsfreiheit und gesellschaftlichen Kritik; Vermeiden der ungerichteten sozialen Hemmung, Attraktion zum kleinen Kreis der Familie, der Arbeitsgemeinschaft und der »geistigen Heimat«, Stimulation durch andere territoriale Einheiten im Berufsleben und andere Effekte zu schaffen. Zweitens muß innerhalb des Privatterritoriums, aber noch mehr im Bezug zum nachbiologisch markierten Verbandsterritorium, ein Gegengewicht zur Eigenliebe geschaffen werden. Dies kann durch stärkere Bindung an Nahestehende im privatterritorialen Bereich bzw. durch kommunale Aufwertung des Verbandsterritoriums erreicht werden. Im Zusammenhang mit dem Aufbau und der Einhaltung eines privaten Territorialbereichs hat trotz der vielfach auf nichträumliche Muster übertragenen Gestalt eine Struktur noch sehr tiefe, weil ursprüngliche Bedeutung: *das Haus und sein näherer Umgriff.*
Ich habe das Große Haus bei den Bosavi-Papuas und das Männerhaus bei den Volksgruppen am Golf von Papua als kommunale Zentren dargestellt und das Gehöft bei den Mbowamb-Hochländern als Mittelpunkt des privaten Bereichs. Bei der Diskussion des friedlichen Zusammenlebens in der Großgesellschaft muß der *Wohnung und der Gruppierung von Häusern im Städtebau* ganz besondere Aufmerksamkeit gewidmet werden. Die Bindung an eine markierte Raumeinheit als stärkste Ausprägung der Territorialität ist auch in unserer modernen Gesellschaft deutlich. So sind Menschen mit eigenem Haus und Grundbesitz heute die territorial am meisten abgesetzten Individuen oder Individuengruppen. Zu den Merkmalen des Territoriums gehört seine Unaustauschbarkeit. Sie gilt für den räumlichen Bereich ebenso wie für ein Betätigungsfeld. In der Stadt beschränkt sich das Privatterritorium auf das Haus oder die Wohnung in einem von mehreren Parteien bewohnten Gebäude. Als Variante zum Besitz ist hier das Mietsverhältnis die häufigste Form. Auch eine Mietwohnung kann zum Privatterritorium ausgebaut werden; es kann sich sogar in einem Mietshaus eine größere territoriale Gruppierung herausbilden, soweit engere und längere persönliche Kontakte zwischen den Parteien bestehen, ja es ergeben sich sogar Gruppierungen größeren Ausmaßes in Straßenzügen und Stadtvierteln, die sich über viele Jahre hin mehr oder weniger eng verbunden fühlen und gemeinsame Anliegen haben. In einem der großen Miets- oder Appartmenthäuser, etwa im Rahmen einer der neuen Trabantenstädte, ist dies kaum der Fall. Dort vermag sich häufig nicht einmal der einzelne an seine Wohnung so weit zu binden, daß eine territoriale Behauptung daraus entsteht.

In unseren Großstädten ist demnach die territoriale Verbundenheit mit dem Raum heute in stärkstem Rückzug begriffen. Ich komme hier zwangsläufig zu einer massiven *Kritik an der gegenwärtigen Politik des Städtebaus*, die ohne Wahrnehmung der kommunalen Bedeutung der menschlichen Wohn- und Territorialbedürfnisse das als Sanierung betreibt, was in Wirklichkeit die endgültige Zerstörung auch der letzten Reste gesunder räumlicher Territorialität darstellt und somit die Vermassung in gefährlichem Maße fördert (Bild 43, 44, S. 248).

Die nähere Diskussion teilt sich nach zwei Aspekten auf, erstens nach der Funktion von Gebäuden als bewohntem Raum und zweitens der Bedeutung der Stadtpersönlichkeit als Bezugsgröße für Identifizierung und Solidarität der Bevölkerung. Zunächst über das einzelne Haus: Man bemüht sich heute bewußt, individuell zu bauen. Doch ist es für die kommunalen Bedürfnisse der späteren Bewohner nicht damit getan, daß ein guter Architekt individuelle Ideen als Raumstrukturen verwirklicht hat. Die Individualität muß erst aus dem Gebäude selbst erwachsen, indem seine *Bewohner* Individualität entfalten und diese als territoriale Markierungen den Raumstrukturen anheften. Dies ist nicht allein vordergründig so zu verstehen, daß man Bilder an die Wand hängt und die Wohnräume nach eigenem Geschmack einrichtet. Planer und Erbauer eines Hauses sind selten identisch mit den späteren Bewohnern. Dieser kommunale Bruch muß zunächst durch individuelle Markierung der Bewohner ausgeglichen werden. Dabei spielt die *Dimension Zeit* eine bisher zuwenig beachtete Rolle. Die Verbundenheit mit einer Wohnung hängt sehr stark mit einer Kontinuität über die Zeit hin, mit gedanklichen Assoziationen in der Erinnerung zusammen, vor allem aus der Kindheit und frühen Jugend. Die territoriale Valenz steigt mit der Zahl der Generationen, die hier gewohnt haben. Es ist dabei nicht entscheidend wichtig, ob man mit all diesen Menschen verwandt oder sonstwie individuell verbunden ist. Es hat hier ganz allgemein die Tatsache langen Bewohntseins einen Einfluß. Damit wird ein Haus ebenso zur nicht reproduzierbaren Größe wie durch die handwerkliche Fertigung der Bauelemente, besonders bei Bauten, deren Entstehung lange zurückliegt. Die persönliche Einrichtung der Wohnung ist also nur ein Teil der Markierung. Ein zweiter Teil ist die mit dem Haus verbundene persönliche Erinnerung und ein dritter ist bereits beim Einzug als Hausgeschichte vorhanden. An die daraus erwachsene *Baupersönlichkeit* muß man sich erst selbst binden. Nur Altbauten können diese Voraussetzungen voll erfüllen. Es ist damit die Unaustauschbarkeit des engeren Lebensraumes festgelegt.

Man mag auf den Gedanken kommen, daß Neubauten der Gegenwart ja auch einmal Altbauten werden und dann dieselben Voraussetzungen erfüllen können. Dem ist jedoch nicht so: Erstens wird heute derart genormt gebaut, daß es schwerfällt, eine Baupersönlichkeit zu entwickeln. Besonders gilt dies für die Planungen, wo bereits vorbestimmt ist, an welcher Stelle Herd, Bett und andere Einrichtungskörper ihren Platz haben sollen. Sodann entsteht aber mit dem heute so stark betriebenen Abbruch alter Häuser und deren Ersatz durch Neubauten eine gefährliche Diskontinuität. Bis die neuen Ersatzbauten die kommunale Funktion ihrer Vorgänger zu übernehmen vermögen, ist die Anonymisierung der Kontakte zwischen den Menschen in der Stadt, die Vermassung möglicherweise so weit fortgeschritten, daß sich gar keine innere Voraussetzung in den meisten Menschen zum Aufbau privater Territorialbereiche in Bauten mehr findet. Dann ist aus der Behausung vielleicht schon etwas qualitativ Neuartiges, Austauschbares, andererseits auch sehr Egozentrisches geworden. Die sozialen Probleme in den Trabantenstädten, die sich in Kontaktarmut, in Neurosen und anderen Erscheinungen deutlich zeigen, sind äußerst ernst zu nehmen. Sanierung darf nicht Ersatz und damit kommunale Diskontinuität bedeuten, sondern Modernisierung *bestehender Bauten*, ohne deren Persönlichkeit zu zerstören und ohne die gewachsene Bewohnerschaft von Häusern und ganzen Vierteln mit Druck zu verändern, etwa durch organisierte Umstrukturierung zu Büro- oder anderen Funktionsbereichen.

Die Erhaltung regionaler Identität

Damit ist aber die Bedeutung gewachsener Stadtpersönlichkeit noch nicht erschöpft. Der zweite Diskussionsaspekt bezieht sich auf die Identifizierung der Bevölkerung einer Stadt gerade mit deren altem Kern, mit historischen Straßenfronten und hervorragenden Einzelbauten, aber ebenso mit jenen verwinkelten Idyllen, deren Bausubstanz nach sachlichen Maßstäben so gering geachtet wird (Bild 43, S. 248). Eine solche Funktion des Stadtbildes wird beim heute sprunghaft ansteigenden Mangel an unaustauschbaren Mustern, im überindividuell organisierten Zusammenschluß, zur Verhaftung an ein Gemeinwesen von größter Wichtigkeit.

In der Massengesellschaft vermag eine weit überdurchschnittliche Konzentration von Menschen relativ konfliktlos auf engem Raum zusammenzuleben – verglichen mit der ursprünglichen agonistischen Abstoßung Territorien behauptender Individuen ohne ausreichende gegenseitige Kommunalisierung. Dies würde eine Vervielfachung menschlicher Lebensmöglichkeiten bedeuten; mehr Individuen auf gleichem Raum. Doch wäre damit gleichzeitig auch eine ganz entscheidende Einbuße menschlicher Lebensentfaltung verbunden, und letztlich bestünde die Gefahr der gesellschaftlichen Katastrophe: des Verfalls des Gesamtsystems, da die Kräfte für gerichtete Selektion von Persönlichkeit unter dem privatterritorialen Aspekt der sozialen Hemmung, Bildung von Meinungsfreiheit, sinnvollen Korrekturen am Staatsverhalten ebenso verlorengingen wie physische Vitalität und schöpferische Betätigung im geistigen Bereich.

Besonders schwer werden diejenigen Volkseinheiten mit der gegenwärtigen Situation im Städtebau fertig, die von Natur aus wenig Hang zur Geselligkeit

besitzen. Somit ist das Problem in romanischen Ländern weniger ausgeprägt als etwa in Schweden. Dort versucht der Staat allerdings, wie ich bereits erwähnt habe, durch gezielte Förderung persönlicher Kontakte in Gemeinschaftszentren einige der als folgenschwer erkannten Konstellationen in Neubauvierteln zu bekämpfen. Bei dem so sehr starken Anwachsen der städtischen Bevölkerung ist es natürlich nicht vermeidbar, in großem Umfang neue Viertel und Straßenzüge, Hochbauten und Trabantenstädte zu schaffen. Doch muß dann wenigstens der alte Kern jeder Stadt als Bezugsmuster aller und in seiner gewachsenen Nutzungsfunktion erhalten bleiben.
Die Gesetzgebung mit ihrer Förderung der Stadtzerstörung in Form der Sanierung – vergleichbar der Flurbereinigung auf dem offenen Lande – ist einer jener Bereiche, auf die sich die Kritik mit allem Nachdruck konzentrieren muß. Ich stelle bewußt den Aspekt der Kulturerhaltung hier zurück, um die gesellschaftliche Geringschätzung des *Denkmalschutzes* außerhalb der Diskussion zu belassen – eine Geringschätzung, an der die Denkmalschützer mitschuldig sind, da sie es nicht zu Wege bringen, eine gesellschaftspolitisch starke Lobby hinter sich zu sammeln und gesellschaftliche Aspekte in die Diskussion gebührend aufzunehmen. Die Naturschutzbewegung stand noch vor wenigen Jahren auf vergleichbar schwachen Füßen, kämpfte mit unzeitgemäßen Argumenten und Methoden. Erst als nicht mehr sogenannter Idealismus und »höhere Werte« die Diskussion bestimmten, sondern die gesellschaftliche Notwendigkeit für den Schutz der Umwelt inklusive der nicht materiell nutzbaren Naturgüter, trat der Wandel ein. Für die Erhaltung historischer Kultursubstanz muß sich ein solcher Prozeß erst anbahnen; sehr viel wird dann allerdings bereits unwiederbringlich verloren sein, denn in der Gegenwart wird mehr zerstört als während des Zweiten Weltkrieges.

Das Zusammenspiel der Faktoren »kommunale Bindung« und »kommunale Distanz« sei an zwei Beispielen aus unserem engeren Kulturbereich erläutert: Die Bauern Europas haben aus dem Selbstverständnis der Tradition eine *Kulturlandschaft* geschaffen, die uns heute genauso schützenswert erscheint wie die Reste unberührter Wildnis. Selbstbeschränkung in der Nutzung und das ebenfalls in der Tradition verankerte unbewußte Empfinden für ästhetische Proportionen waren bestimmende Kräfte dabei. Eine bewußte Wertbetrachtung dieser Landschaft ging jedoch gewöhnlich erst vom Städter aus, der nicht in diesem kommunalen Zusammenhang lebt. Darin war auch der Ansatz zu einer Schutzbewegung begründet, die als Strömung ebenfalls von der Stadt ihren Ausgang nahm. Hier zeigt sich die Bedeutung der kommunalen Distanz, zu der auch Territorialität innerhalb der distanzierten Einheit der Stadt gehört. Es zeigt sich aber auch die Wichtigkeit kommunaler Bindung: ich meine jetzt nicht als Basis für die bäuerlichen Traditionen, deren Ausdruck diese Kulturlandschaft ist. Sondern ich ziele auf jene Städter ab, die für die Erhaltung dieser aus der Distanz als Werte erkannten Güter

eintreten: Erstens gilt für sie allgemein, wie ich annehme, eine in der Jugendzeit eingegangene kommunale Bindung als Voraussetzung für Distanzentwicklung; zweitens ist für sie diese Bindung auch Grundlage für das Wirken nationaler Erziehungseinflüsse – dies ist in den Fällen wichtig, wo nationale Motive in den Schutzbemühungen eine Rolle spielen; und drittens muß sich der einzelne in der sensiblen *Jugendphase* auch eng an diese Landschaft selbst gebunden, Naturverbundenheit erworben haben, muß die Charaktereigenschaften dieser Umwelt innerlich aufgenommen haben, um später, *nach der Distanzierung*, die richtige Einstellung zu ihr und die Art und Weise des Schutzes erfassen zu können.
Ähnlich ist die *Erhaltung bäuerlicher Hauskultur* zu begründen. Ihr Verfall hängt mit der Auflösung der die echten Traditionen tragenden Kommunalisierung auf dem Lande zusammen sowie mit der Konfrontation zur städtischen Weltkultur. Beide Faktoren sind ursächlich verknüpft. Mit dieser Abkehr von der Kommunalisierung kam aber aus der kommunalen Distanz heraus auch die bewußte Wertschätzung und Schutzbewegung für diese Güter auf. Auch hier sind es nicht in erster Linie die Nachfahren der ehemaligen Kulturträger, die den Schutz betreiben, sondern der Städter oder solche, die sich auf dem Lande aus dem früher beherrschenden Selbstverständnis gelöst haben. Es besteht aber zusätzlich noch ein Unterschied zwischen jenen, die sich nach dem kommunalen Bruch als Erben des alten bäuerlichen Kulturgutes identifizieren und jener Gruppe, die auch aus der *Distanz der nicht Praktizierenden* diese Werte nach nationalen und übernationalen Gesichtspunkten beurteilt und sich für deren angemessene Erhaltung einsetzt. Auch für sie müssen aber die eben im Beispiel des Naturschutzes genannten drei Gesichtspunkte für kommunale Bindung und Vertrautwerden in früheren Lebensstadien zutreffen, damit sie sachgemäß zu fühlen und zu handeln vermag.

Reformpolitik

Wer die *parlamentarische und administrative Arbeit* in Bund und Ländern verfolgt, wird in eindrucksvoller Weise Zeuge des sich ständig weiter differenzierenden Bildes unseres eigenen gesellschaftlichen Großverbandes. Doch sosehr sich die einzelnen Abgeordneten und die Fachministerien bemühen, der Zeitsituation gerecht zu werden, so deutlich wird der mehrfach erwähnte Rückstand gegenüber den Erfordernissen. Die einzelnen politischen Schritte sind größtenteils Reaktionen auf sich abzeichnendes Fehlverhalten der Gesellschaft, auch wenn sie als vorausschauende Reformpolitik hingestellt werden. Zur besseren Identifizierung des einzelnen mit seinem Staat ist eine verstärkte Führerrolle unumgänglich. Damit meine ich natürlich nicht den Übergang zu einem totalitären System, das zwar effektiver an Reformen heranzugehen vermag, in dem jedoch die Identifizierung des einzelnen auf innerer Bereitschaft beruhend am geringsten und die für sinnvolle

und kontinuierliche Reformen unumgängliche freie Meinungsbildung am schwächsten ausgeprägt sind. Ich denke vielmehr an eine vermehrte *Initiativpolitik*, entsprechend etwa der Handlungsweise eines Privatunternehmers, sowie an eine verstärkte Einschaltung *nichtstaatlicher Beratergruppen*, die aus der Distanz der nicht Praktizierenden wesentliche Beiträge für vorausplanende Politik zu geben vermögen.
Ich nenne ein Beispiel, in dem dies deutlich wird: die *Verkehrsplanung*. Öffentliche Transportmittel sind von den Staatsorganen viel zu spät als in Ballungsräumen einzig tragbare Form des Personenverkehrs erkannt worden. Und auch heute noch verharrt die Reform des Individual- und öffentlichen Verkehrs in einer von der Dringlichkeit her kaum mehr zu verantwortenden, in der Tat jedoch sehr eindeutigen Defensivhaltung gegenüber den dominierenden Privatinteressen. Auch in der praktischen Durchführung von Reformschritten erkennt man aber immer wieder Fehlverhalten, das den ohnehin auf Grund der Gesamtkonstellation schon so beschwerlichen Weg weg vom Individualverkehr weiter verbaut. So ließen sich Kenntnisse über das kommunale Verhalten des Menschen auf die Konstruktion von öffentlichen Transportmitteln anwenden, die den inneren Veranlagungen so weit wie möglich gerecht werden und damit attraktiv sind. Z.B. widerstrebt es dem einzelnen, gegenüber anderen einen Platz einzunehmen, wenn sich die Blickrichtungen begegnen. Man findet sich nur zwangsläufig damit ab; wer es jedoch gewohnt ist, mit dem eigenen Wagen zu fahren, dem fällt es besonders schwer. Die Sitze sollten also nach Möglichkeit so wie in Flugzeugen angeordnet sein, so daß alle Passagiere in eine Richtung blicken. Äußerst wichtig erscheint mir auch eine Klimatisierung der Fahrgastabteile zu sein, damit Individualgerüche abgezogen und durch nichtartlichen Anonymgeruch bzw. gar keine Duftnote ersetzt werden können. Ein- und Ausstieg sollen getrennt liegen, damit auch hier die individuelle Konfrontation auf ein unvermeidbares Minimum beschränkt wird. Man mag einwenden, daß damit die doch so fördernswerte persönliche Begegnung zwischen Menschen weiter verringert würde. Doch dies ist ein Fehlschluß. Die persönliche Begegnung muß auf freiwilliger Basis erfolgen; man kann lediglich die Einrichtungen dafür schaffen, z.B. Gemeindezentren. Wo man gezwungen ist, mit vielen anderen Menschen, die einem nicht nahestehen, auf engem Raum konfrontiert zu sein, kann sich, wie ich bereits betont habe, eine bewußte Antipathie entwickeln. Und in der Praxis meidet besonders der private Autofahrer, der sich nicht mit dieser Konstellation abzufinden braucht, so lange die öffentlichen Verkehrsmittel, bis ihm eine Beschränkung des Individualverkehrs keine andere Wahl mehr läßt.

Viele Kritiker unserer Zeiterscheinungen malen ein düsteres Bild von der allmählichen Vermassung und kulturellen Uniformierung der gesamten Weltbevölkerung, von einer Verminderung der Lebensqualitäten, die mit der Zerstörung der Lebensgrundlagen und der Werte einhergeht, die das Leben über das Vegetieren hinausheben. Stehen wir auf einer *Endstufe der menschlichen Gesellschaft?* Vergleichbar mit dem Endstadium anderer Hochkulturen? Ich bin nicht dieser Meinung und sehe in der Gegenwart und nahen Zukunft eher einen sich abzeichnenden qualitativen Neubeginn denn das letzte Stadium vor einer Katastrophe. Andere Völker sind untergegangen, weil sie mit dem Aufstieg zur Hochkultur das Zerstörerische in der Umweltnutzung über die traditionelle Selbstbeschränkung gestellt haben. Und andere daran, daß mit der Lockerung der kommunalen Bindung die Gesellschaft ihre Verbindlichkeit verlor und dadurch Anarchie, Verlust der staatserhaltenden Normen und Territorialität gegenüber anderen Völkern um sich griffen. Wir finden diese Phänomene auch heute, einige, wie z.B. die Umweltzerstörung, sogar in einem nie dagewesenen Ausmaß und weltweit verbreitet. Und doch sind da qualitative Unterschiede zu früher gegeben. Die Welt ist im Begriff, zu einer einzigen Populationsebene zusammenzuwachsen. Es wird also in der Zukunft weder ein Ausweichen wie früher möglich sein, noch wird eine Weltmacht agonistische Aggression gegen eine andere äußern, noch die Zerstörung von deren Umwelt betreiben können, ohne daß dieses Verhalten – wenn es vitale Interessen des anderen Volkes gefährdet – nicht letztlich auch auf den Verursacher zurückschlägt. Aus dieser *gegenseitigen Abhängigkeit und weltweiten Bezogenheit* werden sich, so nehme ich an, zwangsweise nachbiologische Anpassungen der Verhaltensnormen ergeben, durch die ein Katastrophenkurs vermieden werden kann. So wird sich auch die neuartige, verbands- und populationsbezogene *Solidarität* entwickeln. So haben sich bereits heute gesellschaftliche Normen etabliert, die eine für das friedliche Zusammenleben in einem Verband und zwischen Staatsverbänden förderliche Umstrukturierung der moralischen Wertung bewirken. Es ist zur Norm geworden, *alles* menschliche Leben zu schützen; man vergleiche die gegenwärtige Diskussion um die Abtreibung. Bei den von mir untersuchten Papuagruppen ist Abtreibung kein verwerfliches Tun, und auch das anonyme neugeborene Leben gilt gerade so viel, daß die Mutterinstinkte zur Annahme ausreichen; ich verweise auf das Kapitel *Entwicklungsstadien nach der Geburt*. Der Begriff Mord gilt dort nicht für das Töten Neugeborener. Er gilt auch nicht für das Töten erwachsener Artgenossen außerhalb der Sozietät. Als weitere solche Norm, die allerdings erst im Entstehen ist, könnte man die wachsende Bewußtseinsbildung im Bereich der Geburtenbeschränkung anführen, die zu hohe Kinderzahl als verantwortungslos gegenüber den Mitmenschen wertet. Es wird äußerst schwierig sein, den sich besonders rasch vermehrenden Völkern der Erde *von außen* her eine solche Wertung *aufzuzwingen*, die sie zur Beschränkung der eigenen Nachkommenzahl in weltweitem Interesse veranlaßt. Auch wehren sich Völker wie z.B. die Papuas energisch gegen jede von außen her propagierte Geburtenkontrolle, da sie darin einen Versuch zur Ausrottung oder Schwächung ihres Volkes sehen. Die Normenbildung muß von innen kommen.

Die biologische Veranlagung des Menschen wird sich wahrscheinlich in der Zukunft nicht in dem Maße wandeln, wie es die Differenzierung der Gesellschaft fordern würde. So wird wohl *ein Zwiespalt zwischen den inneren Veranlagungen und der gesellschaftlichen Wirklichkeit* bestehenbleiben. Das wichtigste in der sich gegenwärtig anbahnenden Neuorientierung der Gesellschaft scheint mir die *Schaffung neuer Wertmuster für kommunale Identität* zu sein. Die Spaltung zwischen Staatsverhalten und Individual- bzw. Untergruppenverhalten scheint sich abzubauen. Man beobachtet gegenwärtig eine Politisierung breiter Volksschichten, die dazu führen mag, daß sich zum ersten Mal seit Entwicklung des Staatsgedankens Privat- und Staatsinteressen aufeinander zubewegen und das öffentliche Wohl in der Motivation des Individualverhaltens deutlich Raum gewinnt, daß die Solidarität zunimmt. Allerdings ist eine solche Vorstellung nur dann als wirklichkeitsnah anzusehen, wenn der nebenbiologische privatterritoriale Bereich in ausgewogenem Gleichgewicht zum nachbiologisch geschaffenen Verbandsterritorium stehen wird. Das heißt, wenn zum eigenen Ich nicht allein im privaten Bereich, sondern vor allem auf der Ebene des Staates ein Gegengewicht in Form attraktiver nachbiologischer Bindungsmuster geschaffen wird, um die Egozentrik abzubauen. Es sei aber auch hier betont, daß in der Großgesellschaft mit ihrer Tendenz zur Vermassung nicht allein ein Verbandsterritorium, sondern – im Gegensatz zur Kleinsozietät – auch ein privatterritorialer Bereich erforderlich ist. Es erscheint mir auch wichtig, daß das Verbandsterritorium eine nachbiologisch geschaffene Größe darstellt, damit es nicht wie das ursprüngliche Gruppenterritorium biologische Signalwirkung besitzt und damit die alte Form agonistischer Trennung zwischen benachbarten Verbänden verursacht, wie ich sie im Populationskapitel dargestellt habe.

Wenn auch die alte Form der agonistischen Auseinandersetzung auf die zwischenstaatlichen Beziehungen nicht mehr zutrifft, da weder die Einrichtung des Gruppenterritoriums noch die ursprüngliche Trennung zwischen vollständiger Kommunalisierung im Innern und fehlender Kommunalisierung nach außen hin erhalten geblieben sind, da neue Normen des Zusammenlebens, etwa der äußere Friede auf Zeit, geschaffen wurden, so stehen sich doch auch in der Gegenwart antagonistische Lager gegenüber: Lager Gleichgesinnter im Inneren eines Verbandes, Machtblöcke und Bündnissysteme mit gleicher Ideologie oder eng verknüpften Interessen, die aus mehreren Verbänden zusammengesetzt sein können. *Ideologien* gehen über Grenzen hinweg und stehen sich andererseits in vielen Verbänden gegenüber. Aus kommunaler Sicht ist keine der herrschenden politischen Ideologien der Gegenwart pauschal geeignet, zur zweckmäßigen Grundlage nachbiologischer Verbandsorganisation zu werden. Dies ist aus der kommunalen Konstellation verständlich, in der sie entstanden sind.

Während sich in der traditionellen Gesellschaft Leben und Lebenstheorie deckten, vermag in der Großgesellschaft ein einzelner oder eine kleine Gruppe ein politisches Idealsystem aus innerer Überzeugung zu verkünden, ohne es im eigenen Leben langfristig zu praktizieren. Im kommunistischen System wird die kollektive Ausrichtung auf das Allgemeinwohl nur dadurch erreicht, daß zentralistisch die private Territorialität ausgeschaltet wird. Die Zusammenfassung von Privat- und Staatsinteressen ist nur durch ständige Erziehungs- und andere dirigistische Maßnahmen erreicht. Dafür fehlt die kontinuierliche Erneuerung von innen heraus, da das Instrument der freien Meinungsbildung, deren kommunale Ursachen und Funktion ich ausführlich behandelt habe, nicht existieren kann. So erfolgt keine von der Gesamtheit der Gesellschaft getragene Anpassung an die fortschreitende Differenzierung menschlicher Gesellschaftsstrukturen nachbiologischer Art, sondern ein enger Kreis von Machtträgern verfolgt eine durch Ideologie und persönliche Motive, jedoch nicht durch Kritik aus kommunaler Distanz gesteuerte Politik. Ein solches System muß erstarren, und wenn Neuerungen sprunghaft auftreten, sind sie meist an einen dramatischen Wechsel der Personen an der Staats- bzw. Parteispitze gebunden.

In den kapitalistischen Staaten ist dagegen die Egozentrik des Bürgers, aus den genannten Gründen, das größte Hindernis für eine den Erfordernissen der gesellschaftlichen Differenzierung angepaßte Reformpolitik. Abhilfe kann nicht zentralistischer Zwang, sondern nur eine Aufwertung der verbandsmarkierenden Muster sein.

Ganz allgemein ist in der modernen Gesellschaft eine Tendenz zur »Sozialisierung« erkennbar, und darin ist durchaus eine von Ideologien unabhängige Angleichung an die heutige Konstellation der Großverbände zu sehen. Sie ergibt sich zwangsläufig bereits aus der Bevölkerungszunahme auf der Erde, die eine Einschränkung des Nutzungsquantums für den einzelnen mit sich bringt. Sein Konsum an Nahrung – insbesondere an Proteinen –, sein Bedarf an Raum und anderen Werten wird beschränkt. Und damit dieser Prozeß nicht einzelne Bevölkerungsgruppen auf der Populationsebene oder einzelne Schichten in einem Verband selektiv trifft, ist es ein vorrangiges Ziel der Politik, diese Auswirkungen der gesellschaftlichen Differenzierung auf alle so zu verteilen, wie es der Person und ihrer sozialen Funktion zuträglich erscheint. Ich verweise auf die Funktion der Territorialität des einzelnen im Verband. Die Verbände der Zukunft werden keinesfalls umhin können, die zwingende Selbstbeschränkung im Konsum materieller Güter und in anderen vitalen Interessensbereichen mit einer heute unmodernen *Askese* zu verbinden, ähnlich der, die in vergangenen Jahrhunderten als Tugend galt. Eine solche Wer-

tung der Beschränkung kann sich als nachbiologische Anpassung an die gesellschaftliche Differenzierung entwickeln; Parallelen sehe ich in der Bewertung des äußeren Friedens und des Mordes, deren Entstehen ich als zwangsläufige Entwicklung aus der Umwandlung der ursprünglichen Gesellschaft dargestellt habe. Hand in Hand damit muß im öffentlichen Bereich die Relativierung des technisch-industriellen Fortschritts und Wachstums gehen. Denn diese Art des Fortschritts ist nicht ein Eingehen auf Ansprüche der Gesellschaft, die sich aus der kontinuierlichen Differenzierung ergeben, sondern fördert ihrerseits die Umwandlung der Gesellschaft. Und zwar in einem so rapiden Tempo, daß die Herausbildung nachbiologischer Anpassungsreaktionen kaum möglich wird. Hand in Hand muß aber damit auch die *Solidarität* als konsequente Wertung des engeren Nebeneinander und Füreinander zunehmen, eine Solidarität, die auch den »Nutzlosen« und »Schlechten« – um Ausdrücke aus der Klassenterminologie der Mbowamb zu gebrauchen – ihren Platz im System zuerkennt.
Die verstärkten Friedensbemühungen der Gegenwart und vergangener Jahrzehnte sind die Folge der leidvollen Erfahrungen aus den beiden Weltkriegen; diese These vertreten Soziologen, und sie führen weiter aus, daß Frieden zwischen Völkern nur auf Grund drohender Sanktionen eingehalten werden kann. Diese Feststellungen seien unbestritten. *Sie berühren aber nicht die Gründe, wie es überhaupt zur Einrichtung des äußeren Friedens gekommen ist.* Ich habe in den vergangenen Kapiteln dafür Gründe dargelegt und betont, daß der äußere Friede als neu geschaffene Norm ein Eingehen auf die Differenzierung der Gesellschaft: ihr Anwachsen, das Zusammenrücken, die Aufsplitterung ehemaliger Kommunaleinheiten und ihre Verflechtung gewesen ist. Faktoren wie die Furcht vor Sanktionen können sich höchstens auf die *Einhaltung* von Frieden auswirken, nachdem dieser als gesellschaftliche Einrichtung bereits geschaffen war. Ich habe nämlich andererseits betont, wie locker und wie oberflächlich in der zentralnervösen Verarbeitung diese Norm als nachbiologisch geschaffene Größe eingehalten wird. Wo eigene Interessen auf dem Spiel stehen, ideologische Einflüsse einseitig wirksam sind und hoher Vorteil ohne großes Risiko von Sanktionen erreicht werden kann, wo Persönlichkeiten aus unterschiedlichen Motiven ein sehr starkes Anwachsen der feindlichen Gesinnung gegenüber anderen zu bewirken vermögen, dort kann es auch nach Schaffung des äußeren Friedens als Norm zu Kriegen zwischen Völkern kommen.

Der »Friede als Normalzustand« und moderne Großkriege

Es sieht so aus, als wäre in der Gegenwart ein weiterer nachbiologischer Prozeß im Gange, der zu einer neuen Wertung des Friedens als Anpassung an die inzwischen fortgesetzte Differenzierung der Gesellschaft führt: in der Form, daß nunmehr nicht der äußere Frieden auf Zeit die Norm darstellt, sondern generell der Frieden zwischen den Völkern als Normalzustand, ebenso wie die Verurteilung jeden Tötens und sei es als Strafe. Die Einhaltung dieser neuen Norm des äußeren Friedens ist bei der gegenwärtigen Weltlage, in der ideologische, wirtschaftliche und machtpolitische Faktoren ein nicht mehr überschaubares multilaterales Spannungsverhältnis geschaffen haben, das Völker in allen Erdteilen umfaßt, zu einem politischen Problem größten Ausmaßes geworden. Daher auch die große Aufmerksamkeit in der Öffentlichkeit, die der *Friedensforschung* in unseren Tagen entgegengebracht wird. Ihr Gegenstand ist nicht so sehr die Erforschung der Ursachen und Wirkungen biologischer Gesetzmäßigkeiten und nachbiologisch geschaffener Normen – wie sie in diesem Buch erörtert werden –, sondern Konfliktforschung im engeren Sinne, die sich auf die *Einhaltung* der gegebenen Norm des äußeren Friedens bezieht.

Die *Großkriege der jüngsten Vergangenheit* unterscheiden sich nicht allein durch die hohe Zahl der mittelbar und unmittelbar betroffenen Menschen und den Einsatz hochentwickelter Vernichtungswaffen von früheren Kriegen. Charakteristisch für sie ist auch das Ausmaß aufgestauter Spannungen, die sich nach Ausbruch der Kampfhandlungen entladen. Zwischen Papuastämmen, aber auch zwischen größeren Kommunaleinheiten in der europäischen Geschichte bestand ein in etwa ausgewogenes Kräftegleichgewicht. Störungen dieses Verhältnisses durch Kriegsanlässe wurden durch Kämpfe oder materiellen Vergleich bereinigt. Es kam nicht zu dem Aufstau von Konflikten, wie ihn die moderne Diplomatie zuwege bringt, indem sie durch Verhandlungen Krisen überbrückt, die sonst zu kriegerischen Auseinandersetzungen geführt hätten. Zu Auseinandersetzungen, weil der Konfliktstoff mehr Gewicht hat als die nun gegebene Norm des äußeren Friedens. Kommt es dann trotzdem zur Kriegserklärung, dann bricht die aufgestaute Flut mit besonderer Heftigkeit los.
Ein großer Unterschied zu den im biologischen Modell geschilderten Kriegen liegt in den Motiven des einzelnen, der kämpft. Der Mbowamb-Krieger kämpft aus verletztem Sippeninteresse bzw. um seine Sippe zu rächen. Er ist dabei auf Grund seiner Kommunalisierung zu den übrigen Männern der Gemeinschaft unmittelbar betroffen und identifiziert sich voll mit dem Kriegsanlaß. Der Wehrmannschaft gehören selbstverständlich alle kampffähigen Männer an. Der Kampf ist zumindest im fortgeschrittenen Stadium bipolares agonistisches Verhalten. Die Krieger stehen sich individuell gegenüber, es besteht jedoch kein Motiv zur Fraternisierung, da sie zugleich Gruppenfeinde und persönliche Feinde sind, auf Grund der Kommunalisierung zur eigenen Gruppe und dem agonistischen Verhältnis nach Einsatz des Kampfes bis zum Friedensschluß.
Anders im modernen Großkrieg. Der Soldat vermag sich aus den genannten Gründen der Interessensspaltung zwischen Staat und Individuum nicht voll-

ständig mit den Kriegszielen zu identifizieren. Er ist erst durch mittelbare Einflüsse, wie z.B. Propaganda, auf das Staatsverhalten bzw. das Verhalten einzelner Staatsmänner ausgerichtet worden. Zum Teil ist er sogar durch die Wehrpflicht gezwungen worden, zu kämpfen. Ihm fehlt die vollständige individuelle Kommunalisierung zu seinen Kameraden und den Vorgesetzten bis hin zur Staatsspitze, andererseits ist er von seinen Feinden nicht vollständig agonistisch getrennt. Persönliche Interessen werden direkt nur in Form der Verteidigung des eigenen Lebens, der Familie und Freunde sowie des Privatterritoriums berührt. Hinzu kommt, daß der Soldat den Grund und Boden, auf dem er kämpft, nicht als biologisches – eigenes oder fremdes – Gruppenterritorium betrachtet, sondern als Verbandsterritorium, ohne die gleiche Auswirkung auf seine Aggressivität wie dieses. Der Begriff des Vaterlandes ist ihm erst gezielt vor Augen gestellt worden.
Ich nehme an, daß aus dieser Konstellation heraus der Aggressivitätspegel des einzelnen nicht hoch genug wäre, Angriffsverhalten zu äußern. *Vielmehr würde im allgemeinen das Ausweichen dominieren*. Soldaten »ziehen« nicht mehr in den Krieg, sondern werden an die Front geschickt. Darin läge eine große Hoffnung für die Sicherung des äußeren Friedens, wenn nicht gleichzeitig die große Gefahr des Machtmißbrauchs und der Steuerung der Menschen darin begründet wären. Wenn nicht ferner die moderne Kriegsführung die individuelle Konfrontation der Gegner verdrängt und insgesamt die Anonymisierung des Kampfes so sehr gefördert hätte. Die unter der modernen Konstellation stark gewachsene »Gefahr« der Fraternisierung wird dadurch vermieden. Die Uniform, das Salutieren, die Gleichstellung im Dienstgrad, der Drill sind Faktoren zur Anonymisierung und Ausrichtung auf eine Aufgabe, mit der sich der einzelne nicht zwingend identifiziert und die für ihn ebenfalls im anonymen Bereich liegt. Der Tod von Gegnern hat keine Auswirkung auf den weiteren Verlauf bzw. einen Abbruch der Kämpfe – es sei denn derart, daß die Kampfeskraft geschwächt würde. Ganz im Gegensatz zum Kampf der Mbowamb.
Moderner Krieg ist keine Auseinandersetzung, in der ein Gleichgewicht dadurch wiederhergestellt wird, daß eine Anzahl Personen getötet und ein bestimmtes Quantum an Besitz zerstört wird, wobei sich das Maß nach dem Kriegsanlaß und den im Verlauf der Kämpfe erlittenen Verlusten ausrichtet. Hier ist vielmehr eine Vermischung tripolar und bipolar ausgerichteter Motive maßgebend, die vielfältiger Art sein können und den Machthabern ein freies Spiel der Manipulation zulassen, soweit dem nicht durch Mechanismen der Friedenssicherung entgegengewirkt wird.
Es ist wiederholt vorgeschlagen worden, die Auseinandersetzungen zwischen Staaten auf das Gebiet des *nichtkriegerischen Wettkampfes, z.B. im Sport*, zu verlegen. Aufstellung einer internationalen Hierarchie ist jedoch nur eines der Motive zum modernen Krieg. Immerhin haben internationale Sportwettkämpfe eine sinnvolle Funktion in der Friedenspolitik, da sie persönliche Be-

gegnungen und eine Rangordnung schaffen. Die Olympischen Spiele sind die umfassendste Veranstaltung dieser Art. Doch nähme man ihnen den nationalen Bezug der Leistung, dann wäre nicht nur eine wichtige Funktion ihrer Austragung vergeben, sondern auch das Ende dieser Institution besiegelt. Denn es ist für ihre staatliche Förderung und allgemeine Popularität von besonderer Bedeutung, daß in ihrem Rahmen nicht allein sportliche Leistungen erzielt und persönliche Siege errungen werden, sondern daß diese auf kommunale Größen bezogen sind.

Ablösung kultureller Institutionen

Wie sehr in immer stärkerem Maße fast alle Lebensbereiche in gesellschaftliche Prozesse einbezogen werden, innerhalb von Verbänden und als ideologische Auseinandersetzung über Grenzen hinweg, wird am Beispiel der *Kunst und der »Kultur« im engeren Sinne deutlich*. Kunst als gesellschaftliche Kritik und Aufklärung, als realistische Dokumentation ideologisch motivierter Revolution, Kunst als Medium, das allen Volksschichten dient und dort politische Bewußtseinsbildung fördert – so sehen viele moderne Kunstschaffende ihren Funktionsbereich. Wie ist es zu diesem Stadium gekommen? Mit der Lockerung der Kommunalisierung kam das Ende der echt traditionellen Ordnungen. Einflüsse dominanter Kulturen haben von außen her häufig den Verfall einer traditionellen Kultur bzw. deren Ablösung durch neue Muster gefördert. In der Gegenwart übt vor allem die dominante und anonyme *Weltkultur* diese Funktion aus. Mit der Bildung städtischer Zentren kam eine neue Form der Kulturkontinuität auf, die nicht mehr von der individuell gebundenen Sozietät, sondern zunehmend vom überindividuell organisierten Verband getragen wurde. Sie setzte traditionelle Muster in Form von *Institutionen* fort. Mit dem Wandel der gesellschaftlichen Konstellationen, der sich keineswegs immer im gleichen Tempo vollzog, kam es auch zu Brüchen in der Kontinuität der allzu erstarrten Kulturinstitutionen, zu kulturellen Revolutionen. Im Zuge der kommunalen Aufsplitterung einerseits und der Vergrößerung der Zahl der Kulturträger andererseits begründeten im privatterritorialen Bereich in sich eng gebundene Untergruppen im Verband neue Kulturmuster, die in Schulen gepflegt wurden. Von dort strahlten sie auf die Gesellschaft aus und beeinflußten zum Teil Institutionen, beziehungsweise wurden selbst institutionalisiert.

Eine neue Stilepoche wird wesentlich geprägt durch die gesellschaftliche Konstellation des Verbandes in der Zeit, durch die aus dem abgelösten echt traditionellen beziehungsweise institutionalisierten Kulturbereich übernommenen Muster und durch die von privatterritorialen Bereichen ausgehenden Zeitströmungen von Schulen. In der Gegenwart mit ihren vielen Kennzeichen rapider Differenzierung, zu denen auch die Auflösung institutionalisierter Kunst gehört, kam es zunächst – und diese Erscheinung ist noch im

Auslaufen – zu einem sich Überschlagen einander ablösender Richtungen, Styles und Trends. Ich sehe darin ebenso wie im Gesamtbereich der anonym organisierten Großgesellschaft den Übergang zu einem qualitativen Neubeginn, zu einer *neuen Auffassung von Kunst*, die sich als geistig-ästhetische Auseinandersetzung im Bereich der freien Meinungsbildung versteht.

Es ist dies eine der Konsequenzen der Ablösung biologischer Regulationsmechanismen für friedliches Zusammenleben und deren Ersatz durch nachbiologisch geschaffene Größen, die eine ständige aktive, im Bereich des Großhirns ablaufende Steuerung und Sicherung der gesellschaftlichen Struktur erforderlich machen. Es gilt einerseits, die geistig-ästhetische Dimension weiterhin erschöpfend und schöpferisch auszufüllen, andererseits durch Aktivierung kritischer Prozesse in allen Bereichen der Gesellschaft eine breite Plattform für die Bildung von Orientierungswerten für das Verbandsverhalten zu schaffen, das sich mit einer ständig weiter anwachsenden und kaum mehr überschaubaren Zahl von Alternativmustern zum eingeschlagenen Kurs konfrontiert sieht. Dies betrifft auch die Funktion der sich gegenwärtig anbahnenden Entwicklung im Kunstschaffen. Die Kausalität dieser Entwicklung sehe ich so: Die Beurteilung künstlerischen Schaffens ergibt sich aus der Bezogenheit zu den Mitmenschen. Künstlerische Leistungen gab es schon auf den frühesten Stufen menschlicher Gesellschaftsdifferenzierung. In der echt traditionellen Gesellschaft ist es die Funktion im Rahmen der Sozietät, die Motiv und Qualität des Werkes bestimmt. In der institutionalisierten Kunst herrscht ebenfalls zunächst noch die Funktionsbezogenheit auf die Gesamtheit der Gesellschaft vor. Sie zieht sich jedoch zunehmend auf den privatterritorialen Bereich zurück, wo die Ich-Bezogenheit des Schaffens in dem Maße zunimmt, wie die Kommunalisierung auch im kleineren Kreis zurückgeht. Die Endphase dieser Entwicklung ist die egozentrische Einstellung des Künstlers, der sein Werk aus reiner Selbstbezogenheit schafft und dabei von privatterritorialer Schulenbildung und verbandsterritorialer Bezogenheit Abstand nimmt. Sosehr dadurch eine Vielfalt von subjektiver Darstellung und Interpretation gefördert wurde, so stark nahm auch die Orientierungs- und Funktionslosigkeit künstlerischen Schaffens zu. *Nur im Durchlaufen dieser Phase war aber die Befreiung von institutionalisierten Bindungen in der Kunst möglich*, der nun eine Neuorientierung der Funktion auf die nachbiologisch geschaffene Struktur des Verbandes folgen kann.

Voraussetzung für künstlerische Qualität wird allerdings jetzt in verstärktem Maße sein, daß sich Kunstschaffende ebenso wie andere Intellektuelle frei vom Zwang des Staatsapparates und vom Druck der Vermassung halten, also einen privatterritorialen Bereich behaupten. In sozialistischen Ländern beobachten wir die Ergebnisse der sogenannten realistischen Kunst als Konsequenz aus der Unterdrückung freier Meinungsbildung, die gleichzusetzen ist mit der Erschwernis auch zur Entwicklung künstlerischer Inspiration und Aussagekraft. Man muß die *Mündigkeit des Bürgers*, von der es immer mehr abhängen wird, daß der Kurs des Staates gesellschaftsgerecht verläuft, auch im Bereich der Kunst gelten lassen. Sonst ist nicht nur die künstlerische Dimension der Weltkultur zunehmend eingeengt, sondern auch die sinnvoll angestrebte kommunale Funktion für die Zukunft der Gesellschaft nicht erreichbar.

In diesem Zusammenhang erscheint es mir auch wichtig zu sein, auf die *Funktion der Metaphysik* in der Gesellschaft einzugehen. Einheitliche metaphysische Auffassung in Form einer Religion setzt enge kommunale Bindungen in einer Glaubensgemeinschaft voraus. In der echt traditionellen Gesellschaft war diese vollständig gegeben und durchdrang alle Lebensbereiche (Bild 39, S. 230). Bei Übergang zu organisiertem Verbandszusammenhalt wurden solche aus der vollständigen Kommunalisierung geschaffenen Systeme als Institutionen übernommen. Man baute sie als Konfessionen auch ins Staatsverhalten ein. Der Bestand einer Religion setzt aber *Glaubensfähigkeit* voraus, die ihrerseits von der Möglichkeit zu enger Kommunalbindung abhängig ist. Man ist bereit zu glauben, wenn zu dem, der religiöse Dogmen verkündet und zu denjenigen, die Religion im täglichen Leben praktizieren, eine starke kommunale Bindung besteht.

Nun ist es sicherlich nicht so, daß der einzelne nur das akzeptiert, was andere, denen man persönlich sehr nahesteht, für richtig halten. Doch ist ganz allgemein in der Gesellschaft mit dem Rückgang der Möglichkeit und des Ausmaßes der Kommunalisierung das Glauben an metaphysische institutionalisierte Muster zunehmend schwerer möglich, damit unüblich, außerhalb der gesellschaftlichen Norm stehend gewertet worden. Ich ziele hier auf die heute so stark um sich greifende Glaubenslosigkeit in der Gesellschaft ab. Metaphysische Institutionen wurden so lange als Elemente des Zusammenhalts gefördert, als die Kommunalisierung nicht als Element der Aufspaltung des nunmehr anonym organisierten Großverbandes gewertet wurde und man den Nächsten noch als alter ego, als anderes Ich, ansah.

Den Ablösungsprozeß religiöser Strukturen sehe ich in der Kausalität ähnlich wie im Bereich der Kunst ablaufen. Über die Loslösung von etablierten Institutionen und der damit freigesetzten Divergenz persönlicher metaphysischer Entfaltung im egozentrischen oder privatterritorialen Gruppenbereich eröffnet sich eine neue Bezogenheit metaphysischer Individualität auf die Gesamtheit des Verbandes für die Zukunft. Es ist damit wieder eine Konstellation zu vermehrter metaphysischer Betätigung und deren erhöhter Bewertung in der Gesellschaft erreicht. Inwieweit dann Muster aus der institutionalisierten Glaubenslehre wieder angenommen werden oder neue Größen an deren Stelle treten, läßt sich nicht vorhersehen. Entscheidend wird sein, daß zukünftig kein institutionalisiertes metaphysisches System mehr entsteht, sondern aus der Ich-Bezogenheit ein *steter Prozeß* hervorgeht, vergleichbar mit der freien Meinungsbildung aus der kommunalen Distanz im privatterritorialen Bereich. Hier werden, soweit sich vorausschauen läßt, Vorstel-

lungen gegeneinander gesetzt, einander angeglichen, verworfen und neu geschaffen werden, immer in der multilateralen Auseinandersetzung stehend auf die verbandsterritoriale Einheit und über deren Grenzen hinaus auf die Populationsebene bezogen.
In den Auswirkungen auf die *Friedenssicherung* ergäben sich positive Ansätze, denn dieses metaphysische Stratum in der Gesellschaft würde multilateral beeinflußt und ständig in Wandlung sein, so daß sich keine agonistische Front und Intoleranz mehr herausbilden könnte, wie sie in der Konfrontation insbesondere der großen institutionalisierten Religionssysteme der Erde die Beziehungen zwischen Völkern heute noch so sehr belasten. Es liegt darin aber auch der Ansatz zur Funktionsbezogenheit auf die Großgesellschaft ähnlich der, wie ich sie oben für die Kunst zur Diskussion gestellt habe. Es ist anzunehmen, daß auch die etablierten politisch-ideologischen Systeme der Gegenwart, die heute die stärksten Faktoren gesellschaftlicher Frontbildung darstellen, in der Zukunft demselben Prozeß unterzogen werden.

Die Menschheit ist friedlicher geworden – entgegen dem so häufig gebrauchten Bild von der brutalen »bestia humana«. Die verheerenden Verluste an Menschenleben und Zerstörungen anderer Werte in den modernen Kriegen, die Zunahme von Gewalt und Brutalität dürfen nicht die anderen Entwicklungen verdecken. Im Innern des Staates und in den zwischenstaatlichen Beziehungen ist ein friedliches Verhältnis entstanden, *das auf biologisch vorprogrammierter Basis nicht möglich wäre*. Denn zwischen Kommunaleinheiten gab es ursprünglich keinen Frieden, und innerhalb derselben wich der biologische Friede mit der Auflösung der ursprünglichen Individualbindung. Beide, innerer und äußerer Friede der Gegenwart, sind nachbiologisch durch den Menschen geschaffene Neuerungen.
Die Entwicklung des Großhirns führt nicht – wie viele so düster prophezeien – in eine Sackgasse der Evolution. Dafür ist die sinnvolle Normenbildung als kollektiver Anpassungsprozeß an den Wandel der Gesellschaft der deutlichste Beweis. Die Gefahr eines Kollisionskurses liegt dennoch auf der Hand, wird um so bedrohlicher, je mehr die nachbiologische Normenbildung in Verzug gerät und je problematischer die Einhaltung der neu geschaffenen Normen durch aktive Friedens- und Sozialpolitik, ihre Verankerung in der Moral des einzelnen Menschen geworden ist. Terrorakte, Folterungen, das immer vielschichtigere Gesicht der Gewalt in unseren Tagen sind schockierende Zeugnisse für ein Provisorium – das Anfangsstadium einer *neuen Spezies Mensch*, die bald die einzige auf dieser Erde sein wird, sobald die letzten ursprünglich-traditionellen Volksgruppen ihr Eigenleben aufgegeben haben werden. Ihr gehören dann alle an, trotz unterschiedlicher Ideologien und nationaler Eigenheiten, ganz gleich, ob sie Afrikaner, Asiaten oder Europäer, Papuas oder Eskimos sind. Doch dieser neue Mensch muß erst durch weitere kommunale Metamorphose seine Lebensfähigkeit voll erlangen, damit er auf

der einen Populationsebene der Zukunft Bestand haben kann. Nicht »friedlich schleichende Umweltzerstörung«, Rohstoffverknappung und drohende Hungersnöte sind das schrecklichste Menetekel in unserer Zeit, sondern ein einziger Gedanke: daß diese neue Menschheit nicht zu jener verbands- und populationsbezogenen Solidarität finden könnte, die vollwertiger Ersatz des biologischen Friedens sein kann. Denn daraus würden umweltgerechtes Verhalten und Kontrolle der Bevölkerungsexplosion als Selbstverständnis erwachsen.

Literaturverzeichnis

Aufenanger, H. und Höltker, G.: Die Gende in Zentral-Neuguinea. Wien, Mödling 1940.

Autrum, H.: Tier und Mensch in der Masse. München (Verl. Bayr. Akad. d. Wissenschaften) 1966.

van Baaren, Th. P.: Aggressie in cultuur en religie. Soteria, Orgaan van de Prot.-Chr. Artsen Org. Nr. 4 (1970).

Bergmann, S.: Wilde und Paradiesvögel. Wiesbaden (E. Brockhaus) 1952.

Bernatzik, H. A.: Owa Raha. Wien – Leipzig – Olten (Bernina-Verlag) 1936.

Dupeyrat, A.: Papua. Beasts and men. London 1963.

Eibl-Eibesfeldt, I.: Grundriß der vergleichenden Verhaltensforschung. München (R. Piper) 2. Aufl. 1969.

– Liebe und Haß. Zur Naturgeschichte elementarer Verhaltensweisen. München (R. Piper) 1971.

– Die !Ko-Buschmann-Gesellschaft. Gruppenbindung und Aggressionskontrolle. München (R. Piper) 1972.

– Der vorprogrammierte Mensch. Das Ererbte als bestimmender Faktor im menschlichen Verhalten. Wien – München – Zürich (F. Molden) 1973.

Fischer, H.: Negwa. Eine Papua-Gruppe im Wandel. München (K. Renner) 1968.

Fleay, D.: Gliders of the gum trees. Melbourne 1949.

Gardner, R. und Heider, K. G.: Gardens of war. New York 1969.

Groves, W. C.: The natives of the Sio Island, South Eastern New Guinea. Oceania 5 (1934).

Haddon, A. C., The agiba-cult of the Kerewa-culture. Man 18, Nr. 99 (1918).

Hacker, F.: Aggression. Die Brutalisierung der modernen Welt. Wien – München – Zürich (F. Molden) 1971.

Heinz, H. J.: The sozial organization of the !Ko Bushmen. Master's Thesis, Dept. of Anthropology, Univ. of South Africa, Johannesburg 1966 (zitiert nach I. Eibl-Eibesfeldt).

Holmes, J. H.: In primitive New Guinea. London 1924.

Kalmus, H.: Discrimination by the dog of individual human odours. British Journ. Animal Behaviour 3, 25–31 (1955).

Lorenz, K.: Das sogenannte Böse. Wien (Borotha-Schöler) 1963.

Le Magnen, J.: In C. R. Acad. sci. (Paris) 226, 695 (1948); zit. nach Wilson/Bossert.

Matthiessen, P.: Under the Mountain Wall. A chronicle of two seasons in the stone age. New York (Viking Press) 1962.

Mitscherlich, A.: Die Unwirtlichkeit unserer Städte. Anstiftung zum Unfrieden. Frankfurt am Main (Suhrkamp) 1972.

Nevermann, H.: Die Kanum-irebe und ihre Nachbarn. Zeitschr. f. Ethnologie 71 (1939).

Riley, E. Baxter: Among Papuan Headhunters. London 1925.

Schaffer, J.: Die Hautdrüsenorgane der Säugetiere. Berlin 1940.

Schieffelin, E. L.: The influence of contact on the agricultural system of the Great Papuan Plateau north of Mt. Bosavi / Tari Sub-District. Fordham University, Bronx, N. Y., USA, February 22, 1971.

SCHMID, B.: Über die Ermittlung des menschlichen und tierischen Individualgeruchs durch den Hund. Zeitschr. f. vergl. Physiologie 22, 524–538 (1935).
SCHULTZE-WESTRUM, T. G.: Innerartliche Verständigung durch Düfte beim Gleitbeutler *Petaurus breviceps papuanus* THOMAS *(Marsupialia, Phalangeridae)*. Zeitschr. f. vergl. Physiologie 50, 151–220 (1965).
– Ergebnisse einer zoologisch-völkerkundlichen Expedition zu den Papuas. Umschau in Wissenschaft und Technik 68, 295–300 (1968).
– Social communication by chemical signals in Flying Phalangers *(Petaurus breviceps papuanus)*. In: Olfaction and Taste, Hg. C. Pfaffmann, New York (Rockefeller University Press) 1969.
– Neuguinea. Urwelt im Aufbruch. Bern (Kümmerly & Frey) 1972.
Weitere wissenschaftliche Veröffentlichungen, deren Inhalt zum Teil im vorliegenden Buch vorweg verarbeitet worden ist, sind in Vorbereitung.
SOUTER, G.: New Guinea: the last unknown. Sydney u.a. (Angus und Robertson) 1963.
TINBERGEN, N.: On war and peace in animals and man. Science 160, 1411–1418 (1968).
VICEDOM, G. F. und TISCHNER, H.: Die Mbowamb. Die Kultur der Hagenberg-Stämme im östlichen Zentral-Neuguinea. 3 Bände, Hamburg (de Gruyter) 1943ff.
WILLIAMS, F. E.: Orokaiva Society. London (Oxford University Press) 1930.
WILLIAMSON, R. W.: The Mafulu mountain people of British New Guinea. London (Macmillan) 1912.
WILSON, O. E. and W. H. BOSSERT: Chemical communication among animals. Recent Progress Hormone Research 19, 673–716 (1963).
WIRZ, P.: Beiträge zur Ethnographie des Papua-Golfes, Britisch-Neuguinea. Abhandl. u. Berichte d. Museen f. Tierkunde und Völkerkunde zu Dresden Bd. 29. Leipzig (Teubner) 1934.

Personen- und Sachregister

7-1-8-4-4